大学物理实验

主　编　牛海波
副主编　赵丽华
参　编　刘会玲　雷玉明　王小克

西安交通大学出版社
XI'AN JIAOTONG UNIVERSITY PRESS

内容提要

本书根据应用型本科人才培养要求,结合编者8年来在大学物理实验教学中实践的"以学生为中心,以能力培养为目标"的教学改革经验,并参考国内高校有关教材编写而成。全书分为绪论、实验误差、不确定度及数据处理,基础物理实验,综合物理实验,开放物理实验5部分,共36个实验项目。每个实验除了包含常规的实验目的、实验仪器、实验原理、实验内容及步骤、实验数据记录及处理外,实验开始还设置了实验预习题辅助学生预习,实验末尾设置了实验拓展,供学有余力的同学扩展。

本书可作为应用型本科高校理工科专业的实验教材或教学参考书。

图书在版编目(CIP)数据

大学物理实验 / 牛海波主编. —西安 :西安交通大学出版社,2021.12(2024.1重印)
ISBN 978-7-5693-2004-6

Ⅰ.①大… Ⅱ.①牛… Ⅲ.①物理学—实验—高等学校—教材 Ⅳ.①O4-33

中国版本图书馆 CIP 数据核字(2021)第 046936 号

DAXUE WULI SHIYAN
大学物理实验

主　　编	牛海波
副 主 编	赵丽华
参　　编	刘会玲　雷玉明　王小克
责任编辑	刘雅洁
责任校对	魏　萍
封面设计	任加盟

出版发行	西安交通大学出版社 (西安市兴庆南路1号 邮政编码 710048)
网　　址	http://www.xjtupress.com
电　　话	(029)82668357　82667874(市场营销中心) (029)82668315(总编办)
传　　真	(029)82668280
印　　刷	西安五星印刷有限公司
开　　本	787mm×1092mm　1/16　印张 17.75　字数 442千字
版次印次	2021年12月第1版　2024年1月第3次印刷
书　　号	ISBN 978-7-5693-2004-6
定　　价	39.00元

如发现印装质量问题,请与本社市场营销中心联系调换。
订购热线:(029)82665248　(029)82667874
投稿热线:(029)82664954
读者信箱:85780210@qq.com

版权所有　侵权必究

前　言

本书是在编者多年实验教学实践基础上，根据新时期应用型人才培养的指导方针，组织物理实验室多位教师编写而成的。本书编写的指导思想是以学生为中心，以能力培养为目标。编写中结合应用型院校学生的实际情况，体现了"保证基础、重应用、重能力"的特点。

保证基础方面，将一些复杂的理论推导放在实验的拓展部分供学有余力的同学参考，在教材正文中着力将每个实验的原理、思想方法、配备仪器、涉及的基本技能等表述清楚，编写中也注重知识和技能的有机结合，体现了实验教材的特征。教材中除了实验原理图、示意图，也配上实验仪器的实物图，有利于基础相对薄弱的学生自学，基础较好的学生可通过实验拓展进一步学习。重应用方面，每个实验以生活生产中的实例作为开端，并且在实验思想、原理及方法等方面也联系实际，以期激发学生阅读兴趣，引导学生在学习过程中自觉地将理论与实际结合起来。重能力方面，无疑"发现问题、解决问题"的能力培养是开设物理实验课程的主要目的之一。编者团队在教材编写中注重以问题引导学生学习，不仅在每个实验的开始设置预习问题，而且在实验原理、仪器配置、实验内容中多处引入问题，引导学生带着问题有针对性地阅读教材并最终解决问题，提高了学生学习效果，也有利于教师在课堂教学中实施问题启发式教学。

根据应用型院校学生实验基础普遍薄弱情况，编者拍摄了部分实验的视频，同时利用三维虚拟仿真软件 Unity3D 制作了一些实验仪器如分光计、显微镜、游标卡尺、螺旋测微器的三维虚拟仿真系统等作为本书的配套资料，以辅助学生学习及教师课堂教学。这些资料附于课程网站（http：//phy.xjtucc.cn）相应的实验中，学生可以直接进入网站获得，进一步提高学习效果。

本书由牛海波负责绪论，第 1 章，第 2 章实验 2.2、2.12、2.13、2.19 及第 4 章；赵丽华负责第 2 章实验 2.1、2.3、2.4、2.7、2.11、2.16、2.17 及第 3 章；刘会玲负责第 2 章实验 2.5、2.8、2.9、2.10；雷玉明负责第 2 章实验 2.6、2.14、2.15、2.18；王小克负责本书附录。牛海波负责全书统稿，刘会玲负责本书部分原理图及仪器实物图的制作，赵丽华、雷玉明、刘兆梅拍摄了实验视频，李育新、牛海波等制作了部分实验仪器的三维虚拟仿真系统。本书的编写过程中也得到了陈光德、李寿岭两位教授指导,得到了物理教学部其他老师的帮助,在此一并感谢。

教材中难免存在各种问题,请各位老师及同学不吝指出,我们将及时更正。

编 者

2020 年 10 月

目 录

绪 论 ··· 1

第1章 误差 不确定度 ··· 5
1.1 测量与误差 ·· 5
1.2 测量结果的不确定度 ·· 9
1.3 有效数字及其运算 ··· 14
1.4 实验数据处理的基本方法 ·· 18

第2章 基础物理实验 ·· 28
实验2.1 物质密度的测定 ·· 29
实验2.2 液体黏滞系数的测量 ·· 39
实验2.3 薄透镜焦距的测定 ·· 50
实验2.4 分光计的调节和使用 ·· 60
实验2.5 用稳恒电流场模拟静电场 ·· 74
实验2.6 示波器的原理及应用 ·· 80
实验2.7 光电效应 ··· 95
实验2.8 非线性元件伏安特性的研究 ·· 104
实验2.9 金属材料电阻温度系数的测定 ··· 112
实验2.10 三线摆研究物体的转动惯量 ·· 121
实验2.11 金属弹性模量的测量 ·· 129
实验2.12 弦线上的驻波实验 ··· 142
实验2.13 声速测量 ··· 148
实验2.14 用示波器观察振动的合成 ··· 156
实验2.15 用示波器观察整流滤波电路 ·· 163
实验2.16 等厚干涉 ··· 171
实验2.17 光栅衍射及光栅常量的测量 ·· 182
实验2.18 霍尔效应与磁场的测量 ··· 190
实验2.19 微安表的改装与校准 ·· 199

第3章 综合物理实验 ··· 208
实验3.1 动态法测杨氏模量 ·· 209
实验3.2 多普勒效应与声速的测量 ··· 216

实验 3.3　旋光仪测糖溶液浓度 ·· 225
　　实验 3.4　新能源电池(太阳能电池、燃料电池)特性研究 ······································· 235
　　实验 3.5　全息照相 ·· 249

第 4 章　开放物理实验 ·· 260
　　实验 4.1　粉粒状食盐的密度测定 ·· 261
　　实验 4.2　单摆研究 ·· 261
　　实验 4.3　A4 纸厚度的测量 ··· 261
　　实验 4.4　自制驻波演示仪 ·· 261
　　实验 4.5　组装简易望远镜及显微镜 ·· 261
　　实验 4.6　头发丝直径的测量 ··· 262
　　实验 4.7　三线悬摆实验的改进 ·· 262
　　实验 4.8　分光计的改进 ·· 262
　　实验 4.9　液体黏滞系数测量实验的改进 ··· 262
　　实验 4.10　全息光栅的制作 ··· 262
　　实验 4.11　简易手机充电器的制作 ·· 263
　　实验 4.12　自组装电桥测电阻 ··· 263

附录 ·· 264
　　附录 1　我国法定计量单位 ·· 264
　　附录 2　常用物理数据 ··· 267

参考文献 ·· 278

绪 论

一、为什么要开设物理实验课程

1.物理实验的地位及作用

物理学是研究物质结构、物质之间相互作用及物质运动规律的科学,是自然科学和工程技术的基础。物理学也是一门实验科学,物理学中的理论与实验相辅相成。人们通过实验来检验物理学中的理论及模型,得出的结果促进了理论的发展。这方面有很多例子,如19世纪初,英国物理学家托马斯·杨的干涉实验证实了光具有波动性,使人们对光本性的认识从微粒说转向波动说;然而19世纪末德国物理学家赫兹发现的光电效应,以及20世纪初美国物理学家康普顿发现的康普顿效应,又为光具有粒子性提供了重要实验依据,使得人们对光的本质有了更深层次的认识,即光具有波粒二象性。因此,实验检验并促进理论发展,而物理理论的发展又对实验方法、仪器等提出了更高要求,也促进了实验的发展。以扫描隧道显微镜为例,这是一种具有原子级高分辨率的实验设备,使人类第一次能够观察原子在物质表面的排列状态,而它的基本工作原理就是量子力学中的量子隧穿效应。扫描隧道显微镜在表面科学、材料科学、纳米科技、生命科学等领域研究中有着重大意义,其发明人格尔德·宾宁和海因里希·罗雷尔也因此获得1986年诺贝尔物理学奖。肆虐全球的新型冠状病毒的形貌就是利用扫描隧道显微镜获得的。这表明物理实验的思想、方法、设备有力促进了自然科学和工程技术的发展。

2.物理实验课程与应用型人才培养的关系

近年来,随着我国的产业转型及升级,培养应用型人才不仅是企业发展的迫切需求,而且是国家发展的需要。2015年,教育部、国家发展和改革委员会、财政部联合发布了《关于引导部分地方普通本科高校向应用型转变的指导意见》,部署引导600余所地方本科高校转型为应用型高校,体现了国家对建设和发展高水平应用型高校的迫切期望。因而研究探索适合应用型人才培养的教学体系及方法对建设高水平应用型高校意义重大。

不同于研究型人才培养,应用型人才培养过程中更强调实践性、应用性和技术性,因此实践教学对于应用型人才培养至关重要。大学物理实验作为单独设课的实验课程,是大部分学生进入大学后的第一门实验课,是学生动手能力训练的开端。大学物理实验课程覆盖面广,涉及的内容包含了丰富的物理学知识和思想、物理实验方法和手段,能提供综合性很强的实验技能训练,在培养学生动手能力、创新能力、思维能力等方面具有其他课程不可替代的作用。具体来说有以下三个方面。

(1)通过实验再现物理过程、观察实验现象、测量物理量并研究这些物理量之间的关系,可加深学生对物理概念、定律的认识和理解。

(2)培养和提高学生的科学实验能力。学生动手做实验的过程中,能够利用仪器搭建实验系统并进行测量,学习实验方法和技能;能够动脑积极思考实验现象,并尝试用所学的物理理论去解释,对于实验中碰到的问题能够分析判断,找到问题的根源并通过调试实验设备解决问题。因此,动手与动脑的有机结合,不仅锻炼学生分析问题、解决问题的能力,也培养和提高了学生的创新能力。

(3)培养和提高学生的科学实验素养。物理实验培养学生的科学素养及精神,要求学生在实验过程中必须遵守操作规程、安全制度等,遇到问题不轻言放弃、努力钻研、积极探索,能够实事求是、严肃认真地记录、处理数据,实验完毕能够细致认真撰写实验报告。

以上这三方面的培养和锻炼是物理实验课程所特有的,对于应用创新型人才的培养具有重要且独特的意义。

二、怎么上物理实验课

1. 带着分析、解决问题的思路研究每一个实验

物理实验课有着自身的特点及规律,实验中都包含着实验理论、实验的思想方法以及实验技能。完成一个实验可以看作是去解决一个问题,因此实验课上首先就要分析这个问题,然后提出方案去解决问题。如根据方案配置调试仪器,确定步骤,然后观察测量、记录数据,分析问题有没有得到解决,然后再改进方案进行实验,最后总结分析写出实验报告。因此"分析问题、解决问题"贯穿每个实验的始终,这可以看成是实验课的骨架,在这个过程中所产生的实验方法、实验技能训练以及凝练出的实验思想则是实验课的血肉。因此希望同学们带着这样的认知去完成每一个实验,将会得到上文所提到的实验课三方面的培养和锻炼。

以一个简单的实验举例,现在有一小堆粉末状食盐、一架天平、一个量筒、一张纸,还有水。这里食盐和水可以认为足够多。请问根据上述条件,如何通过实验测得食盐的密度?现在该实验就是要解决如何测量食盐密度这个问题,明确了问题,那么接下来就是确定实验方案,同学们自然想到根据 $\rho=m/V$,测出食盐的质量 m、体积 V 即可算出密度 ρ。质量 m 可用天平测得,但是粉末状食盐的体积 V 怎么测得?这时本实验要解决的问题得到进一步细化。同学们可能想到将水装入量筒,再放入食盐,尽管一开始食盐溶于水,但是通过不断地倒入食盐,量筒中最终形成了饱和盐水。然后再倒入食盐,将不再溶解,此时利用排水法就能测出倒入食盐的体积 V,至此实验方案确定。对于实验步骤,在形成饱和盐水后,还存在是先利用天平测食盐质量,还是先测食盐体积的问题。显然,如果先测体积,倒入的食盐将不能再从量筒中取出来,因此要先在天平上测粉末状食盐的质量,再倒入量筒中测体积,最后根据 $\rho=m/V$,即可完成本实验。

2. 以问题为核心展开实验前的预习

《论语》有言:"工欲善其事,必先利其器。"意指要做好一件事,准备工作非常重要。做好实验的准备工作就是充分的预习,且必不可少。预习是实验的第一个重要环节,良好的预习不仅可以提高学生了解实验内容及所用仪器的程度,为实施课堂教学环节的启发互动打下坚实基础,从而提升课堂教学效果,而且可以锻炼学生的自学能力,培养学生的探索能力。因此同学们在课前应认真阅读教材和相关资料。为了提高预习效果,本书在每个实验开始设置了一系列预习问题,涵盖了该实验的目的、实验依据的理论和方法、再现物理过程的条件(如需要配置

的仪器设备)等。同学们应有针对性地带着问题去阅读教材,查找资料,再尝试回答这些问题。在回答问题过程中,不要大段引用教材上的文字,而是应尽量将自己对问题的理解变为文字,再写出预习报告,这样可以有效提高自己的思维能力。

获得1965年诺贝尔物理学奖的美国物理学家理查德·费曼是加州理工学院最受欢迎的教师之一,他开创了一种高效的学习方法,即费曼学习法,被很多人认为是最好的学习方法,微软的比尔·盖茨、苹果的乔布斯都是费曼学习法的拥戴者。简单来说,费曼学习法就是在学习新知识后,如果你能用自己的话将对新知识的理解讲授给别人,且别人都听懂了,就说明你对这些知识也都掌握了。同学们可以尝试用费曼学习法去完成预习。

根据课程要求,学生必须在课前完成预习报告,教师将在上课前检查同学们的预习报告,并给出预习成绩,对于没有完成预习报告的学生,将不允许进行本次实验。

3.有序开展实验操作

学生进入实验室后,首先按照指定的序号找到自己的实验台,然后拿出教材、实验记录纸,所需的文具如签字笔、计算器等,将书包等放入实验台下的柜中。根据实验要求,清点仪器,核对数量及规格,并仔细阅读仪器的使用说明和注意事项。若有不符合实验要求的仪器,应及时向教师提出。教师进行课堂教学时,同学们要集中精力认真听讲,针对预习中碰到的问题与教师积极互动,进一步掌握本实验的原理、方法、仪器配置等,并认真听取教师对实验的明确要求。

完成上面的步骤后,同学们按照实验方案对仪器进行布置、调整,然后按图(电路图、光路图)进行连接。注意实验台上的仪器布置要合理,以方便读数,以及发生危险时能快速动作(如关闭电源、切断开关等)。对于仪器调试中出现的故障,或者仪器连接中出现的错误,要冷静、独立思考并尝试解决,如果实在不能解决问题,可以与指导教师讨论。注意:实验过程中要爱护仪器,轻拿轻放。在进行光学实验时不能用手触摸光学元件的光学表面;在进行电学实验时要在教师检查电路的连接正确无误后,同学们才可接通电源进行实验。

仪器连接、调试准备好后,开始进行实验,注意观察实验现象并思考现象背后的物理规律,测量记录有关物理量,观察数据的变化及范围有无异常。注意:要严肃对待实验数据,记录数据必须注意条件,如当天实验室的温度、湿度等,也要注意数据的有效数字位数。禁止编造数据,测量的原始数据要用签字笔整齐地记录在实验记录纸上,不要用铅笔随意记录在书上。对于记录有误的数据,不要用笔直接在数据上涂抹或者用修正液涂抹、胶带纸撕拉,而应用笔将有误的数据划掉,在旁边写上新测量的数据,这样可以进行对比。总之,做好实验记录是科学实验的基本训练。

实验完毕后,同学们应将实验数据记录纸交给指导教师检查,对于通过的数据,教师将签字确认。对于有误的或者误差较大的数据,教师会指出原因,并要求同学重新进行测量。碰到这种情况同学们不要气馁,要积极思考问题的根源,重做实验,重测数据,然后再交给指导教师确认。我们常说失败是成功之母,经历过挫折才能收获更多,因此重做实验也是难得的锻炼机会。此外,如果有些同学觉得还想重新做一次实验加深认识,实验室也非常欢迎大家重复实验,与指导教师交流讨论。

离开实验室前,同学们要整理实验仪器和设备,放好凳子并做好实验台的清洁工作。这么要求的原因,一是实验室管理维护的基本要求,二是使同学们养成良好习惯,为以后进入工作岗位打下坚实的行为基础。例如现在很多企业都强调5S管理制度,所谓5S,即"整理、整顿、清扫、清洁,素养"。企业要求生产区域、办公区域要达到上述5S标准,已成为质量管理体系中重要一环。

三、实验安排及成绩评定

1. 实验安排

大学物理实验采取学生分组（每组15~16人），每人一套仪器，按照实验循环表完成实验的教学模式。每个实验组配备一名指导教师，上课时指导教师将采用问题式启发互动教学，问题贯穿整个讲解过程，使学生始终处于积极动脑思考探究的状态，引导学生主动获取知识并解决问题，从而达到有效教学目的。

2. 成绩评定

每个实验成绩总分为20分，其中课堂成绩为12分，包括预习（预习报告书写、预习提问）5分、课堂（实验操作和实验数据）7分；课后实验报告（格式、计算）8分。

学生如果有3个实验成绩不及格，则本学期实验成绩不合格，1年后重修。学生无故缺1次实验，则本学期实验成绩总分最高只能到60分。

严禁学生抄袭报告和带着其他同学的报告做实验，对抄袭报告的学生，按"初次从宽，二次从严"的办法处理：对第一次抄袭报告的学生，任课教师应给予教育（报实验中心备案），并责成该同学写出深刻检查，同时重新书写实验报告，该次实验的成绩最高按60分计算；对重犯的学生，本学期课程成绩为"不通过"。

四、学生实验守则

1. 课堂纪律

(1) 按时上课，迟到超过5分钟，不准进行实验，迟到5分钟以内，扣课内成绩；
(2) 上课期间关闭手机，保持实验环境的整洁和安静，实验完毕个人废弃物自行带走；
(3) 爱护仪器，遵守仪器的操作规则，未经指导教师许可不能调换仪器；
(4) 做完实验经指导教师签字许可，关闭电源，整理仪器及实验台，方可离开。

2. 实验要求

(1) 必须做好预习，书写预习报告；
(2) 带齐相关的文具资料；
(3) 积极思考，独立完成实验，不得编造、涂改或抄袭他人数据。

3. 实验报告要求

(1) 报告应按规定的格式书写、装订，字迹清楚整洁；
(2) 实验报告及作业应于实验数据签字后一周内交教师批阅，退还的需要更正的报告，自退发之日起一周内连同原报告一起提交，过期无效；
(3) 实验报告应有实验目的、仪器、原理、主要步骤、数据处理部分，应自己组织语言文字，书写规范。

第1章 误差 不确定度

1.1 测量与误差

物理实验过程中需要获取大量的实验数据,这就离不开物理量的测量。而待测的物理量,客观上应该存在一个真实的数值,称为**真值**。由于测量时所用仪器的精度、测量方法、测量条件以及测量人员等因素的限制,使得测量得到的值(即测量值)总是和真值有一定的差异。通常将测量值与真值之差称为**误差**。在物理量的测量中误差是不可避免的,实际测量中,可以通过改进测量方法、提高测量仪器精度、改进实验数据处理方法等手段来减小误差。本节介绍测量与误差的基本概念,包括测量与误差的定义及分类,以及减小误差的方法。

1.1.1 测量的基本概念

测量是为确定被测对象的量值而进行的一组操作。一般的测量过程是用选定的标准量与被测量在一定条件下进行比较,用被测量是标准量的倍数和标准量的单位来表征测量结果。例如,用最小刻度为毫米的卷尺测量桌子的长度,被测量为桌子的长度,标准量为 1 mm 长度,如果桌子的长度是标准量的 1500.2 倍,则桌子的长度为 1500.2 mm。因此测量的必要条件应该是被测物体、标准量及操作者,测量结果应是一组数字和单位,以及与之相关的测量手段及条件。

上述用卷尺测量桌子长度的例子是用测量仪器直接得到被测量的量值,一般将这种测量称为**直接测量**,得到的测量值称为**直接测量值**。用天平称量物体的质量,用量筒测量液体的体积,用电表测电流和电压等都是直接测量。相比于这些直接测量得到的物理量,更多的物理量很难直接测量,如物质的密度、某地的重力加速度等。这些物理量需要借助某些直接测量值,通过一定的函数关系运算得到,这样的一组操作和运算过程叫作**间接测量**。例如要测量某一金属立方体的密度,首先通过测量其质量 m、长度 l、宽度 b 及高度 h,然后根据密度 ρ 的定义式 $\rho = \dfrac{m}{l \cdot b \cdot h}$ 计算得到。这种测量即为间接测量,密度 ρ 为**间接测量值**。需要注意的是,由于材料的密度和它的温度有关,因此,这个测量结果还应注明测量过程的条件参数——环境温度,此时结果才是完整而且有意义的。

间接测量为我们提供了重要的实验思路,即在实际测量中,对于那些难以直接测量的物理量,可以在与之相关的所有函数表达式中选择最方便可行的一个作为测量的依据,从而简化实验测量,在后面的实验中我们可以充分体会和理解这点。因为这类函数表达式常常不是唯一的,于是就出现了多种的方法和手段。例如电阻的测量,可以根据欧姆定律的表达式采用伏安法,也可以根据电桥平衡原理采用电桥法,还可以根据替代原理采用替代法(比较法)等。

1.1.2 误差的定义及分类

测量是一定的人依据一定的方法和理论,使用一定的仪器,在一定的环境中实施的。由于测量人员、测量方法、测量仪器和测量条件等因素的限制,例如不同的测量人员对平衡位置有不同的判断,伏安法测电阻时采用内接法与外接法会影响电阻的测量值,天平的两个臂不可能绝对相等,环境温度对测量的影响,等等,使得测量结果与客观存在的真值不可能完全相同,它们之间总存在差异,这种差异就称为**测量误差**,简称**误差**。它反映了测量结果的可靠程度。设某被测量的真值为 x_0,测量值为 x,则误差 Δx 表示为

$$\Delta x = x - x_0 \qquad (1-1-1)$$

在实际测量中,由于真值不可知的缘故,一般取多次测量的算术平均值代替真值 x_0,$(x-x_0)$ 将不再是误差而叫作偏差。真值的不可知决定了误差无法计算,也就是说实际能计算的只有偏差,在实际应用中也就不再细分二者的差异而统称为误差。

1. 绝对误差和相对误差

由式(1-1-1)定义的测量误差可正可负,它反映了测量值偏离真值的大小和方向,因此又称为**绝对误差**。例如测量某一物体的长度,它的标称值 $L_0=75.00$ mm,测量值 $L=74.95$ mm,根据式(1-1-1),绝对误差 $\Delta L=74.95-75.00=-0.05$ mm,它表示测量值偏离真值为 0.05 mm。再如测量一个金属板的厚度,它的标称值 $d_0=1.00$ mm,测量值 $d=0.95$ mm,绝对误差 $\Delta d=-0.05$ mm。可见这两次测量的绝对误差相同,那是不是反映了这两次测量的精度或者说结果可靠性相同? 直观结果告诉我们,这两次测量的精度显然不同,物体长度的测量结果可靠性明显优于金属板厚度的测量结果。因此为了更全面地表征测量结果,我们引入一个**相对误差**的概念,用 E 表示,定义为

$$E = \frac{\Delta x}{x} \times 100\% \qquad (1-1-2)$$

例如上文物体的长度测量,它的相对误差 E_L 表示为

$$E_L = \frac{-0.05}{74.95} \times 100\% \approx -0.07\%$$

而薄板厚度测量的相对误差 E_d 表示为

$$E_d = \frac{-0.05}{1.05} \times 100\% \approx -4.8\%$$

显然 $|E_d|>|E_L|$,这说明虽然两组测量的绝对误差大小相同,但相对误差却大不一样。相对误差客观地表明物体长度测量的精度要比金属板厚度测量的精度好得多。还要说明的是有的文献在计算相对误差时以真值 x_0 为分母,且把这样计算出的值定义为百分误差,由于测量值、平均值与真值差异不是很大,在计算相对误差时常常不易区分,所以在较多的情况下,常常将二者合二为一,不再区别。

误差贯穿于科学测量的始终,实验方法、测量仪器、实验条件以及数据处理等方面都可能导致误差。因此分析各种误差可能产生的原因,制订合理的实验方案,根据实际情况选择合理的实验仪器,将尽可能减小误差的影响,做到既保证必要的实验精度,又合理节省人力物力,从而以较低的代价获得最佳的结果。

2. 随机误差和系统误差

上文从计算和表示的形式将误差分为**绝对误差**（有量纲）和**相对误差**（无量纲的百分数）两种，它们分别表示了误差绝对值的大小和测量精度的差异。本节从误差产生的原因来分析，根据误差的性质和来源，可将误差分为**随机误差**和**系统误差**。

在多次测量某一个物理量的过程中，因偶然的、无法预测的不确定原因而产生的误差称为随机误差。例如水银温度计的毛细管直径带有一定的随机性，测量时，尽管相同的温升引起水银相同的体积变化，但由于管径不均匀，导致测量值发生涨落。随机误差也包含测量者和测量条件不可控的因素造成的误差，如测量人员在读数时每次眼睛的视角并不完全一致引起的读数误差，还有测量仪器放置的位置每次并不完全相同，测量时环境温度、风速及电磁场的变化等，都可能使测量结果产生一定的变化。但当尽量保持测量条件不变而将测量次数增加时，将会发现随机误差具有如下特点，如图 1.1.1 所示，横坐标 δ 表示误差，纵坐标 $f(\delta)$ 表示 δ 的概率密度。

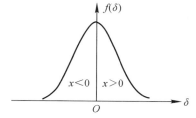

图 1.1.1 随机误差的分布概率曲线

第一，**单峰性**。从误差的绝对值来看，数值小的误差比数值大的误差出现的可能性大，且数值愈小，出现的可能性愈大。

第二，**对称性、抵偿性**。从误差的符号来看，出现正误差和负误差的可能性大致相同，因此当测量次数增加时，它们将可能正负抵偿。

第三，**有界性**。绝对值很大的误差出现的可能性很小，甚至趋于零。

这就是通常所说的随机误差的**单峰性、对称性、有界性和抵偿性**的特点，随机误差符合数学上的正态分布，因此可以用正态分布来表示并且进行数学处理。分析随机误差，可以发现在修正或消除第二类误差（系统误差及其他一切不能用统计方法处理的误差）之后，若测量次数无限增加，则其多次测量的平均值将无限趋近真值。这就是为什么在很多实验中要进行多次测量，且将多次测量的算术平均值作为被测量的最佳估计值的原因。

系统误差是指在相同条件（测量人员、测试仪器、方法、环境都保持不变）下多次重复测量同一量时，误差的大小和符号（正、负）均保持不变或按一定的规律变化的误差。也就是说不像随机误差使测量结果既可能偏大、又可能偏小，系统误差的存在会使测量结果总是偏向一边，要么总是偏大，要么总是偏小。例如由于所依据的原理在使用中的近似所造成的（如伏安法测电阻时电表内阻引起的误差），或者由于仪器本身（含使用条件变化）缺陷造成测量结果总是偏大或者偏小，如用未经校准零位的螺旋测微器测量零件长度，用未调平衡的天平称量物体的质量等。上述这些误差一般情况下都可以找到原因并予以修正，所以又叫作可修正系统误差。

从上面的分析可以看到，系统误差的特点是具有**规律性和确定性**，在仔细分析时，常常将系统误差归纳为方法误差、仪器误差及环境或条件误差几部分。应特别指出的是，在仪器误差中也含有一定的随机误差，如刻度的不均匀、测量机构的非线性或不均匀等，它们是无法预先修正的，在处理时应归入随机误差。

系统误差的特点决定了它不能用增加测量次数来消除，因此在实验过程中，应尽可能地把所有产生系统误差的因素找出来，有针对性地进行修正或者加以消除。系统误差的发现有时是很明显的，如实验理论要求在无限大、均匀分布条件下进行，或者不考虑空气阻力、不计摩擦力等因素，这在实验中无法完全满足，就会带来一定的系统误差。也可以从实验数据来分析，如绝对误差本应正负概率相同,但是实验数据的绝对误差全部是正的(或全部是负的),这就说明必然有一个恒定的误差因素存在。还有一些更明显的因素,如电表或其他量具(如螺旋测微器)的零点读数不为零、电压表的内阻太小、电流表内阻过大等,这些都应采取一定的措施消除。至于有些难以判断或发现的系统误差,如天平不等臂、量具刻度不均匀、量具的中心轴偏离、电表的磁场自然减弱等,就要靠细心的观察和丰富的实验经验来寻找,使在综合评定时不重复、不遗漏系统误差。

下面介绍系统误差几种处理方法:

(1)可定系统误差的处理。这类误差多是直接明显地表现出来,应针对其产生的原因来消除。

以伏安法测电阻为例。该实验依据的实验原理为欧姆定律,如图 1.1.2(a)所示,理论上要求电压表内阻无穷大,电流表内阻为零,这在实际中是做不到的。可以对电路图进行修正,将图 1.1.2(a)变换为图 1.1.2(b),用**补偿法**测量电压,即调节滑动变阻器 R_2 的阻值,当电流计 G 示值为"0"时,意味着没有电流通过电压表,相当于电压表内阻 $R_V=\infty$,此时电流表 A 读数就是流过电阻 R 的电流,从而消除了系统误差。

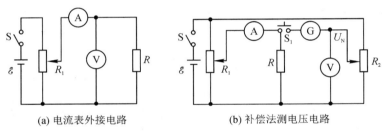

(a) 电流表外接电路　　　　　(b) 补偿法测电压电路

图 1.1.2　伏安法测电阻

伏安法测电阻实验中的系统误差还可以用**替代法**处理。若保证电路图 1.1.2(a)中其他元器件不变,仅将被测电阻 R 换成一个标准电阻箱,调节电阻箱的阻值,重现测 R 时的条件,使电流表和电压表示值与上一次实验时相同,则电阻箱的示值就是被测电阻的阻值,这样就巧妙地消除了系统误差的影响。

再以天平称量物体质量为例。天平的不等臂误差也是一种可定系统误差。如果将被测物体分别放在左右两盘,称得其质量为 m_1 和 m_2,将两次质量值乘积再开方作为测量值,或近似用 m_1 和 m_2 的平均值表示测量值,如式(1-1-3)所示,也将减小系统误差。

$$m=\sqrt{m_1 \cdot m_2} \approx \frac{1}{2}(m_1+m_2) \tag{1-1-3}$$

至于各种量具或仪表的零值不对,则应在使用前尽量校正,如果实在无法完全校正,则可作为零点读数在数据处理时予以消除。例如在使用螺旋测微器之前,要先检查并记录零值误差,以便对测量值进行修正。如果电表的指针在未通电时不指零,可用螺丝刀调节表盘中间的机械调零螺钉,进行机械调零。

综上所述,对于可定系统误差的消除,应该在正确校正仪器仪表的前提下,采用替代法和交换法实现,对于实验原理中要求的各种理想条件,不能通过改变仪器或装置本身去达到(如伏安法测电阻实验中应尽量增加电压表内阻),而应该从方法上(如用补偿法测电压)加以解决。

(2)未定系统误差的处理。这类误差多数是指由于仪表或量具的精度或级别的限制,在正常使用情况下可能产生的误差。它在整个测量过程中始终存在且处处存在,如量程 100 mm 以内的一级螺旋测微器的额定误差为 0.004 mm 则其未定系统误差范围为 −0.004 mm∼0.004 mm。此类误差一般多视为均匀分布,无法消除,只能在计算测量结果的合成误差时,把它作为一个分量予以考虑。

除了随机误差和系统误差,还有一种误差被称为**粗大误差**,这是由于测量系统偏离了所规定的测量方法和条件,或测量者在实验过程中因操作、读数、运算、记录等方面的差错而造成的。粗大误差的特点是使测量结果显著偏离了真实值,因此这种误差实际上可认为是测量错误。实验完毕应认真检查实验数据,剔除含有粗大误差的实验数据,如果难以判别,应重复实验进行检查判断。

1.1.3 精密度、准确度、精确度

大家经常在各类文献中看到精密度、准确度、精确度这三个名词,也常常混淆这三个名词,它们都被用来评价测量结果的好坏,但相互之间存在区别,下面我们从误差的角度加以说明。

精密度是指对被测量进行多次测量时,各测量结果之间相互接近(一致)的程度。它反映了测量结果中随机误差的大小,精密度越高,随机误差越小。然而精密度越高,不代表测量结果就越准确,也就是说,虽然精密度高,随机误差小,但有可能测量时系统误差大,造成测量结果准确度不高。以打靶为例,如图 1.1.3 所示,弹着点的分布比较集中,说明精密度高,但是这些弹着点都显著偏离靶心,表明准确度低,这有可能就是系统误差导致的,例如枪没有经过校准,射手瞄准方法有误等。

准确度是指在一定实验条件下多次测量的平均结果与真值的符合程度。它表示系统误差的大小,准确度高意味着系统误差小,但有可能随机误差大。如图 1.1.4 所示,尽管弹着点的平均值比较接近靶心,表明准确度高,但是弹着点分布比较分散,说明精密度差。

精确度可以看作精密度与准确度的综合,它既反映了各测量结果之间的符合程度,又反映了测量结果与真值的符合程度,也就是说精确度反映了系统误差与随机误差即综合误差的大小。精确度可以用图 1.1.5 来说明,弹着点密集分布,且均接近靶心,说明测量结果的精密度与准确度均高,即精确度高。

图 1.1.3 精密度　　　　图 1.1.4 准确度　　　　图 1.1.5 精确度

1.2 测量结果的不确定度

在上一节中,我们介绍了误差的概念及分类,认识了什么是随机误差、系统误差,明白了误

差的存在使得测量结果与真值总是存在差异,因此误差也反映了测量结果的可靠程度。误差是测量值与真值之差,因为真值经常无法知道,所以误差通常也无法确定。那么如何对上节所讲的误差进行合理的评估？人们引入了"不确定度"这个概念对误差进行定量的计算和分析。

从字面上看,不确定度是指由于误差的存在而对测量结果不能肯定的程度,是对被测物理量的真值会处在某个范围内的可能性的评定。即不确定度反映了误差可能出现的分布范围。不确定度越小,说明测量结果与真值越接近,测量结果可信程度高；不确定度越大,则测量结果与真值差别越大,测量结果可信程度低,测量过程的质量就越低。因此不确定度很好地反映了测量结果的性质和优劣程度。

不确定度一般包含多个分量,按照其数值的评定方法可分为 A 类不确定度(用 u_A 表示)和 B 类不确定度(u_B 表示),本节分别对直接测量结果和间接测量结果的 A 类不确定度、B 类不确定度及合成不确定度的计算进行详细介绍。

1.2.1 直接测量结果的不确定度

实验中,很多物理量是通过直接测量的方法得到的,如用螺旋测微器测量物体的直径,用米尺测量物体的长度,用电流表测量电流等。通过直接测量得到的物理量称为**直接测量结果**,我们首先介绍直接测量结果的 A 类及 B 类不确定度的计算。

1. A 类不确定度的计算

A 类不确定度(u_A)是指可以用统计方法进行评定的不确定度。这类不确定度服从正态分布规律,因而可以像计算标准偏差一样进行计算。例如,在相同测量条件下,对物理量 x 进行 n 次独立的重复测量,这种多次重复测量就存在 A 类不确定度。设测量值分别为 x_1,x_2,$\cdots$,x_n,这些测量结果的平均值为

$$\bar{x} = \frac{1}{n}\sum_{i=1}^{n} x_i \tag{1-2-1}$$

将 $\bar{x}$ 作为物理量 x 的最佳估计值,$\bar{x}$ 的标准偏差 $s(\bar{x})$ 就作为不确定度的 A 类分量,即

$$s(\bar{x}) = u_A = \sqrt{\frac{\sum(x_i - \bar{x})^2}{n(n-1)}} \tag{1-2-2}$$

需要注意的是,式(1-2-2)的应用条件是测量次数 $6 \leqslant n \leqslant 10$。

现在以一个实例来展示计算 A 类不确定度。用分度值为 0.02 mm 的游标卡尺分别测量金属圆柱体的直径 d 和高度 h 各 10 次,数据如表 1.2.1 所示,试计算直径 d 和高度 h 的 A 类不确定度。

表 1.2.1　金属圆柱体直径、高度测量数据

d/mm	20.42	20.34	20.40	20.46	20.44	20.40	20.40	20.42	20.38	20.34
h/mm	41.20	41.22	41.32	41.28	41.12	41.10	41.16	41.12	41.26	41.22

可以看到测量次数 $n=10$,每次的测量值 d 如表 1.2.1 所示,则直径 d 的算术平均值 $\bar{d} = \frac{1}{10}\sum_{i=1}^{10} d_i = 20.40$ mm,然后将 n、d_i、$\bar{d}$ 代入式(1-2-2),可得到直径的 A 类不确定度为

$$s(\bar{d}) = \sqrt{\frac{\sum_{i=1}^{10}(d_i-\bar{d})^2}{n(n-1)}} = \sqrt{\frac{0.0136 \text{ mm}^2}{90}} = 0.012 \text{ mm}$$

同理,高度 h 的 A 类不确定度也可计算出来,

$$s(\bar{h}) = \sqrt{\frac{\sum_{i=1}^{10}(h_i-\bar{h})^2}{n(n-1)}} = \sqrt{\frac{0.0496 \text{ mm}^2}{90}} = 0.023 \text{ mm}$$

2. B 类不确定度的计算

B 类不确定度(u_B)是指用不同于统计方法获得的不确定度,它包含的内容较多,如大量的未定系统误差、仪器误差和粗差等。在普通物理实验中,为了方便教学,对 B 类不确定度一般采用的计算方法为

$$u_B = \frac{\Delta_仪}{\sqrt{3}} \qquad (1-2-3)$$

式中:$\Delta_仪$ 为仪器的最大允许误差,所谓最大允许误差,指的是该仪器所能允许的误差的极限值,在本课程教学中,常用的一些测量仪器的最大允许误差如表 1.2.2 所示。

表 1.2.2 基础物理实验常用测量仪器的最大允许误差

序号	测量仪器	级别	规格/测量范围	最大允许误差	备注
1	游标卡尺	50 分度	0~150 mm	±0.02 mm	
2	螺旋测微器	1 级	0~100 mm	±0.004 mm	
3	钢直尺		50 mm、150 mm、300 mm	±0.1 mm	
4	钢卷尺	Ⅰ级		±(0.1+0.1L)	L 为被测物理量的长度,当 L 不是米的整数倍时,取最接近的较大整"米"数
4	钢卷尺	Ⅱ级		±(0.3+0.2L)	
5	电流表 电压表 功率表 电阻表	0.5 级		±0.5%T	T 为量程
5		1.0 级		±1.0%T	
5		1.5 级		±1.5%T	
5		2.0 级		±2.0%T	
5		2.5 级		±2.5%T	
5		5.0 级		±5.0%T	

以金属圆柱体的直径和高度测量为例,来计算 B 类不确定度。根据表 1.2.2,游标卡尺的最大允许误差为 0.02 mm,因此直径 d 和高度 h 的 B 类不确定度均为

$$u_B = \frac{\Delta_仪}{\sqrt{3}} = \frac{0.02 \text{ mm}}{\sqrt{3}} = 0.012 \text{ mm}$$

3. 合成不确定度的计算

测量结果中包含 A 类和 B 类不确定度分量,那么测量结果总的不确定度 u 怎么定义?一般采取 A 类和 B 类不确定度"方和根"的合成来表示 u,即

$$u = \sqrt{u_A^2 + u_B^2} \tag{1-2-4}$$

因此 u 也称为合成不确定度。为什么采取方和根合成的方法?这是由于不确定度要评估的误差一般包括随机误差和系统误差,而这两种误差是两个相互独立而不相关的随机变量。

还是以金属圆柱体的直径和高度测量为例,来计算直径 d 和高度 h 的合成不确定度。

对于直径 d 的测量

$$u(d) = \sqrt{u_A^2 + u_B^2} = \sqrt{(0.012 \text{ mm})^2 + (0.012 \text{ mm})^2} = 0.017 \text{ mm}$$

对于高度 h 的测量

$$u(h) = \sqrt{u_A^2 + u_B^2} = \sqrt{(0.023 \text{ mm})^2 + (0.012 \text{ mm})^2} = 0.026 \text{ mm}$$

4. 测量结果的表示

对于测量结果,一般采用算术平均值及合成不确定度形式来表示,即

$$x = (\bar{x} \pm u) \text{单位} \tag{1-2-5}$$

类似于相对误差,相对不确定度表示如下

$$u_r = \frac{u}{\bar{x}} \times 100\% \tag{1-2-6}$$

由于不确定度本身就是一个估计值,因此除了某些特殊测量以外,一般情况下测量结果的合成不确定度只取一位有效数字(有效数字的概念下节进行介绍),最多不超过两位。在本课程实验中,测量结果的不确定度一般只取一位有效数字,相对不确定度一般取两位有效数字。如此一来,就会存在不确定度的截取问题,此时采取"只入不舍"的原则,即不确定度宁可大不可小。例如对于金属圆柱体直径和高度的测量结果不确定度,就要表示为

$$u(d) = 0.02 \text{ mm}, u(h) = 0.03 \text{ mm}$$

因此直径的测量结果,可以表示为

$$d = (20.40 \pm 0.02) \text{ mm}, u_r = \frac{0.02 \text{ mm}}{20.40 \text{ mm}} \times 100\% = 0.098\%$$

高度测量结果表示为

$$h = (41.20 \pm 0.03) \text{ mm}, u_r = \frac{0.03 \text{ mm}}{41.20 \text{ mm}} \times 100\% = 0.073\%$$

1.2.2 间接测量结果的不确定度

实验中还有很多物理量不能通过仪器直接测量得到,需要由直接测量结果通过一定函数关系计算得到,通过这种方法得到的物理量称为间接测量结果。例如上述金属圆柱体的体积 V 由直径 d 和高度 h 通过 $V = \pi \left(\dfrac{d}{2}\right)^2 h$ 这一关系得到。由于直接测量结果存在不确定度,那么经过函数运算之后的间接测量结果也必然存在不确定度,也就是说存在不确定度的传递。间接测量结果的不确定度通常采用下面的方法进行评定。

设间接测量结果 F 是 n 个相互独立的直接测量结果 $x_1, x_2, \cdots, x_n$ 的函数,其函数关系

为 $F = f(x_1, x_2, \cdots, x_n)$，$F$ 的不确定度 $u(F)$ 可由下式计算

$$u(F) = \sqrt{\sum_{i=1}^{n} \left(\frac{\partial f}{\partial x_i}\right)^2 u^2(x_i)} \qquad (1-2-7)$$

式中：$u(x_i)$ 是直接测量结果 x_i 的合成不确定度；$\frac{\partial f}{\partial x_i}$ 是 F 对直接测量结果 x_i 的偏导数，也称为不确定度的传递系数，它的大小直接代表了各直接测量结果的不确定度对间接测量结果的不确定度的贡献（权重）。

当 $F = f(x_1, x_2, \cdots, x_n)$ 函数形式为乘除关系或者方幂关系时，F 的相对不确定度 $u_r(F)$ 计算比较方便，因此可先计算出 $u_r(F)$，再利用 $u_r(F) = \frac{u(F)}{F}$ 计算出 $u(F)$。此时 $u_r(F)$ 的表达式为

$$u_r(F) = \sqrt{\sum_{i=1}^{n} \left(\frac{\partial (\ln f)}{\partial x_i} u(x_i)\right)^2} \qquad (1-2-8)$$

我们以金属圆柱体的体积 V 的不确定度计算为例，体积 V 为间接测量结果，函数关系式为 $V = \pi \left(\frac{d}{2}\right)^2 h$，满足乘法关系，先计算 V 的相对不确定度 $u_r(V)$，根据 $(1-2-8)$ 式，

$$u_r(V) = \sqrt{\left(\frac{\partial (\ln V)}{\partial d} u(d)\right)^2 + \left(\frac{\partial (\ln V)}{\partial h} u(h)\right)^2} = \sqrt{\left(2 \frac{u(d)}{\bar{d}}\right)^2 + \left(\frac{u(h)}{\bar{h}}\right)^2}$$

$$= \sqrt{\left(2 \times \frac{0.02 \text{ mm}}{20.40 \text{ mm}}\right)^2 + \left(\frac{0.03 \text{ mm}}{41.20 \text{ mm}}\right)^2} = 0.21\%$$

$V = \pi \left(\frac{d}{2}\right)^2 h = \pi \left(\frac{20.40 \text{ mm}}{2}\right)^2 \times 41.20 \text{ mm} = 1.347 \times 10^{-5} \text{ m}^3$，所以 $u(F) = V \times u_r(V) = 0.0028 \times 10^{-5} \text{ m}^3$，最终结果表示为 $V = (1.347 \pm 0.003) \times 10^{-5} \text{ m}^3$。

表 1.2.3 中给出了常用函数的合成不确定度的计算公式，读者计算时可直接引用。

表 1.2.3 常用函数的合成不确定度的计算公式

函数形式	传递系数	合成不确定度的计算公式
$N = ax \pm by$	$c_x = a$ $c_y = b$	$u_c(N) = \sqrt{c_x^2 u^2(x) + c_y^2 u^2(y)}$
$N = ax^2 \pm by^2$	$c_x = 2ax$ $c_y = 2by$	$u_c(N) = \sqrt{c_x^2 u^2(x) + c_y^2 u^2(y)}$
$N = \dfrac{x}{y}$	$c_x = \dfrac{1}{y}$ $c_y = -\dfrac{x}{y^2}$	$u_c(N) = \sqrt{c_x^2 u^2(x) + c_y^2 u^2(y)}$ $\dfrac{u_c(N)}{N_0} = \sqrt{\left(\dfrac{u(x)}{x}\right)^2 + \left(\dfrac{u(y)}{y}\right)^2}$
$N = x^m y^n z^l$	$c_x = m x^{m-1} y^n z^l$ $c_y = n x^m y^{n-1} z^l$ $c_z = l x^m y^n z^{l-1}$	$u_c(N) = \sqrt{c_x^2 u^2(x) + c_y^2 u^2(y) + c_z^2 u^2(z)}$ $\dfrac{u_c(N)}{N_0} = \sqrt{\left(m \dfrac{u(x)}{x}\right)^2 + \left(n \dfrac{u(y)}{y}\right)^2 + \left(l \dfrac{u(z)}{z}\right)^2}$
$N = \sin x$	$c = \cos x$	$u_c(N) = \|c\| u(x)$ $\dfrac{u_c(N)}{N_0} = \|\cot x\| u(x)$

1.3 有效数字及其运算

1.3.1 测量结果的有效数字

实验中进行直接测量时,需要用到各类测量仪器,因此首先要明确测量仪器的量程以及**最小分度**,然后从仪器上读取数字时要尽可能读到仪器最小分度的下一位,也就是说需要在最小分度后再估读一位数字。最小分度以前的数字可以从仪器上直接读出,它们是准确的,一般称为**可靠数字**,而最后一位数字是估计得到的,而且只能估计出一个数字,它是不准确的,其值因人而异,所以最后一位数字又称为**可疑数字**。根据以上分析,我们将**测量结果中所有可靠数字加上最后一位可疑数字,称为测量结果的有效数字。**

如图 1.3.1(a)所示,直尺的最小刻度为毫米,现在用它测量物体的长度,我们可以从直尺上读出 42.6 mm,这个数据的前两位"4""2"是可靠的,没有疑问,即不会因人而异,而最后一位"6"是估计出来的,是可疑的,因为其他测量人员可能估计出"5"或者"7"。总之,该物体长度为 42.6 mm,具有 3 位有效数字。如果再用这把尺子去测量一个约 4 mm 的长度,其结果为 4.0 mm,如图 1.3.1(b)所示。该数据中最后一位"0"是估计得到的,这个"0"不能省掉,它具有特定的意义,因为如果将"0"省掉,那么"4"就是估计得到的数字,于是这把直尺就不是最小刻度为毫米的尺子,而变成了最小刻度为厘米的尺子。因此测量结果的有效数字的位数不仅与被测量的大小有关,还与测量仪器的精度(最小刻度)有关。如图 1.3.2 所示,用最小刻度为厘米的尺子测量图 1.3.1(a)中物体,可读出测量结果为 4.3 cm。

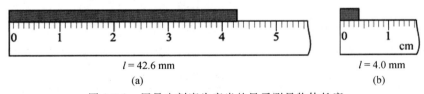

图 1.3.1 用最小刻度为毫米的尺子测量物体长度

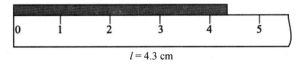

图 1.3.2 用最小刻度为厘米的尺子测量物体长度

综上所述,有效数字是恰当地反映测量结果的一组数字。不同于数学概念中的数字,有效数字中的每一位数字都有其特定的意义,不能随意增减。测量结果的有效数字的多少,一般能反映测量过程中所用的测量仪器、测量方法等情况。一般来说,一个数据有效数字位数越多,相对误差就越小,测量就越精确,另外,可疑数字所占位数越低,测量就越精确。例如有 3 个测量数据,分别为 10.0 mm,10.00 mm,10.000 mm,在数学中这 3 个数据没有差别,但是在物理实验中,这 3 个数据则反映了它们是用 3 个不同的测量仪器得到的,它们之间不能划等号。第一个数据 10.0 mm 有 3 位有效数字,是用最小刻度为毫米的尺子测量得到的;第二个数据 10.00 mm 有 4 位有效数字,是用游标卡尺测量得到的;第三个数据 10.000 mm 有 5 位有效数字,是用螺旋测微器测量得到的。因此有效数字后面的"0"是与测量密切相关的,不能随意增减。

1.3.2 有效数字的表示

实验中为了方便数据记录及运算,常常需要变换单位,例如将 4.000 毫米化成以米为单位,则 4.000 mm=0.004000 m。**需要注意的是,单位换算时有效数字的位数不应发生改变**,在这个变换中测量值的四位有效数字始终不变,在"0.004000"中的"4"前面由于单位变换而增加的"0"不是有效数字。**因此有效数字的位数应从测量数据的第一个不为 0 的数字算起**,如 0.00450 m 是 3 位有效数字,而不是 6 位有效数字。

由于单位选取不同,有时会出现这样的情况,如 4.000 mm=0.004000 m 是正确的,但是将上述以毫米为单位的数据换成以纳米为单位,4.000 mm=4000000 nm 则是错误的,因为"4000000"是 7 位有效数字。为了解决这个矛盾,也为了简化运算,通常采用科学记数法来表示,即用有效数字乘以 10 的幂指数的形式来表示,如

$$4.000 \text{ mm}=4.000\times10^3 \text{ }\mu\text{m}=4.000\times10^6 \text{ nm}=4.000\times10^{-3} \text{ m}$$

而且应该理解下面不等式的含义

$$4.000 \text{ mm}\neq 4 \text{ mm}$$
$$4.000 \text{ mm}\neq 4000000 \text{ nm}$$
$$4.000 \text{ mm}\neq 0.004 \text{ m}$$

1.3.3 有效数字的运算规则

很多物理量是由直接测量结果根据一定的函数关系计算得到的,由于直接测量结果的有效数字位数一般都不同,那么经过函数运算后得到的物理量的有效数字位数如何确定?本节介绍有效数字的运算规则。

1.加减法运算

先将参加运算的数据的单位统一,然后列出纵式进行运算,以数据中可疑位最高的一位作为最终结果的可疑位。如例 1.3.1 中,首先将这两个参与运算的数据都换成以厘米为单位,可以看到可疑位最高的数据是 10.1 cm,其可疑位"1"在十分位上,41.78 cm 的可疑位"8"在百分位上(本节例题中,在数据的可疑位下面加了一横),由于"10.1"中的"1"存疑,因此这个"1"加上任何数据后,结果也存疑,即结果"14.278"中的"2"就已经可疑,后面的"7""8"就不再保留,此时按"**四舍六入,逢五取偶**"的办法进行处理,最终结果就是"14.3 cm",即 3 位有效数字。

例 1.3.1 10.1 cm+41.78 mm。

解 10.1 cm+4.178 cm=14.3 cm

$$\begin{array}{r} 10.1 \\ +4.178 \\ \hline 14.278 \end{array}$$

同学们熟悉的是"四舍五入",这是一种常用的尾数取舍法则,但它并不是很合理,因为"入"的概率总是大于"舍"的概率。另一种更为合理的舍入法则是"四舍六入,逢五取偶",就是

尾数为 4 及 4 以下数字时,将尾数舍掉;尾数为 5 时则将前一位数字凑成偶数,如果前一位数字已经是偶数,将 5 舍掉;尾数为 6 及 6 以上数字时,将尾数舍去并且给它的前一位加"1"。例如把下列数字按此法则舍入到小数点后第三位。

$5.6234 \rightarrow 5.623, 3.14159 \rightarrow 3.142, 4.51050 \rightarrow 4.510, 13.12650 \rightarrow 13.126$

下面再以两个测量数据相减为例。如例 1.3.2,首先将这两个数据都换成以毫米为单位,然后判断可疑位最高的是哪个数据,可以看到"101"中的"1"可疑位最高,在个位上。因此这个"1"加上或减去任何数据后,结果也存疑,即结果"59.22"中的"9"就已经可疑,后面的"2""2"就不再保留,按"四舍六入,逢五取偶"的办法进行处理,最终结果就是"59 mm",即 2 位有效数字。

例 1.3.2 10.1 cm－41.78 mm。

解 101 mm－41.78 mm＝59 mm

$$
\begin{array}{r}
101 \\
-\ 41.78 \\
\hline
59.22
\end{array}
$$

除了上述计算方法,还可以在运算之前就根据诸项中估计位的最高位对其他各项先行按照"四舍六入,逢五取偶"的办法进行简化,然后再进行运算,其结果是一致的。如例 1.3.2 中,"41.78"按照法则先简化为"42",然后二者相减,同样得到最终结果"59"。

2. 乘除法运算

对于有效数字的乘除运算,其法则为,**结果的有效数字位数与参与运算的诸数据中有效数字位数最少的保持相同**。考虑到乘法运算中可能有进位,故可适当增加一位,而连续乘除综合运算时则一般不增不减。例 1.3.3 所示的两个数据的乘法运算中,"10.1"为 3 位有效数字,"4.178"为 4 位有效数字,因此结果的有效数字位数应该和"10.1"的有效数字位数保持一致,也是 3 位。例 1.3.4 所示的两个数据相除也是同样的道理。其实分析例 1.3.1 至例 1.3.4,决定结果最终有效数字位数的核心因素还是可疑位上的数字与任何其他数字进行运算后,结果都是可疑的,因此结果中只保留 1 位可疑数字,后面的数字按照"四舍六入,逢五取偶"的办法进行处理。

例 1.3.3 $10.1 \times 4.178 = 42.2$。

解

$$
\begin{array}{r}
10.1 \\
\times\ 4.178 \\
\hline
808 \\
707\ \\
101\ \ \\
404\ \ \ \\
\hline
42.1978
\end{array}
$$

例 1.3.4 $10.1 \div 4.178 = 2.42$。

解

```
                2.417
        ┌──────────────
  4.178 │ 10.100000
          8356
          ─────
          17440
          16712
          ─────
           7280
           4178
           ─────
           31020
           29246
           ─────
            1774
```

3. 函数运算

除了加减乘除运算,也常常出现乘方、开方、正弦、对数等函数运算,仔细推敲和处理是比较繁杂的工作,一般运算中常常采用简化的办法处理,即**函数运算结果的有效数字位数一般与函数自变量的有效数字位数相同**。例如 $225^2 = 5.06 \times 10^4$,"225"为 3 位有效数字,经过平方运算,结果"5.06×10^4"仍保留 3 位有效数字。类似的函数运算还有如下例子,

$\sqrt{225} = 15.0$

$\sin 30°00' = 0.5000$

$\tan 30°00' = 0.5774$

$\lg 35.4 = 1.549$(结果中小数点后面数值的位数与该数(35.4)的有效数字位数相同,即首数"1"不计入有效数字位数)

$\ln 35.4 = 3.567$(结果中小数点后面数值的位数与该数(35.4)的有效数字位数相同,即首数"3"不计入有效数字位数)

4. 与有效数字有关的几个问题

(1)有效数字的位数与单位无关,即不因单位的变换而改变有效数字的位数。

(2)运算中的常数,如圆面积 $S = \dfrac{\pi}{4} D^2$ 中的"4",因为它们不是本次的测量值,故不参与有效数字处理。对于上式中的"π",在运算中要截取成有效数字形式时,一般比其他测量得到的数据的有效数字位数多取 1 位或者 2 位。例如圆面积测量中,$D = 5.208$ mm,为 4 位有效数字,则 π 要取到 3.1416,即取到 5 位有效数字。这样的处理方法也适用于 $\sqrt{2}$、$\sqrt{3}$、e 等这些无理数。

(3)有多个数据参加运算时,运算的中间结果应保留 2 个可疑数字以减少多次取舍引入的计算误差,但运算到最后仍应舍去。

(4)有效数字在直接测量中,直接反映量具的最小分度和仪器的精度,但它毕竟不能完整地表示整个测量的结果,必须对测量结果仔细地进行误差处理,并参照有效数字运算法则才能正确地表示测量结果。

有效数字并没有什么特别难理解的深奥道理,但在实验中却极易出错,究其原因主要在于实验操作者不重视、不细心。实验操作者需要认真对待,正确地使用有效数字处理实验数据。考虑到计算器和计算机的普遍使用,运算结果的数字常会增多,应按有效数字规定对结果进行取舍。

1.4 实验数据处理的基本方法

实验中得到一系列数据后,需要选择合理的方法对这些数据进行整理分析和归纳计算,以找到物理量之间的关系,从而报告实验结论。数据处理是实验的重要环节,常用的数据处理方法有列表法、作图法和逐差法。

1.4.1 列表法

列表法就是将实验数据列成表格。这样可以简单明确地表示相关物理量之间的对应关系,也便于测量人员检查结果是否合理,及时发现问题,从而减少和避免错误。列表法是最常用的一种数据处理方法,大家在后续的课程学习、论文写作中会经常用到列表法。以伏安法测电阻这个实验为例,测得实验数据后,利用列表法展示,见表 1.4.1。

表 1.4.1 伏安法测电阻数据

U/V	0.00	1.00	2.00	3.00	4.00	5.00	6.00	7.00	8.00	9.00
I/mA	0	24	48	70	94	118	141	164	186	209

列表时要注意:

(1)必须写出表格的标题,如表 1.4.1 的标题为"伏安法测电阻数据"。

(2)各栏目均应标注测量量名称和单位(用符号来表示),如表中第一行数据为电压数据,名称为 U,单位 V;第二行为电流数据,名称为 I,单位 mA。

(3)表中所列数据要正确反映测量结果的有效数字。如表 1.4.1 中电压数据小数点后的"00"不能省略。

1.4.2 作图法

1.手工绘图

作图法就是将测量数据按其对应关系在坐标纸上描点(数据点),然后再根据数据点绘制出光滑曲线,从而以曲线的形式揭示物理量之间的对应关系,进一步也可以求出经验公式。作图法也是一种广泛应用的数据处理方法,其优点是能将数据之间的关系直观地表示出来,而且绘制曲线的过程对数据起到平均作用,从而减小误差。作图法一般有如下规定。

(1)**选取合适的坐标纸**。作图必须用规定的坐标纸,如毫米方格纸、半对数坐标纸、全对数坐标纸等。应尽量在不损失有效数字的条件下,适当变换比例以确定图纸的大小。本课程教学中使用的是毫米方格纸,即作图纸上每小格是 1 mm。

(2)**确定并标定坐标轴**。一般以横轴代表自变量,纵轴代表因变量,画两条粗细适当的带箭头的线表示横轴和纵轴,在箭头旁边标出所代表的物理量及单位,如 u/V。坐标原点不一定必须在(0,0),有时为了方便绘图,可以从小于最小实验数据的某一整数作为起始点。为便于标注实验点和读取坐标,坐标轴的比例应尽量取 1∶1,考虑到图纸大小适当,可以放大或缩小坐标轴的比例为 1∶10 或 10∶1,必要时也可选 1∶5 或 1∶2 等,一般不应选用 1∶3、1∶4 等,即不应选取每小格代表 3、4、6、7、8、9 及其他分数值,以保证读数方便和准确。

(3) **准确描点**。根据实验数据,在坐标纸上将各实验点准确无误地标出,为了使实验点醒目,一般用明确的标记将实验点包围起来,以示确认。这些标记有"○""△""+""×"等。需要注意的是,如果图纸上有属于不同线条的实验点,应使用不同的标记符号进行区分。

(4) **光滑连线**。将各个实验点按其规律用直尺(线性函数)或曲线板光滑连接,曲线应在各实验点中均匀穿过,即应尽量使实验点分布在连线的两侧,**不应有意识地穿过某一个或某几个点**,因为这也是一个求其平均值的过程。

还要指出,描绘的曲线应尽量细一点,以便读取坐标值。曲线应尽量光滑,所以凡是曲线一定要用曲线板绘制,千万不要徒手描绘。原来的实验点一定要予以保留,不可因曲线穿过而掩盖。对个别误差过大而偏离图线的点,可按照粗大误差剔除的原则不予考虑,但实验点应标出以便核对和查找原因。

(5) **标注图题**。如同表格有表题,图也应该有图题,图题要标注在图纸的上部明显位置,图题要体现出所作图的关键因素,如电阻的伏安特性图。根据上述规定,以表 1.4.1 的数据作图,如图 1.4.1 所示。

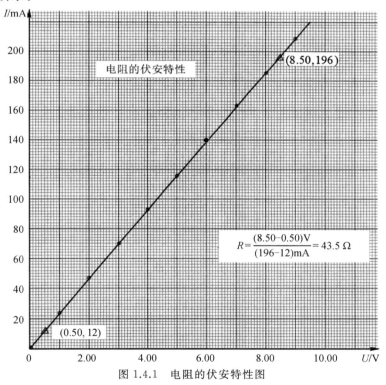

图 1.4.1　电阻的伏安特性图

利用作图法,还可从图线上直接求出实验需要的某些结果,例如求直线斜率和截距等;所绘制的直线的斜率利用斜率公式(1-4-1)即可求解。

$$k=\frac{y_2-y_1}{x_2-x_1} \tag{1-4-1}$$

具体来讲,对于直线方程可在适当位置从图线上读出两点的坐标(以不损失或少损失有效数字为原则),求出斜率和截距,写出线性方程及测量结果。例如图 1.4.1 中,在直线上选取两个点,其坐标分别为(0.50,12),(8.50,196),代入式(1-4-1)即可求得直线的斜率,同时可以发现该直线斜率的倒数即为电阻的阻值,$R=43.5\ \Omega$。

利用图线也可以求函数表达式。若被测对象满足一任意函数关系,则对应的图线一般不再是直线而是一条遵循一定函数关系的曲线。这种情况下要充分运用解析几何知识来初步判定该曲线属于哪一类函数,据此判断提出假定并进行相应的处理。

若估计它是双曲线,它应满足 $y=\dfrac{1}{x}a$ 的函数关系,这时可以实验数据及曲线上读出的数据按 $y=f(\dfrac{1}{x})$ 作图,若作出的图线是一条直线,就可通过求该直线的斜率得到系数 a。

若估计它是一条抛物线,它应满足方程 $y=kx^2+b$,这时可以实验数据及曲线上读出的数据按 $y=f(x^2)$ 作图,若作出的图线是一条直线,求出该直线的斜率和截距就可求出 k 和 b。

若难于准确判定它到底是什么函数,但又是一条曲线,不妨用幂函数来估计,即设曲线方程为 $y=kx^a$,则对该式取对数,得

$$\lg y=\lg k+a\lg x$$

以此式对实验数据处理后作出对应的图线,此时图线若是一条直线,在这条直线上求出对应的斜率和截距,再经过反对数运算,就可以得到 k 和 a,从而求出 $y=kx^a$ 的函数关系。

2. 利用 Origin 作图

在信息技术发达的今天,用计算机处理数据已经成为主要手段,有很多数据处理软件,例如 Origin、MATLAB、Excel 等,但是我们前面所讲的基本作图知识是这些软件的设计基础,同学们全面地掌握了这些基本知识,才能熟练正确地使用数据处理软件。在第三学期的实验课中,我们鼓励同学们使用计算机软件处理数据。

Origin 是 OriginLab 公司开发的一款科研绘图、数据分析软件,是当今世界上应用最广泛的数据处理软件之一,广受科研、工程技术人员欢迎。Origin 功能强大,本课程中常见的数据处理、作图及曲线拟合等都可以在 Origin 中准确、方便地完成。此外,Origin 界面清晰,操作简单,例如 Origin 提供了几十种绘图模板而且用户可以自定义模板,绘图时用户选择所需要的模板就行。现在采用 Origin 8.0 版,以表 1.4.1 伏安法测电阻实验数据处理为例,简要介绍其在物理实验数据处理中的应用。

在计算机上安装好 Origin 8.0 后打开,其界面如图 1.4.2 所示,中间区域的 Book1 为工作表,A(X)代表自变量,这列中可填入表 1.4.1 中的电压数据,B(Y)代表因变量,这列中可填入表 1.4.1 中的电流数据。为了便于标记这两列数据,可以修改 A、B 的名称为 U、I。例如,在 A(X)列上点击鼠标左键选中该列,然后再点击鼠标右键,在弹出的菜单中选择"Properties…",如图 1.4.3 所示。在下一步弹出的"Column Properties"界面中,将"Short Name"栏的 A(X)改为"U"即可,B(Y)的修改方法与此相同。

现在将表 1.4.1 中的电压和电流数据填入工作表中,检查无误后,鼠标左键点击左下角三个点标志(箭头所指),如图 1.4.4 所示,则将实验数据以黑色矩形作图显示。对于此图,可以鼠标左键点击选中坐标轴,然后再点击右键,在弹出的菜单中选择"Properties"进一步对刻度、字体、横纵轴名称等进行修改,细节请读者自行练习。

下面利用 Origin 对图 1.4.4 中的数据点进行线性拟合,并求出直线方程及其对应的斜率。如图 1.4.5 中箭头所指,点击"Analysis"→"Fitting"→"FitLinear"→"Open Dialog",在弹出的菜单中点击"OK",Origin 将根据 $y=a+bx$ 这一直线方程对数据点自动进行拟

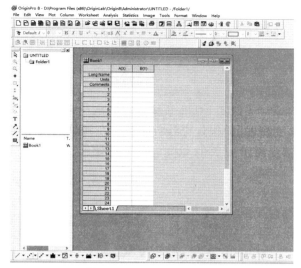

图 1.4.2 Origin 8.0 界面

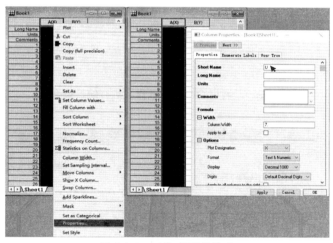

图 1.4.3 工作表列名修改

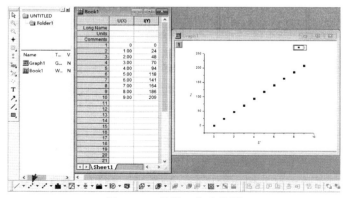

图 1.4.4 根据工作表作图

合,作出拟合后的直线,并给出直线方程中的 a(图 1.4.6 中表格的"Intercept")、b(图 1.4.6 中表格"Slope")数值分别为 0.89091、23.22424,如图 1.4.6 所示。前面我们指出斜率的倒数为电阻的阻值,即

$$R = \frac{1}{23.2242} \times 1000 = 43.1 \ \Omega$$

这个结果与图 1.4.1 给出的 R 值 43.5 Ω 非常接近。但是利用 Origin 可准确、快速完成整个数据处理过程,提高了效率,也使实验报告更具科学性。在计算机技术高速发展的今天,实验操作者需要学习并熟练掌握至少一种类似 Origin 的数据处理软件。

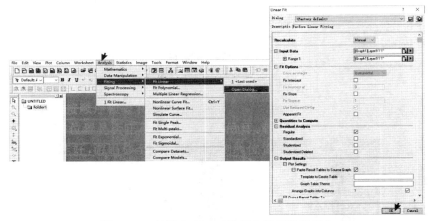

图 1.4.5　利用 Origin 对数据点进行线性拟合

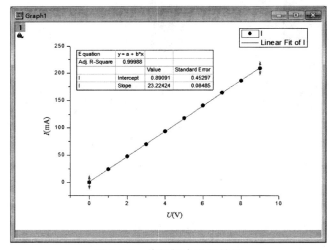

图 1.4.6　线性拟合后的结果

1.4.3　逐差法

逐差法也是物理实验数据处理中常用的一种方法。使用逐差法需满足以下条件,即当自变量及因变量作等量变化,才可采用逐差法求出因变量的平均变化值。逐差法的优点是可充

分利用测到的全部数据,并具有对数据取平均的效果。

为了说明这一方法,我们以一组伏安法测电阻的数据为例,如表 1.4.2 所示。

表 1.4.2 伏安法测电阻数据的逐差法处理

次数 i	1	2	3	4	5	6	7	8	9	10
U/V	0.00	1.00	2.00	3.00	4.00	5.00	6.00	7.00	8.00	9.00
I/mA	0	19	38	56	75	94	112	131	150	168
$\delta_I=(I_{i+1}-I_i)/A$	19	19	18	19	19	18	19	19	18	
$\delta_{5I}=(I_{i+5}-I_i)/A$	94	94	93	93	93					

在电压值(自变量)等间距变化的条件下,将因变量逐项相减,即 $\delta_I = I_{i+1} - I_i$,可以得到 ($\delta_I \approx 19$) 近似相等的差值,这就可清楚地判断它们之间是线性变化的。如果隔五项相减,即 $\delta_{5I} = I_{i+5} - I_i$,其差值仍保持不变,则可以较精确地计算出该线性函数的系数,即

$$\bar{R} = \frac{\delta_{5U}}{\delta_{5I}} = \frac{5.00 \text{ V}}{0.093 \text{ A}} = 54 \text{ }\Omega$$

从上述例子可以看出,当函数存在如下形式,即

$$y = a_0 + a_1 x \tag{1-4-2}$$

自变量等间距变化时,将其测量数据分成两组,以相同的间隔(例如,$y_{i+n} - y_i$)逐项相减求其平均值的方法,叫做逐差法,也叫差值平均法。这种处理方法不仅可以充分地利用测量数据,有对数据取平均的效果,而且可以最大限度地保证不损失有效数字。如果用这种方法来建立数学方程,还可以避开某些有定值的未知量而求得所需结果。当函数表达式为二次多项式时,有

$$y = a_0 + a_1 x + a_2 x^2 \tag{1-4-3}$$

同样可以用逐差法,就是所谓的二次逐差,它的方法是先求出一次逐差 δ_{yi}

$$\delta_{yi} = y_{i+n} - y_i$$

再求二次逐差 δ_{yi}^2

$$\delta_{yi}^2 = \delta_{yi+n}^2 - \delta_{yi}^2$$

这样仍可保证 δ_{yi}^2 的值保持近似相等。亦有这种情况,函数

$$y = f(x^2)$$

式中,x 逐差结果不相等,但 x^2 逐差,即 $x_{i+n}^2 - x_i^2$ 相等,则同样可用逐差法处理。

应该说明,本节一开始指出的相邻两项逐差只是在判别函数是否存在线性关系时使用,而在求平均值时不能这样运算,以表 1.4.2 伏安法测电阻数据为例。

$$\bar{\delta}_i = \frac{1}{n-1} \sum_{i=1}^{n} (I_{i+1} - I_i)$$

$$= \frac{1}{n-1}((I_2 - I_1) + (I_3 - I_2) + (I_4 - I_3) + \cdots + (I_{10} - I_9))$$

$$= \frac{1}{n-1}(I_{10} - I_1)$$

结果只用了首尾两项,其余中间诸项均被正负抵消,等于只测了两个数据,这样做当然是不对的。正确的方法应该是

$$\bar{\delta}_{5i} = \frac{1}{5}((I_6-I_1)+(I_7-I_2)+(I_8-I_3)+(I_9-I_4)+(I_{10}-I_5))$$

$$= \frac{1}{5} \times (94 \text{ mA}+93 \text{ mA}+93 \text{ mA}+94 \text{ mA}+93 \text{ mA})$$

$$= \frac{1}{5} \times 467 \text{ mA}$$

$$= 93 \text{ mA}$$

$$R = \frac{\delta_{5U}}{\delta_{5I}} = \frac{5.00 \text{ V}}{0.093 \text{ A}} = 54 \text{ }\Omega$$

这个结果和作图法处理数据的结果基本一致。这里所求出的 R 值和用作图法求出的 R 意义一样,只是计算了多次测量的平均值,没有进行误差分析和计算,这方面内容在列表法和前面内容已有介绍,不再赘述。

知识拓展

随机误差的正态分布规律

在相同条件下,对同一物理量进行多次重复测量,随机误差的存在使测量值总是在一定范围内涨落,每一测量值具有随机性,而大量的数据综合又表现出一定的规律性。那么是何种规律?1.1.2 节中介绍了随机误差的特征,即可以证明,大多数随机误差服从正态分布(又称高斯分布)规律,下面以具体实例介绍正态分布规律。

在测重力加速度实验中用单摆装置和停表测单摆的周期。在完全相同的条件下,多次重复测量,并将周期的测量值按不同范围和在该范围内出现的次数列表,如表 1 所示。

表 1 单摆周期与次数

区间号	周期 T 的范围/s	周期中点/s	出现次数 n	出现次数与总次数之比 $\frac{n}{N}$
1	1.00~1.02	1.01	0	0
2	1.02~1.04	1.03	1	0.00549
3	1.04~1.06	1.05	4	0.02198
4	1.06~1.08	1.07	7	0.03846
5	1.08~1.10	1.09	15	0.08242
6	1.10~1.12	1.11	31	0.17033
7	1.12~1.14	1.13	54	0.29670
8	1.14~1.16	1.15	37	0.20330
9	1.16~1.18	1.17	20	0.10989
10	1.18~1.20	1.19	9	0.04945
11	1.20~1.22	1.21	3	0.01648

续表

区间号	周期 T 的范围/s	周期中点/s	出现次数 n	出现次数与总次数之比 $\dfrac{n}{N}$
12	1.22~1.24	1.23	0	0
13	1.24~1.26	1.25	1	0.00549
14	1.26~1.28	1.27	0	0

以出现次数 n 为纵轴,以时间 t 为横轴作如图 1 所示的统计直方图。可以看到周期在 1.12~1.14 s 范围中的出现次数最多,从此范围向两侧观察,出现次数逐渐减小。利用 Origin 软件对这些数据进行拟合,可得到图 1 中所示的曲线,这就是测量次数趋于无穷时的周期测量值出现次数的分布规律,也是随机误差服从的分布规律,该曲线就称为正态分布曲线。

下面我们对正态分布进行具体分析,对数据进行归一化处理,则归一化的正态分布曲线如图 2 所示。

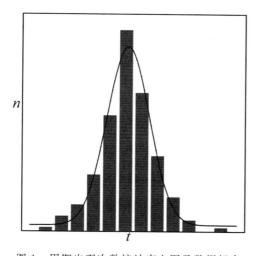

图 1　周期出现次数统计直方图及数据拟合

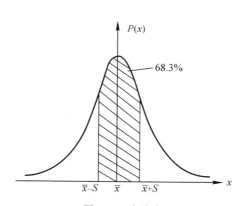

图 2　正态分布

横坐标 x 表示物理量的测量值,纵坐标 $P(x)$ 表示测量值出现的概率密度,$P(x)$ 的函数形式为

$$P(x)=\frac{1}{S\sqrt{2\pi}}\mathrm{e}^{-\frac{(x-\bar{x})^2}{2S^2}} \tag{1}$$

式(1)中,$\bar{x}$ 是测量次数 $n\to\infty$ 时的平均值,S 是标准偏差,即

$$S=\lim_{n\to\infty}\sqrt{\frac{\sum(x_i-\bar{x})^2}{n-1}} \tag{2}$$

S 的大小反映了测量值的分散程度,S 越小,说明测量值分布越集中,正态分布曲线就越尖锐;S 越大,说明测量值分布越分散,正态分布曲线越平缓。

分布曲线和 x 轴之间包围的面积表示随机误差在一定范围内的概率,可通过指定积分区间,利用 $\int P(x)\mathrm{d}x$ 计算得到。显然,$\int_{-\infty}^{+\infty}P(x)\mathrm{d}x=1$,表示随机误差在 $-\infty\sim+\infty$ 区间出现的概率为 100%。同理,如果指定积分区间为 $(-S,S)$,通过积分计算可得到随机误差在 $-S\sim$

$+S$ 的概率为 68.3%,如果区间为 $(-2S, 2S)$ 和 $(-3S, 3S)$,则随机误差在上述区间出现的概率分别为 95.4% 和 99.7%。

习 题

1. 指出下列情况是随机误差还是系统误差：
(1) 视差；
(2) 天平零点漂移；
(3) 游标的分度不均匀；
(4) 水银温度计毛细管不均匀；
(5) 磁电系电表永久磁铁的磁性减弱；
(6) 电表接入误差；
(7) 地磁场影响。

2. 下列数据有几位有效数字：
(1) 地球平均半径 $R = 6371.22$ km；
(2) 地球到太阳的平均距离 $S = 1.496 \times 10^8$ km；
(3) 真空中的光速 $c = 299792458$ m/s；
(4) $E = 2.7 \times 10^{25}$ J；
(5) $T = 1.0001$ s；
(6) $\lambda = 339.223140$ nm。

3. 从物理实验数据处理(有效数字)的角度,改正下列等式中的错误：
(1) $m = 0.103$ kg 是 4 位有效数字；
(2) $d = 10.435 \pm 0.01$ cm；
(3) $t = 85.0 \pm 4.6$ s；
(4) $Y = (2.015 \pm 0.027) \times 10^{11}$ N/m²；
(5) 2000 mm = 2 m；
(6) $1.25^2 = 1.5625$；
(7) $V = \frac{1}{6}\pi d^3 = \frac{1}{6}\pi (6.00)^3 = 1 \times 10^2$。

4. 单位变换：
(1) $m = 1.750 \pm 0.001$ kg,写成以 g、mg、t(吨) 为单位；
(2) $h = 8.54 \pm 0.02$ cm,写成以 μm、mm、m 和 km 为单位。

5. 根据有效数字运算法则,计算下列各式,并写出结果：
(1) $343.37 + 75.8 + 0.6386$；
(2) $88.45 - 8.180 - 76.54$；
(3) 0.072×2.5；
(4) $4.32 \times 10^{-5} \times 3.00 \times 10^{-4}$；
(5) $(8.42 + 0.052 - 0.47) \div 2.001$；
(6) $\pi \times 3.001^2 \times 3.0$；

(7)$(100.25-100.23)\div 100.22$。

6.用分度值为 0.02 mm 的游标卡尺分别测量金属圆柱体的直径和高度各 10 次,数据如习题 6 表所示,该金属圆柱体的质量 $m=152.10$ g,试求该金属圆柱体的密度及其不确定度。

习题 6 表 金属圆柱体直径、高度测量数据

d/mm	20.42	20.34	20.40	20.46	20.44	20.40	20.40	20.42	20.38	20.34
h/mm	41.20	41.22	41.32	41.28	41.12	41.10	41.16	41.12	41.26	41.22

第2章　基础物理实验

　　基础物理实验主要是对学生开展关于基础实验知识、基本实验技能及基本实验方法的训练。具体来讲，每个基础物理实验中都针对某种实验仪器（如螺旋测微器、游标卡尺、显微镜、分光计等）、某种实验方法（如放大法、模拟法、替代法等）、某种实验技能（如水平调节、同轴等高调节、消视差、电路连接等）及基本的数据处理等进行训练。实验内容涵盖了力学、热学、光学、电学等学科知识。

　　为了使学生有目的、高效地进行学习，本章中每个实验的开头都设置了实验预习思考题，引导学生带着问题去预习教材；也在实验原理、实验步骤等处设置问题，启迪学生不断思考，动手的同时动脑。同学们可以尝试用"做什么、怎么做、如何做"这个思路去完成每个实验。此外，每个实验的开始都设置了与生产生活紧密结合的引例，引导学生学习物理知识与实际的联系；每个实验末尾对实验所用到的物理知识及实验方法进行拓展，对实验仪器进行详细说明，对实验知识在生产中的应用进行介绍。总之，这样设置的目的是为了培养学生分析问题、解决问题的能力，提高创新意识，请同学们在学习时仔细体会。

实验 2.1　物质密度的测定

实验预习题

1.密度的定义是什么？请简述几种常用的密度测量方法。

2.流体静力称衡法测量物质密度实验中,如果待测物体放入水中时,物体表面附有气泡,将对结果产生什么影响？实验中拴物体的线用哪一种误差较小？是棉线、尼龙线,还是金属丝,是粗线还是细线？能否用流体静力称衡法测定液体的密度？说明能或不能的理由。对一些粉末状的固体(比如食盐),如何测出它的密度呢？

3.如何测量空心圆柱体的体积？试画出空心圆柱体的结构简图,推导出体积公式。

4.参考本实验拓展中游标卡尺的介绍,回答 50 分度游标卡尺的游标原理是什么,如何正确使用,如何读数。

5.参考本实验拓展中物理天平的介绍,简述物理天平的构造和测量原理,使用方法,使用时的注意事项。

请同学们思考几个问题：

第一,1 kg 铁和 1 kg 木头,哪个更重,哪个密度更大？答案是一样重,但是铁的密度更大。

第二,1 L 冰和 1 L 水,哪个更重,哪个密度更大？答案是水更重,水的密度更大。

第三,挤压一块面包,其密度会发生什么变化？答案是密度应该会变大。

第四,假如你穿越回阿基米德的时代,你会用什么方法鉴定王冠的纯度？方法之一是测定王冠的密度。

上述四个问题都涉及物质的密度。密度是物质的基本属性之一,与物质的纯度有关。工业上常通过测定物质的密度来做原料成分的分析和纯度的鉴定。同学们可以再想一想生产、生活中还有哪些时候会用到密度。本实验中,我们将采用多种方法,使用不同仪器测量物质的密度。

实验目的

1.掌握用定义法和流体静力称衡法测量固体的密度。
2.掌握游标卡尺、物理天平的使用方法。
3.学习测定规则物体和不规则物体密度的方法。

实验仪器

50 分度游标卡尺(见图 2.1.1)、物理天平(TW-05B 型,见图 2.1.2)、待测样品(见图 2.1.3)、烧杯(见图 2.1.4)及细线等。

图 2.1.1　50 分度游标卡尺

图 2.1.2　物理天平(TW-05B 型)

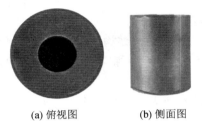

(a) 俯视图　　(b) 侧面图

图 2.1.3　半空心圆柱体样品

图 2.1.4　烧杯

实验原理

1. 密度

什么是密度？密度是物质的基本属性之一，它表征的是某一温度下，单位体积物质的质量。定义式

$$\rho = \frac{m}{V} \tag{2-1-1}$$

式中，m 为物体的质量；V 为物体的体积；ρ 为物体的密度。

2. 密度测量方法

(1) 定义法。

定义法是指根据密度的定义式(2-1-1)进行测量的方法。那如何用定义式求物体的密度？

思路：这是典型的参数测量类实验。只要能测定该物体在测试环境下的质量 m，并能准确求出它的体积 V，两者的比值就是该条件下物质的密度 ρ。在物理实验中，物体的质量一般可用天平测定，体积则需要根据物体的形状采用不同的方法测定。对于形状规则的固体，我们可通过直接测量相关几何尺寸求出体积。但对于形状不规则的固体，**我们该如何测量它的体积呢？**可以找到与它不发生反应(化学的和物理的)的液体，利用阿基米德原理间接测定体积，而这种利用阿基米德原理间接测定体积进而求密度的测量方法就是流体静力称衡法。接下来，具体介绍如何用流体静力称衡法测量不规则固体物块的密度。

(2) 流体静力称衡法。

假设不规则物体在空气中称量的质量为 m_1，将其完全浸没在某一液体(应不与该物体发

生任何作用)中,再称其质量为 m_2,则它在该液体中所受的浮力为

$$F = (m_1 - m_2)g \tag{2-1-2}$$

式中,g 为重力加速度。根据阿基米德原理,物体在该液体中受到的浮力等于它排开液体的重量,即

$$F = \rho_0 V g \tag{2-1-3}$$

式中,ρ_0 为所浸液体的密度;V 为物体排开的液体的体积,当物体全部浸没在液体中时,V 就是物体的体积。因此,在实验时,要保证物体全部浸入液体之中。

所以,联立式(2-1-2)和式(2-1-3),有

$$(m_1 - m_2)g = \rho_0 V g$$

化简得到

$$V = \frac{m_1 - m_2}{\rho_0} \tag{2-1-4}$$

从式(2-1-4)可以看到,形状不规则物体体积的测量变成了质量的测量,这种"转化"思想就是流体静力称衡法的主要物理思想。

接下来将式(2-1-4)代入式(2-1-1)即可得到被测物体的密度

$$\rho = \frac{m_1}{m_1 - m_2}\rho_0 \tag{2-1-5}$$

式(2-1-5)表明,在液体密度已知的情况下,只要用天平称量出 m_1 和 m_2,就可以计算出物体的密度,实验中为了减小质量的测量误差,最好选择用细线系物体。以上就是利用流体静力称衡法测量物体密度的步骤。

接下来,请同学们思考,式(2-1-5)成立的前提是待测物体完全浸没在液体中,**如果待测物体密度小于液体密度,无法完全浸没到液体中,流体静力称衡法是不是就不能用了?** 流体静力称衡法依然可用,不过此时要在待测物体上拴一个重物(密度大于液体密度),使待测物体可以全部浸没到液体中。例如,测量不规则石蜡的密度(小于水的密度)时,由于石蜡无法完全浸没在水中,只会浮在水的表面,那么就需要在石蜡上拴一个铜块,如图 2.1.5 所示,使石蜡和铜块可以全部浸没在液体中,这样就可以用流体静力称衡法测石蜡的密度了。操作时注意先后顺序:首先称出石蜡在空气中的质量 m_1;然后在石蜡下拴一铜块,只将铜块浸没在水中,如图 2.1.5(a)所示,称出此时二者的质量 m_2;接下来将石蜡与铜块一起浸没水中,如图 2.1.5(b)所示,用天平测出此时二者的质量 m_3;最后根据公式

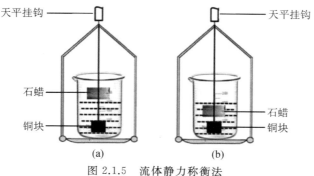

图 2.1.5 流体静力称衡法

$$\rho_{蜡} = \frac{m_1}{m_2 - m_3} \rho_{水} \qquad (2-1-6)$$

计算出石蜡的密度。注意式(2-1-6)与式(2-1-5)的不同点。

这样我们就用流体静力称衡法测量了不规则固体物块的密度。不规则固体也包含固体小颗粒，比如粉末状食盐，请同学们尝试用写出流体静力称衡法测粉末状食盐密度的方案。

综上，不同形状物体密度测量的核心都是待测物体积的准确测量，各种方法的出发点都是找到一个体积已知的容器或者体积容易测量的方式和被测物相关联。既然如此，我们还可以用**比重瓶(容积已知)法测量小颗粒状固体的密度。什么是比重瓶法呢？最初比重瓶法主要是用来测量什么物体的密度的？**

(3) 比重瓶法。

比重瓶如图 2.1.6 所示，它通常用玻璃制成，瓶塞是一个中间有毛细管的磨口塞子。当比重瓶中注满液体，并用瓶塞塞住时，多余的液体就会从毛细管中溢出，这样瓶内液体的体积就是固定的了。

图 2.1.6 比重瓶

当被测样品为液体时，只要用比重瓶装满被测液体，再称出其质量，就可算出其密度为

$$\rho = \frac{m_1 - m_0}{V} \qquad (2-1-7)$$

式中，m_0 为比重瓶空瓶质量；m_1 为比重瓶装满被测样品时的总质量；V 为比重瓶标称容积。这就是比重瓶法测密度的计算式。比重瓶法主要用于液体密度的测量，也用于小颗粒状固体密度的测量。请同学们尝试写出用比重瓶法测量粉末状食盐的密度的方案。

实验内容与步骤

1. 测量规则物体的密度

测量空心圆柱体样品的密度，本实验中用到的圆柱体样品如图 2.1.3 所示，实验具体步骤如下：

(1) 物理天平正确调整及使用思路：调水平，调零点，左称物，常止动，复原。具体调节方法参考本实验拓展。

(2) 使用物理天平测量样品的质量 m，测量 1 次。

(3) 使用游标卡尺测量样品的几何尺寸 H、D、h、d (见图 2.1.7)，各测 3 次，将数据填入表

2.1.1。游标卡尺使用方法参考本实验拓展。

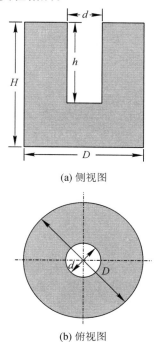

(a) 侧视图

(b) 俯视图

图 2.1.7　半空心圆柱体结构图

2.流体静力称衡法测定不规则物体密度

测定石蜡样品的密度,本实验方法如图 2.1.5 所示,具体步骤如下:

(1)调节物理天平处于可测量状态。

(2)用物理天平测量出石蜡在空气中的质量 m_1。

(3)在石蜡下拴一铜块,只将铜块浸没在水中,如图 2.1.5(a)所示,称出此时石蜡和铜块的总质量 m_2。

(4)将石蜡与铜块一起浸没水中,如图 2.1.5(b)所示,用物理天平测出此时石蜡和铜块的总质量 m_3。

(5)根据式(2-1-6)计算石蜡的密度。

实验数据记录及处理

(1)将实验测得数据填入表 2.1.1 中。

表 2.1.1　圆柱体数据记录表

次数	外侧高度 H/mm	外侧直径 D/mm	内侧高度 h/mm	内侧直径 d/mm
1				
2				

续表

次数	外侧高度 H/mm	外侧直径 D/mm	内侧高度 h/mm	内侧直径 d/mm
3				
平均值				
	$m=$ g			

(2)依据公式 $\rho=\dfrac{m}{V}=\dfrac{4m}{\pi(\bar{D}^2\bar{H}-\bar{d}^2\bar{h})}$ 计算出圆柱体的密度。

 实验拓展

1. **实验总结与归纳**

(1)该实验属于参数测量类实验,本书还提供了液体黏滞系数测量、钢丝的杨氏模量测量等参数测量实验,另外,这些参数都与温度息息相关,所以,数据处理结果一定要附上温度信息。

(2)许多参数测量类实验最终要具体测量的都是一些基本的物理量,比如质量、尺寸、时间,所以,掌握了较多的测量方法后,要学习选择最合适的量具完成实验设计和测量。

(3)本实验体现了间接测量类实验"转化"的物理思想:比如从式(2-1-4)和式(2-1-5)可以发现,在液体密度已知的情况下,体积的测量变成了质量的测量,密度的测量也变成了质量的测量。

(4)空气密度的测量。本实验原理中介绍了固体和液体密度的测量方法,同学们有没有想过,如果要测量气体例如空气的密度,**该如何设计方案?** 这里提供一种简单的方法供参考。首先准备好实验器材:物理天平、广口瓶、量筒和水。然后分三步开始测量:第一步,将广口瓶放到天平上称出质量 m_1;第二步,将广口瓶装满水称出质量 m_2;第三步,将水倒入量筒中,测出水的体积 V。接下来分析:假如广口瓶的质量为 m_3,则有 $m_1=m_3+m_{空}$,$m_2=m_3+m_{水}$,结合 $m_{水}=\rho_{水}V$,即可求出空气的质量 $m_{空}$。空气的体积等于水的体积 V,最后依据定义式(2-1-1)就可以求出空气的密度。要注意的是,为了减小误差,尽可能使用标准状态下的水,也就是 4 ℃的纯水。

2. **密度在生活中的应用**

密度在生活中的应用很多,最简单的就是依据定义式求物体的质量或体积。因为密度是物质的特性之一,不同物质密度一般不同,所以还可用密度鉴别物质,比如通过测密度检验项链是否为黄金所造,具体步骤如下。

(1)称重。如果自己没有天平的话,可以请销售珠宝的工作人员帮忙称重。质量要精确到克。

(2)把项链放进小瓶,记录前后水位的变化,然后计算出水体积的增加值,精确到毫升,即得到项链的体积。

(3)用以下公式计算密度:

$$项链密度 = \frac{项链总质量}{水增加的体积}$$

如果计算结果接近 19 g/mL,则制作该项链的物质就是黄金,或者是密度接近黄金的金属。

注意:不同纯度的黄金密度也不同:14K 黄金密度为 12.9~14.6 g/mL,18K 黄金密度为 15.2~15.9 g/mL,22K 黄金密度为 17.7~17.8 g/mL。

密度在很多方面都有应用,比如:地质勘探中,可根据样品的密度,确定矿藏的种类及其经济价值;农业上,可利用盐水漂浮选种,也可利用风力扬场,对饱满麦粒、瘪粒、草屑进行分拣;商业中,可使用液体密度计鉴别牛奶、酒的浓度;交通工具、航天器材设计制造中,选用高强度、低密度的合金材料,玻璃钢等复合材料;产品包装中,可采用密度小的泡沫塑料作填充物,达到防震、便于运输、降低成本等目的;化学实验中,萃取实验是利用了物质的密度不同,将两种不同的物质分离开的实例。

3.仪器介绍

1)物理天平

(1)基本构造。物理天平结构图如图 2.1.8 所示,主要部分是横梁 A,在横梁中央垂直于它的平面固定一个三角钢质棱柱 F,F 棱柱的刀口置于由坚硬材料(如玛瑙)制成并研磨抛光的小平板(刀承)上,小平板水平地固定在天平立柱 J 中央可上下调节的连杆顶端。另外横梁两端的两个刀口是朝上的钢质三棱柱 F_1 和 F_2,与中央棱柱平行等距,它们被用来悬挂天平的载物盘 C_1 和 C_2。在两秤盘的弓形挂钩架上装有坚硬材料(如玛瑙)制成并研磨抛光的小平板,

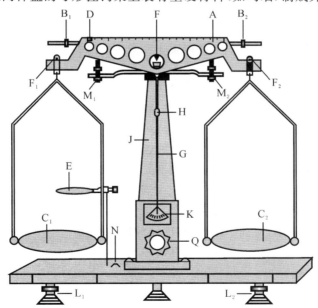

A—横梁;B_1,B_2—调节螺母;C_1,C_2—载物盘;D—游码;
E—托架;F,F_1,F_2—棱柱;G—指针;H—重心铊;J—天平立柱;
K—标度尺;L_1,L_2—螺钉;M_1,M_2—支撑螺钉;N—重垂线;Q—止动旋钮。

图 2.1.8 物理天平结构图

整个横梁与秤盘的重心低于中央棱柱刀口 F 所在的水平面,也就是说横梁始终处于稳定平稳状态。垂直固定在横梁上的一根轻而细长的指针 G 和指针下端立柱上的标度尺 K,用来观察和确定横梁的水平位置。当横梁水平时,天平的指针应指在标度尺的中央刻度线处。横梁两边还有两个平衡调节螺母 B_1 和 B_2。立柱横架两端有两个支撑螺钉 M_1 和 M_2 可以托住横梁,立柱下端的止动旋钮 Q 可调节连杆上下升降,升起时可使横梁自由摆动,降下时由支撑螺钉托住。底盘上有两个螺钉 L_1 和 L_2 调节天平水平,可由气泡水平仪 N 检验。E 是托架,D 是游码,H 为重心铊,H 上移,天平灵敏度增加。

天平的性能用感量和最大称量表示。天平的感量就是天平空载时指针在标度尺上偏转一个最小分格,天平两秤盘上的质量差。天平感量是其灵敏度的倒数。一般天平感量的大小与天平砝码(游码)读数的最小分度值相等。天平的最大称量是天平允许称量的最大值。超过最大称量时使用天平,其性能急剧变差,甚至会被损坏。

(2)调整和使用。在调整和使用天平过程中,有诸多需要遵守的原则:称衡之前的水平调整和零点调整,称衡时常止动,称衡后要复原。具体步骤如下:

①检查和调整。按顺序检查和调整天平:

a.检查:看各部件位置是否正确,标有"1"的吊耳、载物盘托、载物盘在左边,标有"2"的在右边;吊耳在刀口上挂好,游码移至横梁左端零刻线位置。

b.调水平:观察水准气泡,调节底脚螺钉,使气泡移至中心圆内,此时支柱 5 为竖直状态。

c.调零点:天平空载时,将横梁上的游码 D 移至零位置处,旋转止动旋钮 Q,使横梁升起。当指针摆动相对标度尺中线左右幅度相等时,或指针停于标度尺中央位置时,天平平衡。若不平衡,旋动 Q 使横梁放下,调节平衡螺母 B_1 和 B_2,再抬起横梁观察;若还不平衡,再放下横梁调节 B_1 和 B_2,反复调节直至天平平衡。

②称衡。将待测物体放置左盘中,砝码置于右盘中(左物右码)。为保护刀口,在称衡过程中注意以下事项:

a.加减砝码、调节游码时都要先把天平止动,不允许在天平启动状态下操作。远离平衡时,只要稍微启动即能判断出是该加砝码,还是该减砝码,不必过分托高横梁,注意必须使用专用镊子夹取砝码。

b.加砝码按从大到小的顺序逐个试用,逐次逼近,直到加减最小砝码不能使天平平衡时,移动横梁上游码使天平平衡(仍须止动天平来调)。

③记录结果。称衡完毕先止动天平,再记录测量结果,这时待测物的质量等于右盘中砝码质量加上游码的刻度示数,注意游码读数以左边缘位置为准,若位于两刻线之间则应估读。

④复原。天平使用完毕,应摘下吊耳、将砝码放回砝码盒中。

对于比较灵敏的天平,很难使指针停在标尺中点处,所以一般灵敏天平指针的停点和标尺的中点相差不超过 0.5 格即可。

(3)注意事项:

①天平的负载量不得超过其最大称量,以免损坏刀口或横梁。

②为了避免刀口受冲击而损坏,在取放物体、取放砝码、调节平衡螺母以及不使用天平时,都必须使天平止动。只有在判断天平是否平衡时才将天平启动。天平启动或止动时,旋转止动旋钮动作要轻。

③砝码不能用手直接取拿,只能用镊子夹取,从秤盘上取下后应立即放入砝码盒中。

④天平的各部分以及砝码都要防锈、防腐蚀,高温物体以及有腐蚀性的化学药品不得直接放在盘内称量。

⑤称量完毕将制动旋钮左旋转,放下横梁,保护刀口。

2)游标卡尺

(1)基本构造。游标卡尺的结构图如图 2.1.9 所示。由于米尺的分度值(1 mm)还不够小,常不能满足测量的需要。如要提高测量的精度,可以在主尺(即米尺)旁再加一把可以在主尺上滑动的副尺(叫做游标尺)构成游标卡尺,用游标卡尺测量物体长度时,不仅能将待测物夹在游标卡尺的外量爪中间(注意不要把物体夹在外量爪根部靠近主尺的凹槽中)来测量它的外部尺寸,如棒的直径、板的厚度;而且可以用内量爪测量物体的内部尺寸,如间隙的宽度、孔的内径等,还可以用深度尺测量孔或槽的深度。

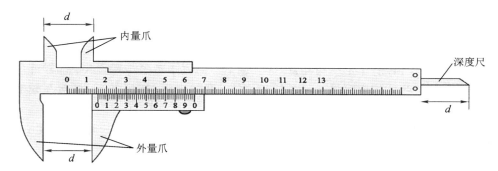

图 2.1.9　50 分度游标卡尺结构图

(2)游标原理。游标卡尺上的游标,有几种长度和分度。常见的有三种:一种游标 9 mm 长,10 等分格,每分格为 0.9 mm,与主尺的 1 分格(1 mm)相差 0.1 mm,游标的分度值就为 0.1 mm,这种游标卡尺就叫做 0.1 mm(或 10 分度)游标卡尺。第二种游标 19 mm 长,20 等分格,每分格为 0.95 mm,与主尺的 1 分格(1 mm)相差 0.05 mm,这种游标卡尺就叫做 0.05 mm(或 20 分度)游标卡尺。还有一种游标 49 mm 长,50 等分格,每分格为 0.98 mm,与主尺的 1 分格(1 mm)相差 0.02 mm,这种游标卡尺就叫做 0.02 mm(或 50 分度)游标卡尺。

归纳起来,如果以 a 表示主尺分度值,b 表示游标分度值,n 代表游标分度数,δ 表示主尺的分度值和游标的分度值之差,则各种规格的游标卡尺的游标公式为

$$b = \frac{(n-1)a}{n} \tag{2-1-8}$$

$$\delta = a - b = \frac{a}{n} \tag{2-1-9}$$

δ 即为游标卡尺的最小分度值,它等于主尺分度值的 $\frac{1}{n}$。这就是说,应用 10 分度、20 分度和 50 分度游标卡尺可分别读得 0.1 mm、0.05 mm 和 0.02 mm 的最小长度。

(3)读数方法。依据游标原理,用游标卡尺测长度时的读数方法为:先从游标零刻线位置读出主尺的整格数,再找出游标上与主尺刻线对得最齐的刻线,该线在游标上的刻度数与主尺的整格数相加,即为测量的长度。

以用 50 分度游标卡尺测量物体的长度为例,如图 2.1.10 所示,游标零线处主尺的整格数

为42 mm,游标上"2"后面的第3条与主尺某刻线最对齐,游标读数为0.26 mm,得到物体的长度为:$l = 42 \text{ mm} + 0.26 \text{ mm} = 42.26 \text{ mm}$。

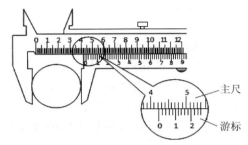

图 2.1.10　50 分度游标卡尺读数示意图

(4)注意事项:
①使用前,首先要明确该游标卡尺的规格。
②根据被测对象情况,决定使用外量爪(注意不要把物体夹在外测量爪根部靠近主尺的凹槽中)、内量爪(测量物体的内部尺寸,如间隙的宽度、孔的内径等)、深度尺(测量孔或槽的深度等)。
③校正零点读数。若量爪接触时,游标零刻度线与主尺零刻度线不重合,应找出修正量,然后再使用。
④注意保护量爪,预防卡口磨损。使用时,可一手拿物体,另一手持尺,轻轻把物体卡住即可读数,切勿将待测物卡得太紧!
⑤用毕松开固定螺丝,然后将游标卡尺放入包装盒。

4.物质的密度

20 ℃时常见物质的密度如表 2.1.2 所示,请同学们根据测量结果判断待测物体为何种物质。

表 2.1.2　20 ℃时常见物质的密度

物质	密度 ρ /(kg·m^{-3})	物质	密度 ρ /(kg·m^{-3})
铝	2698.9	铂	21450
锌	7140	汽车用汽油	710~720
锡	7298	乙醇	789.4
铁	7874	变压器油	840~890
钢	7600~7900	冰(0 ℃)	900
铜	8960	纯水(4 ℃)	1000
银	10500	甘油	1260
铅	11350	硫酸	1840
钨	19300	水银(0 ℃)	13595.5
金	19320	空气(0 ℃)	1.293

注:除冰、纯水、水银、空气外,其他物质的密度均是 20 ℃时的密度。

实验 2.2 液体黏滞系数的测量

实验预习题

1. 请回答黏滞系数的定义,生活生产中有哪些例子与黏滞系数有关?
2. 实验中测定液体黏滞系数用的是什么方法,请表述依据的原理并推导相关公式。
3. 实验测定黏滞系数所依据的原理要求液体满足无限广延,但这一假设条件在实验室是无法成立的,请说明这个问题在实验中是如何解决的?
4. 为什么小球在管中的下落时间是按照细管→粗管的次序测量?小球在每根管子的下落时间可以多次测量吗?
5. 本实验的重要步骤是用测量显微镜测小球直径,请参考本实验拓展,学习测量显微镜的使用,并写出用测量显微镜测小球直径的步骤。
6. 用测量显微镜测小球直径的方法是一种光学放大法,请参考本实验拓展,表述放大法有哪几种,并举例说明。
7. 人工手动测量小球下落时间存在较大误差,有没有其他办法进行改善?

中老年人体检时,会发现有个常见的项目是血液黏度检查。血液黏度是表示血液黏稠度的指标,与心血管疾病有关,因此它也是反映人体健康情况的常用指标。例如,血液黏度增大则血液流速减缓,轻者会使流入人体器官和组织的血流量减少,造成人体处于供血和供氧不足的状态;重者会造成血管狭窄,甚至形成血栓,引发严重的心血管疾病。**那么什么是黏度**(又称**黏滞系数**,本实验中统一采用黏滞系数来表示),**如何测量黏滞系数?** 这是本实验重点关注的内容。

首先来看什么是黏滞系数。在流动的液体中,各流体层的流速并不相同。以河流为例,表层水体的流速与中层及底层的水体流速就不同。速度慢的流层会对速度快的流层施加一个阻力,而速度快的流层对速度慢的流层施以拉力。这两个力大小相等方向相反,与固体接触面间的摩擦力相似,所以也称内摩擦力。液体的这种性质称为黏滞性,而黏滞系数就是黏滞性大小的度量。其实不仅液体有黏滞性,一切具有流动性的物质(简称流体),例如空气,都具有黏滞性,因此表征流体黏滞性大小的黏滞系数,是流体的一个重要的力学性质。

流体的黏滞系数与流体的性质、温度等有关。对于液体,其黏滞系数随温度升高而减小。这是因为液体分子间距离较小,黏性主要由分子吸引力导致。温度升高时分子间引力减小,所以黏性力减小。对于气体,其黏滞系数随温度升高而升高。这是因为气体分子间距离较大,吸引力较小,黏性是由于分子运动输运流体动量引起的,温度升高,分子运动加快,动量输运加剧,流层间摩擦力变大。

除了我们前面讲过的血液黏滞系数在医学检查中具有重要意义,液体的黏滞系数在其他生产生活实践中也有非常重要的意义。例如石油在封闭管道中长距离输送时,其输运特性与黏滞系数密切相关,因此石油管道的设计必须要考虑石油的黏滞系数。请同学们再查找还有哪些黏滞系数应用的实例?

现在来回答第二个问题,即流体的黏滞系数如何测量? 常用的流体黏滞系数测量方法有落球法、毛细管法、转筒法等。落球法适用于测量黏度较大的透明或半透明的流体,如蓖麻油、变压器油、机油、甘油等。毛细管法是根据泊肃叶定律,通过测定在恒定压强差作用下,流经一段毛细管的液体流量来求黏滞系数,适用于测量黏度较小的流体,如水、乙醇、四氯化碳等。转筒法是根据黏滞力矩公式,在两个同轴圆筒间充入待测液体,通过内筒匀速转动,测量外筒受到的黏滞力矩,进而得到黏滞系数。对于黏滞系数为 $0.1 \sim 100 \, \mathrm{Pa \cdot s}$ 的流体也可用转筒法进行测定。本实验中,我们重点讨论如何用落球法测量蓖麻油在室温下的黏滞系数。

实验目的

1. 观察小球在蓖麻油中的运动状况,理解液体对运动物体的阻力。
2. 学习用外延法实现理想条件的物理思想及方法。
3. 学习秒表的使用方法,正确选择计时起止点。
4. 学习测量显微镜的使用方法。
5. 计算直接测量值(小球直径)的标准不确定度。

实验仪器

15J 测量显微镜(见图 2.2.1)、多管黏度计(内装蓖麻油)(见图 2.2.2)、秒表(见图 2.2.3)、小球、磁铁、温度计等。15J 测量显微镜和秒表的使用说明详见本实验拓展。

 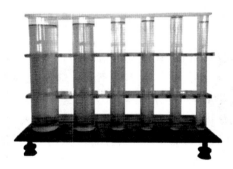 

图 2.2.1　15J 测量显微镜　　　图 2.2.2　多管黏度计(内装蓖麻油)　　　图 2.2.3　秒表

实验原理

1. 落球法

落球法测液体黏滞系数依据的是**斯托克斯定律**。该定律的基本论点是,光滑均匀的小球在无限广延的液体中下落时,当液体的黏滞性较大,小球的半径很小,且在运动中不产生涡旋,那么小球所受到的黏性力 f 为

$$f = 3\pi \eta v d \tag{2-2-1}$$

式中:η 为液体的黏滞系数;v 为小球下落时的速度;d 为小球的直径。

设小球的密度为 ρ,体积为 V,液体的密度为 ρ_0,重力加速度为 g。当小球在液体中下落时,共受到三个力的作用,如图 2.2.4 所示,重力为 $\rho V g$,方向铅直向下;浮力 $\rho_0 V g$ 和黏性力 f 铅直向上,由式(2-2-1)可知 f 随小球速度的增加而增大。

图 2.2.4 小球受力分析

小球在液体中开始下落时,由于 $\rho V g > \rho_0 V g + f$,此时小球将向下加速运动。随着小球速度增大,小球受到的黏性力 f 也随之增大,当小球速度增加到某一值 v_0 时,$\rho V g = \rho_0 V g + f$,即小球所受合外力为零,于是小球就以 v_0 匀速下落,将 $f = 3\pi\eta v_0 d$ 代入,得到

$$V(\rho - \rho_0)g = 3\pi\eta v_0 d \qquad (2-2-2)$$

由于小球体积 $V = \frac{4}{3}\pi\left(\frac{d}{2}\right)^3 = \frac{1}{6}\pi d^3$,因此式(2-2-2)可继续化为

$$\frac{1}{6}\pi d^3(\rho - \rho_0)g = 3\pi\eta v_0 d$$

从而可得黏滞系数 η 为

$$\eta = \frac{(\rho - \rho_0)g d^2}{18 v_0} \qquad (2-2-3)$$

式中:v_0 是小球在无限广延的连续液体中下落时能达到的极限速度,称为终极速度(也叫收尾速度)。因此,实验中只要测得式(2-2-3)**等号右边各物理量的值,就可以求出液体的黏滞系数。然而斯托克斯定律要求液体均匀、静止且无限广延,要求小球要足够小。这些条件中,要求小球足够小,可以使用直径 1 mm 左右的小钢球;要求液体均匀、静止,可以使用分析纯,且长时间静置的蓖麻油。然而对于液体要无限广延的条件,显然不可能实现无限的液体。那么该怎么克服困难,实现这个无限广延的要求?这是本实验要解决的重要问题。下面我们具体讨论如何满足斯托克斯定律所要求的条件。**

2.实验条件的满足

1)无限广延条件的获得

通过实验装置来实现理论要求的无限广延——多管落球法。

如图 2.2.5 所示,让直径为 d 的小球在一组不同直径 D 的圆筒中下落,测出小球通过各圆筒相同距离 s(量筒上 A 刻线与 B 刻线间的距离)所需的时间 t。从理论和实验数据分析可知,t 与 $\frac{d}{D}$ 成线性关系,故以 t 为纵轴、$\frac{d}{D}$ 为横轴,将测得的各实验数据在直角坐标纸上标出并连成直线,如图 2.2.6 所示,然后用外推法把直线延长到与纵轴相交,其截距为 t_0,此时截距对应的横坐标 $\frac{d}{D}$ 为 0。由于小球直径 d 不为 0,则横坐标中的 $D \to \infty$,即管径无限大,满足了液体无限大的条件。

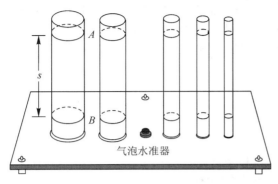

图 2.2.5　多管黏度计示意图

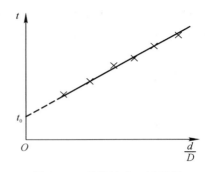

图 2.2.6　外推法求 t_0 示意图

因此 t_0 就是在无限广延的液体中小球以终极速度通过距离 s 所需的时间，故

$$v_0 = \frac{s}{t_0} \tag{2-2-4}$$

这样就可以求出终极速度 v_0，再利用测量显微镜测定小球直径 d，其他物理量 ρ、ρ_0、g 为已知量，将这些物理量代入式(2-2-3)，从而得到 η。注意在国际单位制中，黏滞系数 η 的单位是 Pa·s(帕·秒)。

2) 液体均匀、静止条件的获得

斯托克斯定律要求液体均匀、静止。因此实验时，要使液体无气泡，小球要圆且表面洁净光滑，避免沾有杂物或附有气泡。小球在管中下落时，应尽量使小球从圆筒轴线中心处静止下落，且在整个实验中，小球在每个圆管中只下落一次。**为什么要这样操作？** 这是由于小球在液体中下落后，液体需较长时间才能再次达到静止状态。具体来讲，实验操作中需注意以下两点。

(1) 若小球不是沿中心轴线下落，则 $\frac{d}{D}$ 的值就没有什么意义。同时由于管壁对小球的影响，使得小球的运动处于非匀速运动状态，将使时间 t 的测量误差加大。

(2) 若在一个管内连续多次落球，液体已不处于良好的静止状态，对黏滞系数的测定也有影响。

3) 温度恒定条件的获得

液体黏滞系数与温度紧密相关，因此实验中需要保持实验室的温度稳定。然而一般实验室无法达到恒温要求。因此，只能尽量缩短测量时间，同时保持实验室环境条件稳定，尽可能地减小室温的变化。**此处请同学们思考，在管中落球时，是先从直径最大的管开始下落，还是先从直径最小的管开始下落？**

由于细管受温度的影响比粗管大，实验从细管开始能减小因温度变化而产生的误差。因此在测量时采用从细管到粗管的顺序。此外在整个实验过程中不要用手触摸管壁和小球，呼吸的热气也不要正对液体的管壁。

从实验中对液体无限广延、静止、温度恒定等条件的要求，请同学们体会实际情况与理论假设的联系与转化。

实验内容与步骤

(1) 学习测量显微镜的调节及使用(见本实验拓展),显微镜调到使用状态后请教师检查。

(2) 用测量显微镜测量小球直径,将初读数及末读数填入表 2.2.1。测量时要求小球变换 6 次方位,在不同方位测量小球直径。

(3) 按照由细管到粗管的顺序,使小球沿圆管轴线下落,使用秒表(使用方法见本实验拓展)测量小球从圆管上刻线下落至下刻线的时间 t,每根管只测一次。

(4) 测油温(在粗略情况下可用室温代替)。

(5) 记录小球密度 ρ、液体密度 ρ_0 及圆管管径 D,填入表 2.2.1。

实验数据记录及处理

(1) 将测得的小球直径、在管中下落时间等数据填入表 2.2.1。

表 2.2.1 数据记录表

次 数	小球直径 d/mm			下落时间 t/s	下落距离 s/mm	管径 D/mm
	初读数	末读数	直径			
1						
2						
3						
4						
5						
6						

$\bar{d}$ = _____ ;待测液体的温度 t = _____ ℃; ρ_0 = _____ ; ρ = _____

(2) 计算 $\dfrac{\bar{d}}{D_1}, \dfrac{\bar{d}}{D_2}, \cdots, \dfrac{\bar{d}}{D_6}$,用直角坐标纸作出 $t - \dfrac{\bar{d}}{D}$ 图线,从图中求出 t_0,再计算出 v_0。

(3) 根据式(2-2-3),求出待测液体的黏滞系数 η,并与本实验拓展(表 2.2.2)中的数据进行对比,判断是否处在对应的范围内。

(4) 进行小球直径 d 的不确定度的计算,书写完整表达式。其中计算公式如下:

① d 的 A 类标准不确定度计算公式为

$$u_A(d) = \sqrt{\dfrac{\sum (d_i - \bar{d})^2}{n(n-1)}}$$

式中: n 为测量次数; $\bar{d}$ 为小球直径的平均值。

② d 的 B 类标准不确定度计算公式为

$$u_B(d) = \dfrac{\Delta_仪}{\sqrt{3}} = \dfrac{0.005 \text{ mm}}{\sqrt{3}}$$

③d 的合成标准不确定度计算公式为

$$u(d)=\sqrt{u_A^2(d)+u_B^2(d)}$$

④测量结果完整表达式的形式为

$$d=\bar{d}\pm u(d)$$

（5）根据式（2-2-3），利用第1章不确定度知识，写出 η 相对不确定度的表达式，分析要提高结果的精确度，应主要提高哪些量的测量精确度？

实验拓展

1. 测量显微镜的调节与使用

1）用途

测量显微镜是一种光学计量仪器，它是由显微镜将待测物体放大，然后进行观察并测量长度或角度。测量显微镜的结构简单、操作方便，适用范围广，主要用途如下：

（1）在直角坐标系中测量长度，例如测定孔距、基面距离、刻线距离、狭缝宽度等。

（2）通过转动盘测量角度，例如对刻度盘、样板、钻孔模板以及几何形状复杂的零件进行角度测量。

（3）用作观察显微镜，例如检查印刷照相版、检验纺织纤维，用比较法检测工件表面的光洁度等。

2）仪器结构

测量显微镜的结构如图2.2.7所示，外界光线通过反射镜7，垂直向上反射到载物台上与被测工件相遇，被照亮的工件由物镜5放大，再经过棱镜室2中的转向棱镜成像在分划板上，最后经过目镜1进入观察者眼中。物体经过物镜和目镜两次放大，总的放大倍数是目镜和物镜放大倍数的乘积，本实验所用的15J测量显微镜的物镜放大倍数为2.5倍，目镜放大倍数为10倍，因此总的放大倍数为25倍。

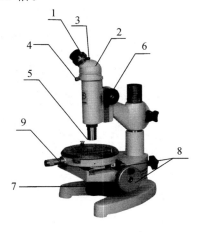

1—目镜；2—棱镜室；3—目镜筒止动螺钉；4—棱镜室止动螺钉；
5—物镜；6—调焦手轮；7—反射镜；8—x测微器；9—y测微器。

图 2.2.7 测量显微镜

x 轴、y 轴测微器简介：

x 轴测微器 8 的螺杆螺距是 1 mm，由于测微鼓轮边上刻线为 100 格，故鼓轮每转过 1 格，相当于载物台沿 x 轴方向移动 0.01 mm 距离。

y 轴测微器 9 的螺杆螺距是 0.5 mm，由于其测微鼓轮边上刻线为 50 格，故鼓轮每转过 1 格，相当于载物台沿 y 轴方向移动 0.01 mm 距离。

3) 测量显微镜规格

(1) 载物台读数装置主要规格。

x 轴移动测量范围 (量程)：50 mm；

y 轴移动测量范围 (量程)：13 mm；

测微器分度值：0.01 mm。

(2) 测量准确度。

仪器的示值误差：$\pm(5+\dfrac{L}{15})\,\mu$m，式中 L 为被测件的长度 (单位 mm)。

4) x 轴测微器读数规则

x 轴测微器上的读数以毫米为单位，读数时，先从标尺上读出测量值的整数部分，然后从测微鼓轮上读出小数部分，即得到测量值。注意鼓轮上可估读到 0.001 mm。y 轴测微器坐标读数与螺旋测微器相同。下面以图 2.2.8 中的示值为例，解释如何进行读数。

图 2.2.8 读数系统 (x 轴测微器)

根据标尺左下端的刻痕，可读出整数部分为 32 mm，根据测微鼓轮上的刻痕，可读出小数部分为 0.461 mm，因此最终读数为标尺读数 + 测微鼓轮读数，即 32.461 mm。需要注意的是，由于测微鼓轮螺距为 1 mm，测微鼓轮上有 100 条刻线，即 100 个小格，测微鼓轮每转动 1 格，载物台移动 0.01 mm，再估读 1 位，因此最终读数保留至小数点后 3 位。

5) 利用显微镜测小球直径的具体操作步骤

下面结合图 2.2.7 中测量显微镜的各部件，介绍测量显微镜的具体使用方法。

(1) 旋转载物台下的反射镜 7，直到从目镜 1 中看到明亮的视场。

(2) 调节目镜 1：从目镜中观察分化板上的十字叉丝是否清晰。如不清晰，轻微地转动目镜，调节目镜和分化板之间的距离，使分化板位于透镜的焦平面上，此时可以清楚地看到叉丝。

(3) 松开目镜筒止动螺钉 3，转动目镜筒，从目镜中观察，目测粗调叉丝方位，使十字叉丝 x 线、y 线分别与载物台的 x、y 轴平行，然后转动螺钉 3 将目镜固紧。这一步为粗调。经厂家校准，载物台的 x 轴与 y 轴严格垂直，叉丝 x 线与 y 线严格垂直。为了准确测量，须通过精细调节，即进一步细调，将叉丝的 x 线 (或 y 线) 与载物台的 x 轴 (或 y 轴) 严格平行，否则，测量结果偏大。**为什么？那么如何进行细调？** 下面来讲解。

(4) 将小球放在载物台上，旋转 x 轴和 y 轴测微鼓轮，使叉丝的 x 线和 y 线与小球的像同时相切。转动 x 轴测微器，若小球移动时始终与叉丝 x 线相切，则测量显微镜已调节好。若不相切，视野中就会发现小球似乎斜着走，此时按照步骤(3)再次调节叉丝方位，使小球在运动过程中始终与叉丝 x 线相切。这样才能保证小球的像沿着待测直径的方向移动，从而正确地测出直径。

(5) 调焦：将小球置于载物台上，由于物镜口径很小，因此注意小球需位于显微镜的物镜 5 下方。为了完成这一步，可先从侧面观察，旋转调焦手轮 6 使显微镜下移接近小球，但不要触及。然后从目镜中观察，并旋转调焦手轮 6，使显微镜缓慢上移（千万不得向下移动，以防止物镜镜头与被测物相碰而损坏），直至看到小球的清晰图像为止。

(6) 读数：可先使叉丝 y 线与小球像的一侧相切，从标尺和测微鼓轮上读出初读数 x_0。然后转动 x 轴测微鼓轮，使叉丝 y 线与小球像的另一侧相切，从标尺和测微鼓轮上读出末读数 x_1。小球的直径为两者之差，即 $d=|x_0-x_1|$。

读数时应该注意：由于丝杆螺母机构在倒向时会有空程，因此测量显微镜在倒向时，可能读数已有改变，但尚未带动载物台，这就给测量带来误差，该误差叫螺距差。

为了避免产生螺距差，在测量某一长度的过程中，应使载物台单方向移动，即在两次读数之间不得改变载物台的移动方向，以避免由于螺纹间隙而产生误差。**若在测量过程中出现倒向，则该次测量作废**，此时应顺时针、逆时针大幅度地转动测微鼓轮几次，以消除螺距差。

2. 电子停表的使用

本实验中测量小球下落时间所使用的的仪器为电子停表。

电子停表是数字显示停表，它是一种较精密的电子计时器，机芯全部由电子元器件组成，利用石英振荡器固有振荡频率作为时间基准。因石英晶体振荡器稳定度较高，所以这种电子停表精度高。石英片有良好的压电特性，在激励电压作用下，会产生频率很高的电磁振荡，应用分频器可得到较低的频率。这种电子停表一般采用六位液晶显示器显示时间，数字显示，使用方便，而且功能比机械停表多。

如图 2.2.9 所示，电子停表不仅能显示分、秒，而且还可以显示时、日、月和星期，还具有 $\frac{1}{100}$ s 的计时功能。有的电子停表还装有太阳能电池，可以延长表内电源的使用寿命。目前，国产电子停表的石英晶体振荡器的振荡频率一般为 32768 Hz，并采用 CMOS 大规模集成电路。电子停表的功耗小，工作电流一般小于 6 μA，用容量为 100 mA·h 的氧化银电池供电，可使用很长时间。一般使用的电子停表连续累计时间为 59 min 59.99 s，精度可达 $\frac{1}{100}$ s，平均日差 0.5 s。

图 2.2.9 电子停表

电子停表配有三个按钮。图 2.2.9 中,S_1 为调整按钮,S_3 为变换按钮,S_2 为停表按钮,本实验中所用的停表(见图 2.2.3)的 S_2 按钮位于右下方。电子停表正常显示计时状态为"时、分、秒",即如手表的功能。在测量时间时使用 S_1 和 S_3 按钮,在进行时刻校对和调整时用 S_2 按钮。

用这种数字电子停表测量时间的方法:

(1)在计时显示的情况下,持续按住 S_3 3 s,即可呈现停表功能,数字显示全为零,如图 2.2.10(a)所示。

(2)按一下 S_1 即可开始自动计时,当再按一下 S_1,停止计时,如图 2.2.10(b)所示,液晶显示器所显示的时间值(58 分 31.89 秒)便是测量的时间。再按 S_3 一次即可清零。

(3)若需要恢复正常计时显示,再持续按住 S_2 3 s 即可,如图 2.2.10(c)所示。

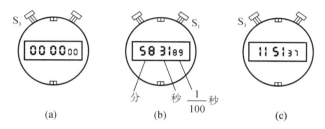

图 2.2.10 电子停表的清零、显示时间和时刻

3.单管落球法测黏滞系数

前面我们讨论了多管落球法测液体黏滞系数,即在多个管中落球测定下落时间,然后利用外推法求得小球在无限广延液体中的终极速度 v_0。如果只有单根管子进行落球,此时也可以通过速度修正,近似求得无限广延的液体中的终极速度。

实验表明,小球在无限广延的液体中的终极速度 v_0 与在有限直径的圆筒中下落的终极速度 v 有如下关系

$$v_0 = v\left(1 + K\frac{d}{D}\right) \qquad (2-2-5)$$

式中:D 为圆筒的内径;K 为修正系数。从上式可知,当 $D \to \infty$ 时,$K\frac{d}{D} \to 0$,则 $v \to v_0$。所以在实验室条件下,可由式(2-2-5)对实验结果进行修正,修正系数 K 的值,一般由各个实验室结合实验装置条件具体给定,此处 $K=2.4$。

4.放大测量法

本实验中,利用测量显微镜将小球放大,然后进行观察并测量小球直径,这其实是一种光学放大的实验方法。放大法是物理实验中常用的实验方法,严格地说,放大测量只是测量过程的一个手段,并不能独立地构成一种测量方法。它适用于那些被测量值本身很小(或隐含于某一大的物理量中的增量部分),使得测量难于进行的情况,下面具体讨论放大法,请同学们结合实验体会物理实验方法的妙趣。

1)直接放大

生活中的实际经验告诉我们,要想看清楚一个很小的物体,或某一物体上的细小部分,借助于放大镜或显微镜就能够实现。测量也不例外,例如要测一个小孔的直径可以把直尺和小孔放到一起比较,用放大镜来观察,就可以进行测量。这时被测物和标准量同时被放大,这是

一种直观的方法,是不难理解的。对于一根很细的金属丝,要想直接测量其直径是有一定困难的,中学物理实验中曾建议将它密绕在一个光滑的圆柱体上,例如密绕 100 匝,这 100 匝的宽度就是直径的 100 倍,这也是一种放大的思路。测量单摆的周期,实测中并不测量一个周期,而是用停表累计 50 个(或 100 个)周期的总时间,这又等于将周期放大了 50(或 100)倍。再如 1 张纸的厚度较难测量,但是我们可以方便地测量 100 张纸的厚度,再除以 100,即可得到每张纸的平均厚度,这种放大方法又称累计放大法。

通过机械装置也可以对某些物理量进行放大(机械放大)。例如,用天平称量物体的质量时,需判断天平横梁的水平,而直接目视判断横梁是否水平非常不准确,此时可用一个固定在横梁上的很长的指针,将横梁微小偏离的角度放大而且显示出来。再如测量长度的游标卡尺、螺旋测微器就是分别利用了游标原理、丝杠鼓轮螺旋将读数放大,使读数更加精确。

上述方法,都是把被测量本身,通过光学、机械或其他方法直接放大而完成测量的。这种方法简单易行直观,其测量值还有一定的平均作用,所以在一般测量中普遍采用。

但是放大,就不可避免地带来了新的误差因素。例如光学放大,如果放大的光学系统有像差,则必然使被测物产生一定的形变,但在直接放大测量中,由于标准量和被测量同时放大,只要放大部分的像差同时且均匀存在,对结果的影响还不算严重,但如果不是同时放大,如测量显微镜,这点就不容忽视。用累计增加被测量的方法,如密绕多匝来测细丝的直径,则密绕的程度将直接关系到测量结果的误差。当然这种方法还隐含了一个条件——被测细丝的直径处处相等(严格地讲这是不可能的),测量结果并不代表任何一个截面的直径,而是这一段被测量的平均值。与此类似的测单摆周期的方法,增加总测量次数和单次测量多周期的累计,虽然在原理上其周期是个恒量,次数增加并不增加误差,但因测量是在一段时间内进行,在这一过程中测试条件(如空气阻力及振动等)不能保证绝对不变,所以误差仍然是存在的。在采用直接放大测量方法时,恰当而又周密地考虑这些因素是必要的。

2)间接放大

对于隐含于变量中的微小增量直接放大是困难的,例如一根金属棒在受外力作用或温度变化时,引起的长度增量就很难直接放大。光杠杆放大装置巧妙地解决了这一问题,其关系式为

$$\delta l = \frac{k}{2D} \cdot \delta n$$

首先测量装置将 δl 放大了 $2\dfrac{D}{k}$ 倍,并以 δn 示值显示出来。只要满足公式推导过程中对角度值的限定就能比较好地减小误差。显然,光杠杆到镜尺的距离 D 越大,不仅放大倍数增大,同时还会适当减小 θ 角,这对放大原理是有利的,但是对望远镜的要求提高了。这种不是把被测量直接放大,而是经过一定的函数变换,用另一个被变换大了的物理量(式中的 δn)通过一个变换系数(实际上小于 1)求得被测量的方法,叫做间接放大。

为了拓展思路,我们来研究液体温度计。利用某种液体的体积对自身温度敏感且两者存在线性关系,用其体积的变化来表征其温度的测温仪器叫做液体温度计,如水银温度计、酒精温度计等。在这种温度计内,作为工作物质的液体的质量一定,且置于一个封闭空间内。温度变化 δT,将引起相应的体积变化 δV,尽管变化关系敏感,但 δV 的量值仍然有限,直接读取 δV 的变化仍然是困难的。如果把这一 δV,限定在一个均匀的很细的而且截面积 S 不变的直管

之内,则 δV 的变化便成为 δV＝Sδl 的变化,只要 S 很小且一定,则将很小的 δV 转化成了一个足够大的长度增量 δl 显示出来,这又是一个放大过程,恰是在测温过程中一个间接放大的实例。显然 δl 与 δV 的线性是建立在 S 不变的条件下,S 越小,放大倍数越大;S 越均匀,带来的误差就越小。还有与液体温度计类似的例子,比如分析一下电表中多匝密绕的线圈,是否也是一种放大测量。

5. 常见流体在不同温度时的黏滞系数

表 2.2.2 常见流体在不同温度时的黏滞系数

流体	温度/℃	$\eta/(\mu Pa \cdot s)$	流体	温度/℃	$\eta/(\mu Pa \cdot s)$
乙醚	0	296	葵花籽油	20	5.00×10^4
	20	243		0	530×10^4
甲醇	0	817	蓖麻油	10	241.8×10^4
	20	584		15	151.4×10^4
水银	−20	1855		20	95.0×10^4
	0	1685		25	62.1×10^4
	20	1554		30	45.1×10^4
	100	1224		35	31.2×10^4
水	0	1787.8		40	23.1×10^4
	20	1004.2		100	16.9×10^4
	100	282.5	甘油	−20	134×10^6
乙醇	−20	2780		0	121×10^5
	0	1780		20	149.9×10^4
	20	1190		100	129.45×10^2
汽油	0	1788	蜂蜜	20	650×10^4
	18	530		80	100×10^3
变压器油	20	1.98×10^4	空气	25	18.3
鱼肝油	20	4.56×10^4			
	80	0.46×10^4			

实验 2.3　薄透镜焦距的测定

实验预习题

1. 什么是透镜，表征一个透镜的主要参数是什么？
2. 什么是薄透镜的焦距，测量薄凸透镜焦距的方法有哪些（要求多于 3 种）？
3. 什么是自准直法？画出自准直法测量薄透镜焦距的光路图，解释"自准直"的含义。
4. 什么是共轭法？画出共轭法测量薄透镜焦距的光路图，解释"共轭"的含义。
5. 什么是同轴等高？参考本实验拓展，请回答光学成像调节过程中如何判断像已经是最清晰的。
6. 自准直法和共轭法产生误差的原因及其优缺点各是什么？
7. 自准直法测凸透镜焦距时，为什么物屏上可能出现 2 个倒立等大的实像？
8. 共轭法测凸透镜焦距时，为什么要选取物和像屏的距离 $L \geqslant 4f$？如果 $L < 4f$ 将会出现什么现象，为什么？如果 $L \gg 4f$ 是否可以测出焦距？为什么？
9. 用两个透镜如何组成望远镜和显微镜？

透镜（见图 2.3.1）是一种常见的基本光学元件，眼镜的镜片（见图 2.3.2）、相机的镜头（见图 2.3.3）都用到了透镜。透镜也是望远镜、显微镜等诸多光学仪器的重要组成部分。焦距是透镜的一个基本特征参数，在光学仪器的设计、制造及使用过程中，首先要考虑选择焦距合适的透镜。以物理实验室常用的 15J 测量显微镜（见实验 2.2 实验拓展）为例，当物镜焦距为 43.40 mm 时，显微镜的放大倍数为 25 倍。为了提高放大倍数，就要减小物镜的焦距，当选择焦距为 17.13 mm 的透镜作为物镜时，显微镜的放大倍数将增至 100 倍。透镜生产出来后，其焦距就固定下来，不能改变，然而有趣的是，人眼的晶状体却可以通过眼部肌肉的拉伸、收缩来调节焦距，以看清不同距离的物体，因此可以形象地认为晶状体是一个焦距可调的高级透镜。有些相机配有变焦镜头，即它在一定范围内也可以变换焦距，那么请大家思考变焦镜头是如何实现焦距变换的？本实验中，我们将采用多种方法测量薄透镜的焦距，从中学习透镜成像规律及光路调节技术。

图 2.3.1　透镜

图 2.3.2　眼镜

图 2.3.3　照相机

实验目的

1. 通过实验加深对薄透镜成像规律的认识和理解。
2. 掌握光学仪器(元件)的基本调节方法——同轴等高的调整。
3. 用自准直法和共轭法测量薄凸透镜的焦距。

实验仪器

光具座,薄凸透镜,平面镜,物屏,像屏,光源,如图 2.3.4 所示。

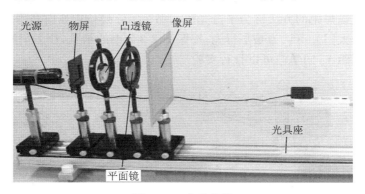

图 2.3.4　实验仪器

实验原理

1.透镜

什么是透镜? 透镜是由透明的物质,比如玻璃、水晶等制成的一种光学元件,在所有的光学仪器中,透镜是不可或缺的基本元件。透镜主要分为凸透镜和凹透镜两类,凸透镜中间厚边缘薄,对光线起会聚作用,也称为会聚透镜,例如放大镜,人眼晶状体,老花镜镜片,相机镜头,显微镜和望远镜的物镜、目镜等。凹透镜中间薄边缘厚,对光线起发散作用,也称为发散透镜,例如近视镜镜片。

2.焦距

表征一个透镜的主要参数是什么? 透镜的参数有口径和焦距。口径是透镜的直径,焦距是透镜光心到焦点的距离,如图 2.3.5 所示。

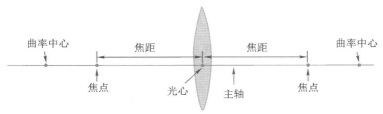

图 2.3.5　凸透镜的主要特征量

图 2.3.5 中，主轴（又称主光轴）是连接凸透镜两球面曲率中心的直线。注意：光心一般是透镜的中心，光线经过光心方向不发生改变。焦距是透镜的一个重要的参数，实际中常常需要测定透镜的焦距以确定它的用途。同学们思考一下，如何测定透镜的焦距呢？若实验室要测定薄凸透镜（薄透镜是指透镜的厚度与焦距的长度比较时，可以被忽略不计的透镜）的焦距，有哪些方法可以实现？

3. 焦距的测量方法

(1) 平行光法。

依据薄凸透镜焦距的定义，如图 2.3.6 所示：焦距是指平行于主轴的平行光入射时从透镜光心到光聚集的焦点的距离，即光心 O 到焦点 F 的距离 OF 为薄凸透镜的焦距 f。这种利用平行光入射测量透镜焦距的方法称为平行光法。那么实际操作中如何利用平行光法快速测量透镜的焦距？由于太阳光可认为是平行光，按照图 2.3.7 中的示意，让太阳光通过透镜在纸上聚焦就可以测出焦距 f，同学们可以自行实验。

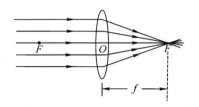
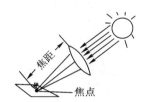

图 2.3.6 薄凸透镜的焦距　　　　图 2.3.7 平行光法测焦距

(2) 物像等大法。

同学们在中学可能做过"透镜成像规律"的实验。这个实验中，燃烧的蜡烛如果位于凸透镜前二倍焦距 $2f$ 处，像屏上会出现一个倒立等大的实像，这样通过观察像屏上的成像过程，就可以判断和测量 f。这种方法称为物像等大法。

(3) 物距像距法。

以上两种测量焦距的方法，基本的理论依据都可以回到透镜成像规律的物像公式（高斯成像公式）上，即在近轴光线的条件下，

$$\frac{1}{u}+\frac{1}{v}=\frac{1}{f} \tag{2-3-1}$$

式中：u、v、f 分别为物距、像距、焦距。三者分别为物屏、像屏、焦点距透镜光心的距离，且有正负之分。u、v 的正负以物、像的虚实来定，实物实像时 u、v 为正，虚物虚像时 u、v 为负。对 f 而言，凸透镜的焦距 f 为正，凹透镜的焦距 f 为负。

借助物像公式 (2-3-1)，再分析前两种焦距的测量方法：平行光法中，物屏可以认为放在无穷远处，即物距 $u=\infty$，那么 $\frac{1}{u}=0$，因此像距 $v=f$；物像等大法中，物距 $u=2f$，因此像距 $v=2f$，在像屏上呈现的实像与物屏上的发光物大小相等，方向相反，关于光心对称。透镜成像规律如表 2.3.1 所示。

表 2.3.1 透镜成像规律表

物距 u 范围	像的正倒	像的缩放	像的虚实	像距 v 范围	光学仪器
$u>2f$	倒立	缩小	实像	$f<v<2f$	照相机
$u=2f$	倒立	等大	实像	$v=2f$	投影仪、幻灯机
$f<u<2f$	倒立	放大	实像	$v>2f$	投影仪、幻灯机
$u=f$	不成像				放大镜
$u<f$	正立	放大	虚像	$v>u$	放大镜

从式(2-3-1)可以看出,在某一次成像过程中,只要测出 u 和 v,将其代入式(2-3-1)中,就可以求出 f。这种方法称为物距像距法。但是,由于透镜的光心位置不好确定,导致 u 和 v 不易测量准确,再加上个人对像的清晰程度判断的差异,利用物距像距法测定焦距,一般偏差较大,通常不用。以下重点介绍另外两种测量薄透镜焦距的方法——自准直法和共轭法。

(4) 自准直法。

从平行光法测焦距(见图 2.3.7)中可以看到平行光经过透镜会在焦平面上成像。根据光路可逆原理,透镜焦平面上某点发出的光线,经过透镜必然会变成一束平行光。如图 2.3.8 所示,若在透镜的左侧放置物屏(物),在透镜的另一侧放置一平面反射镜。固定物屏和平面反射镜不动,缓慢而平稳地移动透镜,如果物屏 AB 正好位于透镜的焦平面时,则物体发出的光经过透镜就变成一束平行光,这束平行光经平面镜反射后,再经过透镜成像,必然在原物屏上形成一个等大且反向的像 $A'B'$(为什么呢?)。此时,从物屏到透镜中心的距离就等于焦距。由于这种方法利用透镜产生平行光,再让平行光自身通过平面镜反射回透镜,然后在焦平面上成像来测量透镜焦距,因此称为自准直法。

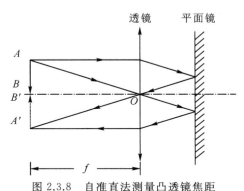

图 2.3.8 自准直法测量凸透镜焦距

(5) 共轭法。

轭,本意是指牛马等拉东西时架在脖子上的器具。共轭,本意是指两头牛共套一个轭,控制两头牛同步行走。现意:按一定的规律相配的一对,在相互关系上具有某些共同特点,但个别方面又有相反特点的属性。共轭与对称有关,其概念应用在物理、数学、化学、地理等学科中。

利用物像共轭对称成像的性质测量凸透镜焦距的方法,叫共轭法。所谓"物像共轭对称"是指物像的位置可以互换,即只要能成像,物和像交换位置,必然也能成像,这是凸透镜成像的特点。

如图 2.3.9 所示,在光具座的适当位置,分别固定物屏和光屏,且二者距离足够大,然后让透镜在物屏与像屏之间平稳移动。在透镜移动过程中会经历两次成像,分别在像屏上出现一大一小的两个实像。两次成像时,第一次成像的物距等于第二次的像距,第二次成像的物距等于第一次的像距,体现了共轭的特点。实际操作中,经常固定物和像的位置,通过移动透镜来实现这两次成像。第一次成大像时,透镜位于 O_1 处,此时物距为 u,像距为 v;第二次成小像时,透镜位于 O_2 处,此时物距为 u',像距为 v'。

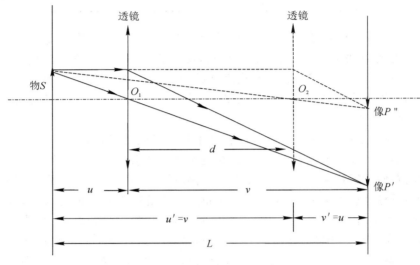

图 2.3.9 共轭法测量凸透镜焦距

这两次成像物像体现了共轭对称,即有 $v'=u, u'=v$,设两次成像时透镜之间的距离为 d,物屏和像屏之间的距离为 L,则有

$$L = u + v \qquad (2-3-2)$$
$$d = v - u \qquad (2-3-3)$$

式(2-3-2)、(2-3-3)联立得 $v = \dfrac{L+d}{2}, u = \dfrac{L-d}{2}$,代入式(2-3-1)式中得到

$$f = \frac{L^2 - d^2}{4L} \qquad (2-3-4)$$

式(2-3-4)为共轭法测量凸透镜焦距的公式。

将式(2-3-1)、(2-3-2)联立消去 u 得

$$v = \frac{L \pm \sqrt{L^2 - 4fL}}{2}$$

若要有实根,必须使根号下的部分 $L^2 - 4fL \geq 0$,即 $L \geq 4f$。所以利用式(2-3-4)测焦距的必要条件是 $L \geq 4f$,即物屏和像屏之间的距离要超过四倍焦距。请同学们思考实验中如何满足 $L \geq 4f$。

利用共轭法测量焦距,被测量只有 L 和 d 两个量,其中 L 是一段固定不变的距离,可以较准确地测量,而透镜移动距离 d 是两次测量之差,只要保证透镜相对稳定,它们的系统误差是互补且可以抵偿的。另外,L 固定,移动透镜时,物距和像距同时改变,像的清晰程度变化较明

显,因而误差有可能减至最小,因此共轭法是误差较小的一种测量焦距方法。

实验内容与步骤

1. 光学元件的同轴等高调节

光学元件的同轴等高调节是光学实验中必不可少的重要环节。同轴等高是指所有元件的光心要在一条水平线上,以3个凸透镜的同轴等高为例,如图2.3.10(a)所示。

在光学系统中,各光学元件的主轴重合即为同轴。若光学元件均在光具座上,还必须使主轴与光具座导轨表面相平行,即为等高。图2.3.10(b)中各元件的光心不在一条水平线上,所以不等高,各光学元件的主轴也不重合,所以也不同轴。图2.3.10(c)中各元件的光心不在一条水平线上,所以不等高,但是各光学元件的主轴重合,所以是同轴的,整体上表现为同轴不等高。在光学系统的基本调节中,光学元件的同轴等高调节是最基本的,测量焦距的方法必须在同轴等高的条件下才能成立(为什么?因为高斯成像公式要求满足光线近轴条件),那么如何调节到同轴等高?具体操作为先粗调后细调。

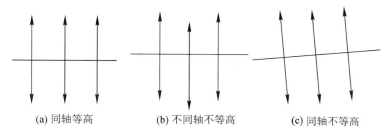

图 2.3.10　光学元件同轴等高调节示意图

粗调:利用目测判断,将各光学元件中心和光源的中心调成等高,并使各元件所在平面基本上相互平行或铅直。具体为将光具座上的元件靠拢,通过目测进行各元件的高、低、左、右调节,使各元件的中心大致在同一高度、同一直线上(与导轨表面平行)。

细调:利用光学系统本身或借助其他光学元件的成像规律来判断和调节元件,使得沿光轴移动元件时不发生像的偏移。不同的装置可能有不同的调节方法,如自准直法、共轭法等。一般用共轭法,先固定物屏,将像屏放在最远处,移动透镜,先出现小像,标记位置,继续移动透镜至再次成像(大像),在像屏上观察和调节使大像的中心与小像中心重合(大像追小像),该方法快速有效,重复两三次就可以调节好位置。

2. 自准直法测量凸透镜焦距

(1) 对光具座上各元件进行同轴等高调整;

(2) 如图2.3.11所示在光具座两端放置物屏、平面镜,在两者之间放置凸透镜,适当调节光路,使平面镜反射回来的光线能射向物屏;

(3) 左右移动透镜,使物屏上呈现倒立、等大、清晰的实像(参考本实验拓展,请思考如何判断像最清晰),用纸片遮住平面镜,像消失。记下此时物屏位置 x_1 和透镜位置 x_2。

(4) 重复测量3次,记录数据并填入表2.3.2。

3. 共轭法测量凸透镜焦距

(1) 对光具座上各元件进行同轴等高调节。

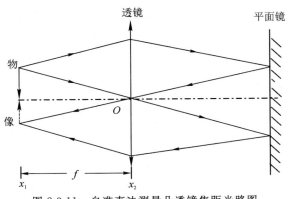

图 2.3.11　自准直法测量凸透镜焦距光路图

(2)如图 2.3.12 所示,在光具座上放置物屏、凸透镜、像屏,物屏和像屏之间的距离 $L>4f$。

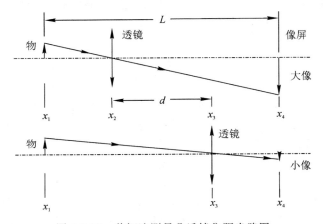

图 2.3.12　共轭法测量凸透镜焦距光路图

(3)移动透镜位置,可以在像屏上分别看到两次清晰成像,记下物屏位置 x_1,像屏位置 x_4,两次成清晰像时透镜位置 x_2、x_3。

(4)重复测量 3 次,记录数据并填入表 2.3.3。

实验数据记录及处理

(1)采用列表法记录和处理数据(参考表 2.3.2 和表 2.3.3),计算自准法和共轭法测得的焦距 f。

表 2.3.2　自准直法数据记录表格

测量次数	物屏位置 x_1/mm	透镜位置 x_2/mm	焦距 f/mm $f=x_2-x_1$	平均值 $\bar{f}$/mm $\bar{f}=\dfrac{f_1+f_2+f_3}{3}$
1				
2				
3				

表 2.3.3 共轭法数据记录表格

测量次数	物屏 x_1/mm	透镜位置1 x_2/mm	透镜位置2 x_3/mm	像屏 x_4/mm	d/mm $d=\|x_3-x_2\|$	L/mm $L=\|x_4-x_1\|$	焦距 f/mm $f=\dfrac{L^2-d^2}{4L}$	平均值 $\bar{f}$/mm $\bar{f}=\dfrac{f_1+f_2+f_3}{3}$
1								
2								
3								

(2)分析自准法和共轭法产生误差的原因及其优缺点。

实验注意事项

(1)使用光学元件和仪器时,要轻拿轻放,勿使它们受到冲击或震动,特别要防止光学元件跌落。暂时不用的或用毕的元件应放在安全的地方或放回原处,不可随便乱放。

(2)不要用手触摸光学元件的光学表面;光学元件表面如有灰尘,要用洁净的镜头纸或软毛刷轻轻拂去,或用橡皮球吹掉,切勿用嘴吹或用手指抹,以防沾污或损伤光学表面。

实验拓展

1.实验方法总结

(1)本实验介绍了薄凸透镜焦距的多种测量方法,其中,自准直法很巧妙,在许多高精度光学仪器中都有应用。例如,在实验 2.4(分光计的调节和使用)中,将望远镜聚焦到无穷远采用的就是自准直法,如果发光体(分划板下方的发光绿"十"字)位于凸透镜(物镜)的焦平面上,则光线通过物镜后就成为平行光束;如果用与光轴垂直的双面平面镜将此平行光束反射回来,则通过物镜成像于焦平面(分划板上方关于中心对称的绿"十"字像)上,如图 2.3.13 所示。

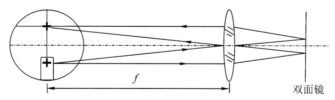

图 2.3.13 自准直法调节望远镜聚焦无穷远

(2)光学成像调节过程中如何判断像是最清晰的? 调节时成像规律一般总是:模糊—清晰—模糊,自准直法中调节倒立等大实像时,共轭法中调节大小像时,望远镜中调节标尺像时(参考实验 2.11 金属弹性模量的测量),平行光管中调节狭缝像时(参考实验 2.4 分光计的调节和使用),显微镜中调节小球像时(参考实验 2.2 液体黏滞系数的测定),均遵循此成像规律。所以,熟练掌握该规律,有益于提高其他光学仪器的操作能力。

2.光学实验预备知识

(1)光学元件和仪器的维护。

透镜、棱镜等光学元件大多数是玻璃制成的,它们的光学表面都经过仔细的研磨和抛光,有些还镀有一层或多层膜。这些元件或其材料满足一定的光学特性（例如折射率、反射率、透射率等），而它们的机械性能和化学性能都可能很差，若使用和维护不当，会降低光学性能甚至损坏。造成损坏的常见原因有摔碰、磨损、污损、发霉、腐蚀等。因此，为了安全使用光学元件和仪器，必须遵守以下规则：

①使用时一定要轻拿、轻放，避免冲击或震动，特别要防止摔落。暂时不用的器件应随时装入专用盒内并放在桌子的里侧。

②禁止用手触摸元件的光学表面。如必须用手拿光学元件时，只能接触其他面，如透镜的边缘、棱镜的上下底面等。

③不能对着光学元件的表面说话。如果发现光学表面上有污物时，不允许对着它哈气或用手和手帕等粗糙物擦拭（特别是照相机镜头）。光学元件的表面会被粗糙物划破，也会因为口水或汗水腐蚀出现汗斑，影响透光性能。若光学表面有严重的污痕或指印，应由实验室人员用丙酮或酒精清洗。所有镀膜表面均不能触碰或擦拭。

④光学仪器中的机械部件，如测量显微镜的螺杆、读数鼓轮、分光计的刻度盘等都是精密加工部件。操作时，一定要轻、慢，不允许乱扭、乱转，更不允许随便调换或拆卸这些部件，以免造成严重损坏。

（2）消视差。

光学实验中经常要测量像的位置和大小。我们知道，要测准物体的大小必须将量度标尺与被测物紧贴在一起。如果标尺远离被测物体，如图 2.3.14 所示，读数将随眼睛的位置不同而改变，难以测准。可是光学实验中被测物体往往是一个看得见却摸不着的像，怎样才能确定标尺和待测像紧贴在一起呢？视差现象（见图 2.3.15）可以帮助我们解决这个问题。为了认识视差现象，同学们也可做一个简单实验：竖起双手食指，两指一前一后，相互平行。用一只眼睛观察，当左右移动眼睛时，就会发现两指间有相对移动，这种现象称为视差。而且还会看到，离眼近者，其移动方向与眼睛移动方向相反；离眼远者，其移动方向与眼睛移动方向相同。若将两者紧贴在一起，则无上述现象，即无视差。由此可以利用视差现象来判断待测像与标尺是否紧贴。若待测像与标尺之间有视差，说明它们没有紧贴在一起，则应该稍稍调节像或标尺的位置，并同时微微移动眼睛观察，直到它们之间无视差后方可进行测量。这一调节步骤，我们常称之为消视差。在光学实验中，消视差常常是测量前必不可少的操作步骤。

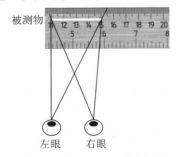
图 2.3.14　标尺远离被测物时读数有误差

图 2.3.15　视差现象示意图

3.与眼睛有关的光学知识

同学们有没有想过我们的眼睛是如何看到物体的？眼睛成的像是正立的还是倒立的？眼睛近视的原因是什么？为什么近视眼只能看清楚近处的物体呢？近视后可以采用哪些方法纠

正视力？下面介绍与眼睛有关的光学知识。

人眼结构如图 2.3.16 所示,有瞳孔、角膜、晶状体、睫状肌、视网膜等。瞳孔类似于照相机的光圈,目的是控制进入眼睛光线的多少,角膜和晶状体相当于一个焦距可调的凸透镜,因为晶状体富有弹性,可以通过睫状肌的收缩或松弛改变焦距,使看远处或看近处物体时眼球聚光的焦点都能准确地落在视网膜上,从而让我们可以把物体看得更清楚,视网膜相当于照相机的底片。从物体发出的光线经过人眼的凸透镜,在视网膜上形成倒立缩小的实像,分布在视网膜上的视神经细胞受到光的刺激,把这个信号传输给大脑,我们就可以看到这个物体了,这就是眼睛成像的基本原理。

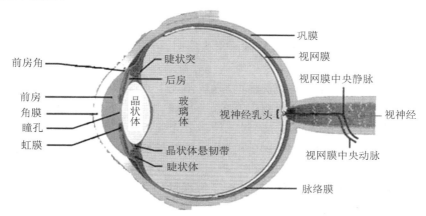

图 2.3.16　眼睛

看到这里,同学们可以尝试盯住书上的一个字,然后将书缓慢移近眼睛,同时保证看清这个字,仔细感受眼睛发生的变化。大家会发现,眼睛在逐步调节焦距,使我们可以看清近处的字,但是时间久了,眼睛就会酸痛。同理,如果我们长时间保持近距离看手机,就容易造成用眼过度,导致睫状肌痉挛、紧张,引起晶状体变凸,从而使晶状体会聚作用更明显,对于远处物体发出的光线,晶状体将会使之聚焦在视网膜之前,而不是在视网膜上,如图 2.3.17 所示,因此,视网膜上不再呈现清晰的图像,我们就看不清远处的物体了,这就是近视的原理。

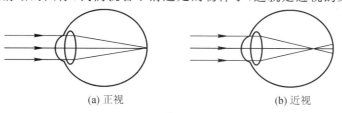

图 2.3.17　正视与近视成像原理

近视以后人们只能看清近处的物体,是因为近处物体发出的光线对眼睛而言,并非平行光,而是有一定角度的散射光,使物体成像的焦点后移至视网膜上。那如果想看清远处的物体,也必须增大远处物体发出光线的视角,使物体成像的焦点后移至视网膜上。近视镜是凹透镜的原因就是保证了光线在进入眼睛前先发散,其发散的程度取决于眼镜的度数,而眼镜的度数等于镜片焦距的倒数乘以 100,即度数 $=\dfrac{1}{f}\times 100$。配眼镜之前的验光过程就是检查光线入射眼球后的聚集情况,从而确定近视镜需要发散的程度即度数。

实验 2.4 分光计的调节和使用

实验预习题

1. 简述分光计的作用,分光计的主要部件有哪四个,分别起什么作用。
2. 简述绿十字像的产生过程,如何利用绿十字像判断载物台和望远镜是否水平。
3. 简述平行光管的结构、作用及原理。
4. 根据图 2.4.9,简述角游标的读数方法。
5. 如何用反射法测三棱镜的顶角?试画出光路图,给出计算式。

雨后初霁,天空有时会出现一道美丽的彩虹;阳光下在喷泉旁边漫步,可能会看到许多小彩虹。彩虹的形成原理与光的反射、折射有关。同学们思考一下,我们能造一抹彩虹吗?应该可以,比如利用光的折射,让一束白光经过三棱镜分光偏折后就可以得到彩虹色。那么白光经过三棱镜后偏折的角度如何测量?分光计就是一种精确测量光线偏折角度的常用光学仪器,其用途十分广泛。借助分光计并利用反射、折射、衍射等物理现象,可进行光谱观测,可完成全偏振角、材料色散率、材料折射率及光波波长等物理量的测量。摄谱仪、单色仪等精密光学仪器也是在分光计的基础上发展而成的。本实验将学习分光计的调节及使用,并利用分光计观察光的反射、折射现象。

实验目的

1. 观察、了解分光计的结构及各组成部件的作用。
2. 熟悉分光计的调整要求,掌握其调整技术。
3. 掌握用分光计测量三棱镜顶角的方法。
4. 学习角游标的使用,掌握分光计读数规律及系统误差的消除方法。
5. 用最小偏向角法测定三棱镜的折射率。

实验仪器

分光计(JJY1 型,见图 2.4.1),汞灯(GP20Hg 型,见图 2.4.2),双面平面镜(见图 2.4.3),三棱镜(见图 2.4.4)。

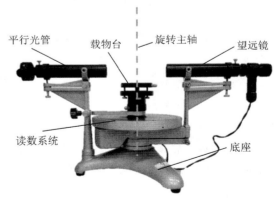

图 2.4.1 JJY1 型分光计

  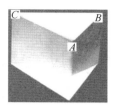

图 2.4.2　GP20Hg 型汞灯　　　　图 2.4.3　双面平面镜　　　　图 2.4.4　三棱镜

实验原理

1814 年，夫琅禾费在研究太阳暗线时改进了当时的观察仪器，设计了由平行光管、三棱镜和望远镜组成的分光计。这是第一个分光计，其设计思想、基本构造原理是现代光谱仪、摄谱仪设计制造的基本依据。分光计经常用来测量光的波长、棱镜角、棱镜材料的折射率和色散率等。下面我们学习分光计的仪器结构及调节方法。

1. 分光计的结构

分光计主要由哪几部分组成，各部分的作用是什么？对于这个问题，我们借助 JJY1 型分光计来说明。如图 2.4.1 所示，分光计由五部分组成：望远镜（观测平行光）、平行光管（使入射光成为平行光）、载物台（放置光学元件）、读数系统（精确测量角度）和底座（稳定支撑前四部分）。整体来看，分光计的下部是三脚底座，图 2.4.1 所示竖直虚线称为分光计的旋转主轴，主轴上装有可绕轴转动的望远镜、载物台、刻度圆盘和游标盘，在一个底脚的立柱上装有一个固定的平行光管。分光计分解后如图 2.4.5(a) 所示。

分光计结构精密，各类主要控制部件多达 22 种，见图 2.4.5(b)，调整操作技术较复杂，表 2.4.1 列出了分光计各部件的名称和作用。

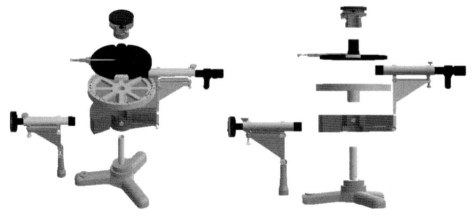

(a) 分光计分解图

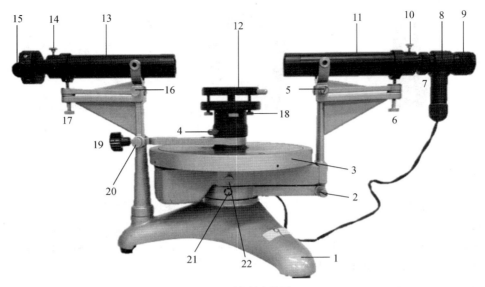

(b) 主要控件实物图

图 2.4.5 JJY1 型分光计各部件

表 2.4.1 分光计各调节装置的名称和作用

图 2.4.5(b) 中代号	名称	作用
1	三脚底座	稳定支撑分光计
2	望远镜微调螺钉	锁紧望远镜紧固螺钉 21 后，调节螺钉 2，使望远镜支架做小幅度转动，便于精细调节
3	刻度圆盘	一周为 360°，最小刻度为 0.5°(30′)
4	载物台紧固螺钉	该螺钉松开时，载物台可单独转动和升降；锁紧后可使载物台与读数游标盘同步转动
5	望远镜光轴水平方向调节螺钉	调节该螺钉，可使望远镜在水平面内转动
6	望远镜光轴倾斜度调节螺钉	调节望远镜的俯仰角度
7	光源小灯（在内部）	打开电源，从目镜中可看到一绿斑及黑十字线
8	分划板（在内部）	分划板上有"十"形刻线，便于定位，辅助调节分光计系统中光学元件同轴等高
9	目镜调焦轮	调节目镜焦距，使分划板上的"十"形叉丝清晰
10	目镜筒紧固螺钉	该螺钉松开时，目镜装置可伸缩和转动（望远镜调焦），锁紧后可固定目镜装置
11	望远镜筒	用来观测经光学元件后的光线
12	载物平台	放置光学元件
13	平行光管	产生平行光

续表

图 2.4.5(b) 中代号	名称	作用
14	狭缝装置紧固螺钉	该螺钉松开时,前后拉动狭缝装置可调节平行光,调好后锁紧可固定狭缝装置
15	狭缝宽度调节螺钉	通过调节狭缝宽度改变入射光宽度
16	平行光管光轴水平方向调节螺钉	调节该螺钉,可使平行光管在水平面内转动
17	平行光管光轴倾斜度调节螺钉	调节平行光管的俯仰角
18	载物台调节螺钉(三个)	调节载物台台面水平
19	游标盘紧固螺钉	该螺钉锁紧后,只能用游标盘微调螺钉20使游标盘做小幅度转动
20	游标盘微调螺钉	锁紧游标盘紧固螺钉19后,调节20可使游标盘做小幅度转动
21	望远镜紧固螺钉(在背面)	该螺钉锁紧后,只能用望远镜微调螺钉2使望远镜支架做小幅度转动
22	刻度圆盘紧固螺钉	该螺钉松开时刻度盘可旋转,锁紧后刻度盘不能单独转动,可与望远镜同步转动

分光计的控制部件很多,为了更清晰地掌握它们的功能,可以从分光计的四个主要部件即望远镜、平行光管、载物台及读数系统(见图 2.4.1 或者图 2.4.5(a))入手,了解它们的具体结构和作用。

(1)望远镜。

望远镜用来观察和确定光线行进的方向,它由物镜、目镜、分划板、照明灯泡、全反射小棱镜等组成,其结构示意图见图 2.4.6。

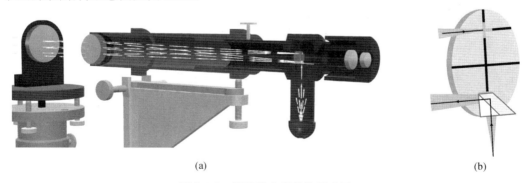

(a)　　　　　　　　　　　　(b)

图 2.4.6　望远镜内部结构示意图

JJY1 型分光计的望远镜采用阿贝自准式目镜。目镜前方是分划板,分划板上有类似双十字的"丰"形刻线,能起到定位作用,用来辅助调节分光计系统的同轴等高。事实上,分光计系统的同轴等高调节,就是主要依靠"丰"形刻线标定绿十字像的位置来实现的。那什么是绿十字,绿十字像又是如何产生的?

分划板右下方紧贴着一全反射小棱镜,小棱镜与分划板紧贴的面上涂有不透光的薄膜。

在薄膜上刻有十字形的透光窗口,照明光源发出的绿色光经小三棱镜反射,转向90°,照亮这个十字形窗口(可以看作形成了一个绿色十字形发光物体)。这就是绿十字产生的过程。需要注意区分的是,分光计系统同轴等高调节是依靠"キ"形刻线标定绿十字像(而不是绿十字)的位置来实现的。这是因为绿十字发出的光透过分划板和物镜,再被载物台上放置的平面镜反射回物镜成像,此时我们通过目镜就可以看到绿十字的像。

如果载物台角度、望远镜筒的俯仰角发生变化,绿十字像的位置也会发生变化,因此通过"キ"形刻线标定绿十字像位置,就可以调节分光计系统的同轴等高。

(2)平行光管。

平行光管的作用是产生平行光,它由狭缝、透镜等组成,见图 2.4.7。狭缝宽度可调,并可沿光轴移动和转动。当改变狭缝与透镜间的距离,使狭缝正好位于透镜的焦平面上时,狭缝发出的光经过透镜后就成为平行光,这和实验 2.3 薄透镜焦距测定实验中用平行光法测透镜焦距的原理一样:平行光经凸透镜后会聚于透镜焦平面上,根据光路可逆原理,从透镜焦平面发出的光经凸透镜后将变为平行光。

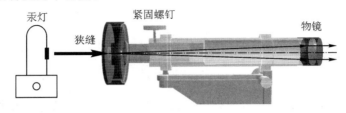

图 2.4.7 平行光管结构原理图

(3)载物台。

顾名思义,载物台用来放置光学元件如平面镜、三棱镜、光栅等。载物台可以绕中心轴旋转和沿轴升降,载物台下方有三个调节螺钉(三个螺钉构成等边三角形),如图 2.4.8 所示,用来调节载物台的高度和水平。

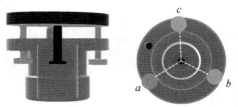

图 2.4.8 载物台侧面图及三螺钉位置示意图

(4)读数系统。

读数装置由刻度圆盘和与之同心的游标盘组成,在游标盘同一直径(相距180°)的两端各设一个角游标,如图 2.4.9(a)所示。刻度圆盘一周为 360°,最小刻度为 0.5°(30′),0.5°以下用角游标读数,游标分为 30 个小格,因此最小读数为 1′。请同学们尝试读取图 2.4.9(b)中角标的读数。

角游标原理及读数方法与游标卡尺类似,图中通过角游标零刻度线确定的是刻度盘读数 70°30′(注意半刻度线!),对齐线确定的是游标盘读数 15′,所以最终读数为 70°30′+15′=70°45′。设置对称的两个游标是为了消除刻度盘几何中心与分光计中心旋转主轴不同心而带来的系统误差(偏心差),同学们可以试着证明一下。

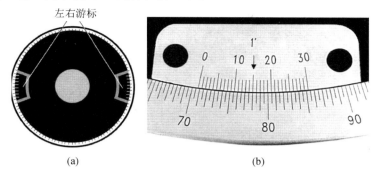

图 2.4.9 分光计读数系统和读数方法

2. 分光计的调节

分光计的调节和使用是学习操作光学仪器的一项基本训练。由于分光计结构精密,控制部件较多,操作复杂,所以使用时必须按要求仔细调整,才能获得较高精度的测量结果。此外,学会分光计的调整原理、方法和技巧,也有助于学习调整和使用单色仪、摄谱仪等更复杂的光学仪器。下面我们介绍分光计调节的具体步骤。

(1) 调节望远镜使其聚焦于无穷远。

在前面望远镜结构(见图 2.4.6)学习中,我们介绍了分划板、绿十字的结构及绿十字像的形成。在实验中,同学们通过目镜观察分划板和绿十字像时,可能会发现分划板上"十"形刻线模糊,也会经常发现绿十字像不清晰,例如看到一团模糊的绿色,这些现象是如何形成的,又该如何调节仪器看到清晰的"十"形刻线和清晰的绿十字像?下面我们分别进行讨论。

"十"形刻线模糊是由于分划板没有处于目镜的焦平面上。此时需要旋转目镜调焦手轮 9 (见图 2.4.5(b)),注意一边旋转一边从目镜中观察,直到看到最清晰的"十"形刻线(请思考如何判断"十"形刻线最清晰?),这个调节过程如图 2.4.10(a)、(b)所示。当从目镜中观察到图 2.4.10(b)所示的"十"刻线时,目镜调节到使用状态。

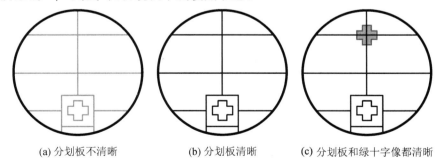

(a) 分划板不清晰　　　　(b) 分划板清晰　　　　(c) 分划板和绿十字像都清晰

图 2.4.10 调节望远镜聚焦到无穷远过程中分划板的状态变化示意图

绿十字像不清晰是由于分划板没有处于物镜的焦平面上,或者说望远镜没有聚焦到无穷远处。分光计常用来测量入射光与出射光之间的角度,为了能够准确测得此角度,必须满足入射光与出射光均为平行光。因此,分光计在使用前必须使望远镜达到适于观察平行光的状态,即聚焦无穷远处,也就是成像到物镜的焦平面上。那么该如何调节使绿十字像清晰呢?首先将平面镜紧贴望远镜物镜放置,然后松开目镜筒紧固螺钉10(见图2.4.5(b)),一边从目镜中观察平面镜反射回来的绿色光团,一边前后移动整个目镜装置,直到在目镜中观察到清晰的绿十字,将紧固螺钉10上紧,这时望远镜已经聚焦到无穷远。绿十字像有可能没有完全与分划板重合,这将导致视差,为了消除视差需反复调节目镜到分划板、分划板到物镜的距离,直到目镜十字叉丝、标尺线、绿十字像都非常清晰、无视差,如图2.4.10(c)所示。

从上述调节可以看出,望远镜中的分划板平面最后同时位于目镜焦平面和物镜焦平面上(三面重合)。

(2)调整望远镜光轴与分光计中心旋转主轴垂直(同轴等高调节)。

通过上述第一步的调节,望远镜聚焦于无穷远处(即平行光已聚焦于分划板平面),能观察平行光了。但此时还不能直接使用分光计进行角度的测量,这是由于分光计在使用时还要求入射光与出射光都与刻度盘平面平行,要求望远镜与平行光管等高,并且二者均与分光计的中心旋转主轴相垂直。也就是说还需要调节分光计平行光管光轴、望远镜光轴和载物台面都与刻度盘面平行,或者说这三者都垂直于分光计的旋转主轴。分光计的这一步调节其实和一般的光学仪器一样,都是进行同轴等高调节。

在分光计同轴等高调节中,首先进行的是粗调环节。

粗调是指首先用眼睛从侧面观察望远镜、平行光管、载物台,然后调节平行光管光轴、望远镜光轴和载物台面与刻度盘面大致平行。如图2.4.11所示,旋转望远镜倾斜度调节螺钉6和平行光管的倾斜度调节螺钉17,使望远镜、平行光管与刻度盘大致平行;调节载物台下的三个螺钉18,使载物台平面也与刻度盘大致平行。

图 2.4.11　分光计的粗调
(注:左图中圈出了几个主要调节螺钉)

实际操作中,只要在望远镜中可以看到两次平面镜(正反两面)反射回来的绿十字像,就说明望远镜、平行光管、载物台面与刻度盘基本平行。然而很多时候,同学们只能看到一次绿十字像,那么又该如何调节,从而可以看到两次绿十字的像?

这里我们可以借鉴实验2.11"静态拉伸法测定金属丝的弹性模量"中望远镜的调节方法,对分光计进行类比调节,调节的顺序为:外观对准、镜外找像、镜内找像,具体步骤如下。

外观对准:将双面平面镜按照图2.4.12所示放到载物平台上,并与望远镜筒错开一小角度。

镜外找像:在望远镜筒外侧,保持眼睛和望远镜的目镜等高,向平面镜望去,在平面镜中应该看到自己眼睛的像,然后旋转平台使平面镜旋转180°,应在平面镜中再次看到自己眼睛的像,且应大致等高。若看不到眼睛的反射像,说明载物台不平,调节载物台下的螺钉,直到反复旋转平面镜,**都能在目镜中心的等高线外侧同一位置看到自己眼睛的反射像**。此时打开分光计电源,仍用眼睛从望远镜筒旁观察,在平面镜中不仅能两次看到眼睛的像,也应该能看到两

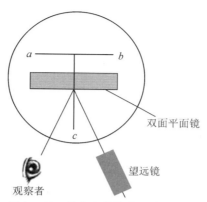

图 2.4.12 绿十字像镜外观察示意图

次绿十字像,调节望远镜倾斜度螺钉使绿十字像大致和眼睛的像等高。

接下来是镜内找像,就是在望远镜镜筒内观察到绿十字像,这一步比较简单,只要镜外找像调节好了,旋转载物平台带动平面镜转动180°,一般都会在望远镜筒视野内两次看到清晰的绿十字反射像。

以上为分光计的粗调,接下来就是分光计的细调,目的是使望远镜光轴与分光计中心旋转主轴垂直。这里首先要明确的是望远镜光轴与分光计中心旋转主轴达到垂直的标志是什么?

据前文所述,分光计是通过"十"形刻线标定绿十字像的位置,来判断望远镜光轴是否与分光计中心旋转主轴垂直。简单来说,根据图2.4.13所示的绿十字自准直成像(可参考实验2.3 薄透镜焦距的测定实验中,自准直法成像特点:物像共面、关于中心对称)光路图,当分划板位于物镜的焦平面处,绿十字发出的光经物镜透射到平面镜上,反射回来的光经物镜会成像在分划板上方。

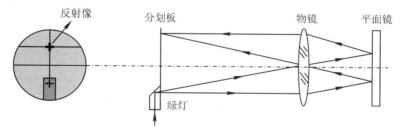

图 2.4.13 望远镜光轴与分光计中心旋转主轴垂直时,绿十字自准直成像光路图

如果望远镜光轴与分光计中心旋转主轴达到了垂直,那么两次平面镜(正反两面)反射回来所成的绿十字像的位置都正好与"十"形刻线上方的十字形刻线重合,如图2.4.14(a)所示,这就是望远镜和载物台面调节到使用状态时的标志。

如果载物台面是水平的,望远镜不水平,两次绿十字像的位置是否相同?根据光路分析,此情形下两次绿十字像在同一个高度。也就是说,载物台面水平,台上的平面镜正反两面正对望远镜时看到的像位置不变,见图2.4.14(b)。

如果载物台面不水平,两次绿十字像的位置是否相同?根据光路分析,此情形下两次绿十字像将不在同一个高度,而是一上一下,见图2.4.14(c)。

对上文进行总结,可以得出以下结论:判断载物台面是否水平就是观察两次绿十字像是否

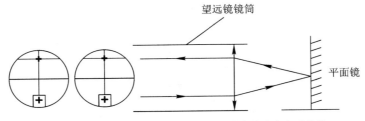

(a) 望远镜和载物台都水平，两次绿十字像都在上十字叉丝处

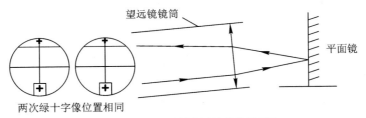

两次绿十字像位置相同

(b) 载物台水平，两次绿十字像位置相同

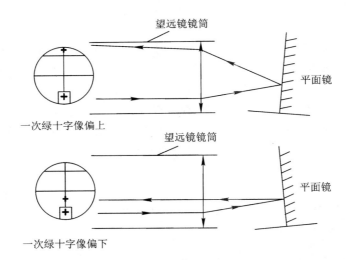

一次绿十字像偏上

一次绿十字像偏下

(c) 载物台不水平，两次绿十字像位置不相同

图 2.4.14　载物台面水平与不水平时的绿十字成像情况示意图

在同一个高度，如果两次绿十字像在同一个高度，那么载物台面就是水平的，否则，载物台面就是不水平的。

若出现载物台面不平的情况，我们如何才能快速将其调平呢？首先观察调平对象载物台，如图 2.4.15 所示，有 3 个螺钉 a、b、c 支撑，这 3 个螺钉连线组成一个等边三角形。我们可以先将双面平面镜 M 放置在载物台中心，镜面垂直于 a，b 两个调节螺钉的连线，且镜面与望远镜垂直（可转动平台以达到上述要求）。然后，如图 2.4.16 所示，判断两次十字像的垂直距离 h，调节螺钉 a 或者 b，使绿十字像移动 $h/2$，反复几次，最终使两次绿十字像都在同一个高度。那么根据图 2.4.14(b) 的标准，此时载物台面已经水平了吗？还没有完全水平！尽管载物台的前后面已平，但是左右面不一定平，还需要将载物台转 $90°$，然后将双面平面镜也转 $90°$（正对望远镜），按照刚才的方法判断此时两次绿十字像的垂直距离 h'，只调节螺钉 c，使绿十字像移

动 $h'/2$,反复几次,最终使两次绿十字像都在同一个高度。

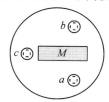

图 2.4.15 载物台上平面镜位置图

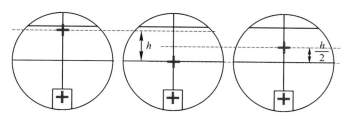

图 2.4.16 载物台调平过程中绿十字像的位置图

至此,载物台面已经调平,但是我们发现,绿十字像并没有和上十字叉丝重合。同学们思考一下,为什么会这样？参考图 2.4.14(b)并可知,是望远镜不水平造成了此现象。接下来,我们开始第二步调节,**调节望远镜水平,这一步比较简单,只需调节望远镜的倾斜度螺钉 6,使绿十字像与分划板上十字叉丝重合即可**(参考图 2.4.14(a))。这时望远镜光轴就垂直于分光计中心旋转主轴了。

总的来说,**细调分两步：第一步调节载物台水平,标志是两个绿十字像都在同一高度；第二步调节望远镜水平,标志是绿十字像与上十字叉丝重合**。这部分也是分光计调节的重难点,同学们在调节分光计时,一定要手脑并用,清楚分光计是如何利用绿十字像和十字叉丝判断载物台面和望远镜是否水平的,明白了每一步调节的目的和意义,才能有的放矢,快速调好。

(3)调整平行光管光轴与分光计中心旋转主轴垂直。

现在望远镜光轴已经垂直于分光计中心旋转主轴了,接下来,我们最后调节平行光管水平,使平行光管光轴与分光计中心旋转主轴垂直。请同学们思考,如果平行光管水平,那么当狭缝像水平时,狭缝像在分划板的什么位置？**若平行光管与狭缝像均水平,狭缝像中心线将与分划板中间十字叉丝的横线重合。这就是平行光管光轴与分光计中心旋转主轴垂直的标志**。

平行光管水平调节步骤如下：

①首先目测平行光管的高低与左右位置,调节使其大致水平并且与平台主轴正交。

②接通汞灯光源,如图 2.4.17 所示,将平行光管狭缝旋开,望远镜旋转到对准平行光管的位置,这时可以从望远镜中观察到狭缝的像,松开狭缝装置的紧固螺钉,前后移动狭缝位置,使从调好的望远镜中观察到最清晰的狭缝的像,狭缝的宽窄应在清晰的条件下越细越好(约 1 mm 宽),此时狭缝已处于平行光管透镜组的焦平面上。

③然后转动狭缝成水平状态,并调节平行光管的光轴倾斜度调节螺钉 17,使狭缝像中心线与分划板中间十字的横线重合,如图 2.4.18(a)所示,这时平行光管的光轴与旋转主轴垂直。

④再将狭缝转为竖直方向,调节平行光管光轴水平方向调节螺钉 16 或转动望远镜光轴水平方向调节螺钉 5,使狭缝像的中心线与分划板的竖直线重合。

⑤再微微前后移动狭缝,使狭缝像与分划板竖线无视差地重合,如图 2.4.18(b)所示。这

样,从狭缝发出的光通过平行光管即为平行光。最后拧紧狭缝装置紧固螺钉 14。

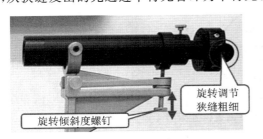

图 2.4.17 平行光管调节螺钉

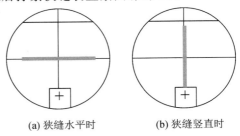

(a) 狭缝水平时　　(b) 狭缝竖直时

图 2.4.18 狭缝像目标位置示意图

至此,分光计已调整到正常可测量状态,分光计的望远镜、载物台和平行光管达到同轴等高(见图 2.4.1)。

3.反射法测量三棱镜的顶角

调整好分光计,就可以使用分光计测量三棱镜的顶角了。三棱镜顶角的测量方法有两种,一种是自准法,另一种是反射法。请同学们思考,怎么用反射法测三棱镜的顶角?

首先观察玻璃三棱镜,它是一种基本光学元件,如图 2.4.19 所示,AB 和 AC 面是两个透光的光学表面,称为折射面;BC 面一般为毛玻璃面,称为三棱镜的底面。三棱镜两个折射面的夹角 $\angle A$ 称为三棱镜的顶角。接下来我们用反射法测量三棱镜的顶角 $\angle A$。如图 2.4.19 所示,反射法是利用平行光管射出的平行光同时射在三棱镜的两个折射面上发生反射的原理,用望远镜测量出两个面的反射光的夹角 φ,由此得到棱镜顶角 $\angle A$ 的测量值,计算式如下

$$\angle A = \frac{\varphi}{2} \tag{2-4-1}$$

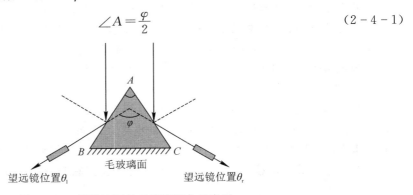

图 2.4.19 反射法测量三棱镜顶角示意图

请同学们自己推导式(2-4-1)。另外,我们还可以用自准直法测量三棱镜的顶角以及用最小偏向角法测量三棱镜的折射率,具体原理请参考本实验拓展。

实验内容与步骤

1.调节分光计到正常使用状态

参考实验原理部分调节分光计到正常使用状态。

2.反射法测三棱镜顶角

(1)松开望远镜紧固螺钉、刻度盘紧固螺钉、游标盘紧固螺钉,旋转望远镜和刻度盘的"0"正

对平行光管,游标盘在垂直于平行光管的左右两侧,紧固刻度盘紧固螺钉和游标盘紧固螺钉。

(2)将三棱镜置于载物台上,使其顶角正对平行光管且底边毛面和平行光管光轴正交,让汞灯发光并从平行光管射入,若左右旋转望远镜就可以在左、右方位看到狭缝的像,若狭缝像不竖直,可以再仔细微调一下(旋转狭缝或调节分划板),当狭缝像与分划板中心竖线重合时,分别记录望远镜在左右两边时两游标的读数,数据记录见表2.4.2。

实验数据记录及处理

表 2.4.2 反射法测三棱镜顶角 $\angle A$ 的数据记录表

游标	分光计读数/(°)		顶角 $\angle A = \dfrac{1}{2}\left(\dfrac{|\theta_左 - \theta'_左| + |\theta_右 - \theta'_右|}{2}\right)$
	望远镜在左侧	望远镜在右侧	
左游标	$\theta_左$	$\theta'_左$	
右游标	$\theta_右$	$\theta'_右$	

实验注意事项

(1)使用光学元件和仪器时,要轻拿轻放,勿使它们受到冲击或震动,特别要防止光学元件跌落。暂时不用或用毕的实验仪器应放在安全的地方或放回原处,不可随便乱放。

(2)不要用手触摸光学元件的光学表面;光学元件表面如有灰尘,要用洁净的镜头纸或软毛刷轻轻拂去,或用橡皮球吹掉,切勿用嘴吹或用手指抹,以防沾污或损伤光学表面。

(3)分光计上的各个螺钉在未搞清其作用前,不要随意扭动。

(4)当发现分光计的某些部件不能转动时,不可用力硬扳,不要在紧固螺钉锁紧时,强行转动望远镜,以免损坏。

(5)调整时应注意,已调好部分的螺钉不能再随意拧动,否则将前功尽弃。

(6)在游标读数前,检查分光计的几个制动螺钉是否拧紧,若未拧紧,取得的数据会不可靠。

(7)汞灯的紫外光较强,不可直视,以免损伤眼睛。

实验拓展

1.实验原理拓展

(1)自准直法测三棱镜的顶角。

自准直法是利用望远镜测量出三棱镜两个折射面 AB、AC 法线之间的夹角 φ,从而得到其顶角 $\angle A$ 的值,如图 2.4.20 所示。那具体怎么测量呢?转动望远镜镜筒,当望远镜光轴与折射面 AC 垂直时,望远镜的自准光标(较淡的绿十字像)就会被反射回视场,并与上十字叉丝重合,此时望远镜光轴与折射面 AC 的法线方向平行,记录望远镜的角位置 θ。同理,继续转动望远镜镜筒,当望远镜光轴与折射面 AB 垂直时,望远镜的自准光标也会与上十字叉丝重合,此时望远镜光轴与折射面 AB 的法线方向平行,记录望远镜的角位置 θ'。那么,角位置 θ、θ' 之间的夹角就是三棱镜两折射面 AB、AC 法线间的夹角 φ,由几何关系 $\angle A + \varphi + 2 \times 90° = 360°$,有

$$\angle A = 180° - \varphi \tag{2-4-2}$$

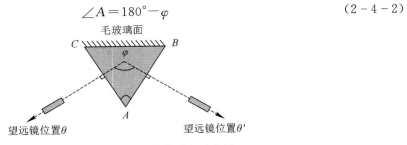

图 2.4.20 自准直法测三棱镜顶角示意图

由此可知,只要测量出 φ,再通过式(2-4-2)便可得到三棱镜顶角 $\angle A$ 的值。

(2)最小偏向角法测三棱镜的折射率。

当一束光线在三棱镜 AB 边以入射角 i_1 射入时,它将以折射角 i_1' 进入棱镜,又以入射角 i_2 射入 AC 界面,再以出射角 i_2' 从 AC 面射出,如图 2.4.21 所示。

设三棱镜为某种折射率为 n 的均质玻璃所制,则有下列关系式成立(请同学们尝试自己推导):

$$n = \frac{\sin\frac{1}{2}(\angle A + \delta_{\min})}{\sin\frac{1}{2}\angle A} \tag{2-4-3}$$

式中:$\angle A$ 为三棱镜的顶角;$\delta_{\min}$ 为三棱镜对这束入射光的最小偏向角。要求得棱镜材料的折射率 n,必须测出 $\angle A$ 和 $\delta_{\min}$。

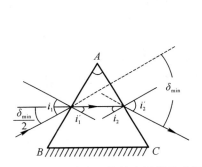

图 2.4.21 光线在三棱镜中折射示意图

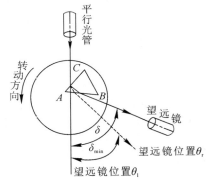

图 2.4.22 最小偏向角法示意图

如图 2.4.21 所示,当一束波长为 λ 的光线以入射角 i_1 射入棱镜,会以出射角 i_2' 射出(光线从光疏介质→光密介质→光疏介质),若旋转载物台(顺时针),则出射光开始以顺时针偏转,但当旋转到某一角度时,出射光会反向转回。

入射光方向不变,旋转棱镜,即入射角 i_1 减小,折射角 δ 也会减小,到达临界时,谱线会反向移动,此时偏向角即为最小偏向角 $\delta_{\min}$,如图 2.4.22 所示,记录此时望远镜角位置 θ,再将望远镜转回对准平行光管,记录角游标读数 θ',那么,最小偏向角就是望远镜两角位置之间的夹角,即:

$$\delta_{\min} = |\theta - \theta'| \tag{2-4-4}$$

算出最小偏向角 $\delta_{\min}$,再代入式(2-4-3)即可求出三棱镜的折射率。由于折射率不仅取决于棱镜不同的材质,同一材质对于不同波长的光,它的折射率也不相同,所以报告结果时,一定要同时报告实验中所用光源对应的波长。

2. 实验内容拓展

(1) 自准直法测三棱镜顶角。

将三棱镜置于载物台上,使其底边毛面和平行光管光轴正交,左右旋转望远镜,使其光轴分别垂直于三棱镜两折射面,当绿十字像与分划板上"十"形刻线的上十字叉丝重合时,记录左右两个游标读数。数据记录见表 2.4.3。

表 2.4.3 自准直法测三棱镜顶角 $\angle A$ 的数据记录表

游标	分光计读数/(°)		顶角 $\angle A = 180° - \dfrac{\lvert\theta_左 - \theta'_左\rvert + \lvert\theta_右 - \theta'_右\rvert}{2}$
	望远镜在左侧	望远镜在右侧	
左游标	$\theta_左$	$\theta'_左$	
右游标	$\theta_右$	$\theta'_右$	

(2) 最小偏向角法测三棱镜折射率。

先将三棱镜毛玻璃面与平行光管大致放平行,再将游标盘逆时针转 30°左右,开启汞灯,在棱镜的出光面目测,可以看到一组由蓝、绿、黄组成的谱线,移动望远镜对准绿光。

这时缓慢地顺时针转动游标盘,并同时转动望远镜,跟紧绿线,发现偏向角 δ 将同时减小,到达某一入射角时,在望远镜中会看到绿谱线反转,这个临界角,就是最小偏向角 $\delta_{\min}$,如图 2.4.23 所示。记录此时两游标读数 $\theta_左$ 和 $\theta_右$,再将望远镜转回对准平行光管,记录角游标读数 $\theta'_左$ 和 $\theta'_右$,数据记录见表 2.4.4。

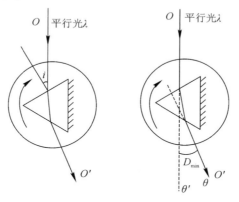

图 2.4.23 最小偏向角法调节图

表 2.4.4 最小偏向法测三棱镜折射率的数据记录表

游标	望远镜在不同位置处 分光计读数/(°)		最小偏向角 $\delta_{\min} = \dfrac{\lvert\theta_左 - \theta'_左\rvert + \lvert\theta_右 - \theta'_右\rvert}{2}$	折射率 $n = \dfrac{\sin\dfrac{1}{2}(\angle A + \delta_{\min})}{\sin\dfrac{\angle A}{2}}$
	$\delta_{\min}$ 处	正对平行光管处		
左游标	$\theta_左$	$\theta'_左$		
右游标	$\theta_右$	$\theta'_右$		

实验 2.5 用稳恒电流场模拟静电场

实验预习题

1. 什么是静电场，什么是稳恒电流场？简述电场强度、电势的概念。
2. 为什么不直接测量静电场？
3. 什么是模拟法？简述模拟法的分类及其模拟条件。
4. 为什么可以用稳恒电流场模拟静电场？
5. 本实验如何满足稳恒电流场模拟静电场的模拟条件的？
6. 当电源电压变化时，等势线、电场线的形状是否变化？
7. 请简述实验中如何描绘等势线、电场线。
8. 简述"模拟法"这一实验方法的特点。

在科学研究及生产实际中，常常需要确定带电体周围的静电场分布情况，如对各种示波管、电子管、电子显微镜以及各种显示器内部电极形状的设计和研究制造中，都需要了解各电极间的静电场分布情况。

那么如何得到静电场的分布？静电场的分布可通过计算或测量得到。当电极形状和场源分布比较简单时，可通过理论计算得到静电场的分布；但当电极形状或场源分布比较复杂时，仍利用理论来计算电场分布就很困难，有时甚至无法求出，此时一般通过实验手段来确定静电场的分布。例如使用"模拟法"可以很方便地测量电场分布。静电场以及许多场问题如电流场、恒定磁场、稳定温度场、液流场等，也可以通过模拟法进行测量，在经过多次修正后，可使测量结果与实际分布接近一致。例如，新设计的飞行器必须经过风洞实验。风洞是模拟飞行器或物体周围气体流动的管道状实验设备，如图 2.5.1 所示，它是进行空气动力实验最常用、最有效的工具之一。事实上，模拟法不仅应用于物理领域，在法律及经济等很多领域都有着广泛的应用。那么什么是模拟法？接下来我们通过本实验来具体学习这一实验方法。

图 2.5.1 风洞

实验目的

1. 了解模拟法及其适用条件。
2. 加深对电场强度和电势概念的理解。
3. 描绘静电场的分布,学会由等势线到电场线再现电场分布的认识过程。
4. 学习用图示法表达实验结果。

实验仪器

静电场描绘仪(见图 2.5.2)、静电场描绘仪专用电源(见图 2.5.3)、曲线板(见图 2.5.4)、毫米方格纸(实验时务必自带)。

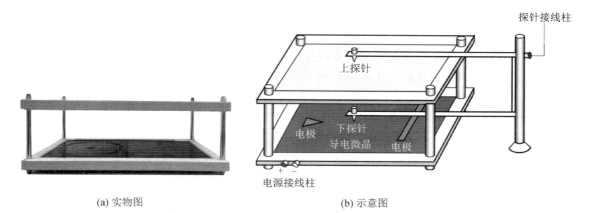

图 2.5.2 静电场描绘仪

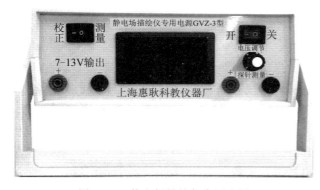

图 2.5.3 静电场描绘仪专用电源

图 2.5.4 曲线板

实验原理

1.概念和方法

什么是静电场?静电场是相对于观察者静止的电荷在其周围空间产生的电场,它虽看不见、摸不着,但却是客观存在的一种物质。一般用电场强度 E 来描述电场性质。稳恒电流场是指不随时间变化的电流场。一般用电流密度 J 来描述电流场的性质,因此,稳恒电流场中各处电流密度 J 都不随时间变化。由上述表述可以发现,静电场和稳恒电流场是两种性质不同的场。

为什么不直接测量静电场?实验中一般不直接测量静电场,因为直接测量静电场比较困难。对于静电场,测量仪器只能是静电式仪表,因为静电场中无电流,对磁电系仪表不起作用。另外,一旦将探针引入静电场中,探针上会产生感应电荷,这些电荷产生的电场将叠加到原来的电场中,导致原电场畸变。此外,当电极形状复杂时,理论计算静电场分布也很困难。此时,可通过实验的方法测量得到静电场,而模拟法就是其中的一种。

模拟法是一种广义的物理量变换、等效的方法。本质是用一种易于实现、便于测量的物理状态或过程模拟不易实现、不便测量的状态或过程。模拟法是在测量难于直接进行,尤其是理论上难于计算时,常常采用的方法。

模拟法一般可以分为以下两类:

第一类是同性质的模拟,也称物理模拟。模拟量与被模拟量具有相同的属性和共同的物理本质,两者之间只有量大小的不同。物理模拟是对实物按一定的比例进行放大或缩小。例如医学上的动物实验、飞机模型的风洞实验和光弹法测应力分布等。

第二类是两者具有相同数学特征的模拟,也称数学模拟。数学模拟中模拟量与被模拟量可以是不同的物理量,但二者在研究和测试的内容上具有完全相同的数学模型或数学表达式;遵循相同的数学规律;在相同的初始条件和边界条件下,它们的微分方程有完全一致的解。这样,在这个局部或某一属性上它们可以完全模拟且等效。例如机电(力电)类比中,力学的共振与电学的共振虽然不同,但它们却有相同的二阶常微分方程,因此可以通过电学共振来研究力学共振现象。

在物理实验中,静电场既不易获得,又易发生畸变,很难直接测量。在本实验中,我们可用直流电或低频交流电产生的稳恒电流场来模拟静电场,下面我们具体分析为什么可以用稳恒电流场模拟静电场。

2.稳恒电流场模拟静电场原理

为什么可以用稳恒电流场模拟静电场?尽管稳恒电流场和静电场是两种不同性质的场,但根据电磁场理论可知,均匀导电媒质中稳恒电流的电流场与均匀电介质中的静电场具有相似性。这是因为稳恒电流场的电流密度矢量 J 与静电场的电场强度矢量 E 所遵循的物理规律具有相同的数学表达式;而且,在相似的场源分布和相似的边界条件下,它们的解也具有相同的数学形式,符合数学模拟的条件。因此可以用稳恒电流场模拟静电场。也就是说,稳恒电流场的电流密度及电势分布与静电场的电场线及电势分布相似。

在实验室中,电流场很容易建立,模拟法的适用条件也较容易满足。因此,用电流场来模拟静电场是了解和研究静电场最方便的方法之一。

3.模拟条件的满足

要比较准确地描绘出电场分布,就必须满足以下条件:

(1)电极周围的导电媒质均匀连续,且电导率远小于电极,那么这两个电极就相当于静电场中的静电荷或带电体,电流场就相当于静电场了。本实验中,电极为金属材质,导电媒质为导电微晶(见图 2.5.2 中的黑色物质),稳恒电流场建立在导电微晶中。

(2)用导电率较高且细小的探针置入电流场中不会引起电流场的明显改变。本实验中的探针为金属材质且尖端非常细小,如图 2.5.2 所示。

4.电场描绘的思路

(1)模拟构造一个与静电场相似的稳恒电流场。

(2)用探针测出稳恒电流场中电势相等的点,连接各等势点画出等势线。等势线的选取应满足电势梯度不变的条件,规定相邻两条等势线的电势差恒定。

(3)再根据电场线与等势线处处垂直正交的原则,描绘电场线,这些电场线上每一个点的切线方向,就是该点的电场强度矢量 E 的方向。

从静电场理论可知,电场线可以形象地描述电场强度的分布,电场线密集的地方,电场强度大,而电场线上每点的切线方向正好和场的方向一致,这样,通过稳恒电流场的等势线和电场线就能形象地表示静电场的分布情况。

实验内容与步骤

描绘条形电极与劈尖电极分别带异号电荷时的电场分布。

(1)如图 2.5.3 所示,在电源面板中,旋转"电压调节"旋钮,调节电压至 10 V,用导线将面板左侧的电压输出端与静电场描绘仪的输入端相连,面板右侧的"探针测量"与探针接线柱相接。

(2)在静电场描绘仪上铺好毫米方格纸,并用磁条压平整,上下探针同步,用上探针在方格纸上打出电极的位置及形状,注意实验中不能随意移动方格纸。

(3)测量时,电压应置于"测量"挡。下探针依次找出 1 V,2 V,3 V,…,9 V 各电势处的等势点,并用上探针在纸上打点。注意:等势线弯曲处打点应密集些,等势线平缓处打点可稀疏些。

实验数据记录及处理

描绘带异号电荷的条形电极与劈尖电极间的电场分布。

(1)画出电极位置及形状。

(2)画等势线。

用曲线板将测得的等势点连成光滑的等势线,标出等势线的电势值。

(3)画电场线。

根据电场线与等势线处处垂直正交,用曲线板作出 9 条电场线。

画电场线时,先确定电场线的起点位置,并遵从静电场的一些基本性质。

①电场线起点位置的确定。

条形电极在静电平衡状态下,导体表面是等势面,所以,条形电极附近的等势线基本为直线,电场强度大小基本相同,电场线应基本均匀,因此可以近似等分条形电极作为电场线的起点。

②静电场的一些基本性质。

a.电场线与等势线处处垂直正交。

b.导体表面是等势面,电场线垂直于导体表面。

c.疏密度表示电场强度的大小。

d.电场线有方向,发自正电荷而终止于负电荷,图中应标明电极极性及电场线的方向。

③画电场分布图。

以电场线的起点向下一个等势线引垂直正交的射线(用目测或用曲线板),目的是找到等势线与电场线的正交点,最后将这些点用曲线板连成光滑的曲线,按照由高指向低的原则确定电场线的方向,这样就描绘出了一个完整的电场分布图。

(4)带异号电荷的条形电极与劈尖电极间的电场分布(见图2.5.5)。

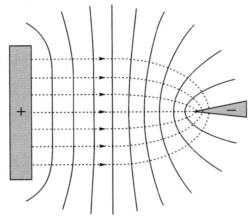

图2.5.5 带异号电荷的条形电极与劈尖电极间的电场分布图

 实验拓展

曲线板的使用规则

曲线板如图2.5.4所示,它是用来画非圆曲线的。一般按以下步骤使用曲线板,将已知点连成一条光滑的曲线。

(1)首先用铅笔徒手将各点依次连成细实线,如图2.5.6所示。

(2)然后"找四点连三点":即从线的一端开始,在曲线板上找刚好通过(1、2、3、4)四点的部分,然后用曲线板画曲线,但只画到第三点就终止,如图2.5.7所示。

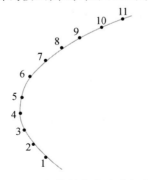

图2.5.6 用铅笔将各点连成细实线

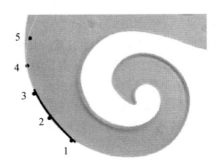

图2.5.7 找四点连三点

(3)以后的各段,都要退回一个点,按照"找五点连三点"的办法,使每一段的首部都与前一段的尾部相重叠。例如,现在从第 2 点开始,寻找能通过(2、3、4、5、6)五点的部分,然后画线,但是只画到第 5 点就终止,如图 2.5.8 所示,以后各段以此类推。这种首尾重叠的方法,保证了曲线的光滑,最后画好的曲线如图 2.5.9 所示。

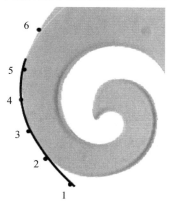 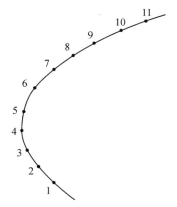

图 2.5.8　找五点连三点　　　　　图 2.5.9　画好的曲线

实验 2.6　示波器的原理及应用

实验预习题

1. 简述示波器显示波形的原理。
2. 观察波形的几个重要步骤是什么？
3. 如何从示波器上读出信号的周期及其幅值？
4. 信号送入示波器之后，如果发现信号幅度纵向上只占据屏幕的很小部分或上下均超出屏幕显示范围，应调节相应通道的哪个旋钮；若信号纵向偏离屏幕中心位置，则应调节相应通道的哪个旋钮；若屏幕上显示的信号周期数太少或太多，则应调节相应通道的哪个旋钮？
5. 若屏幕上显示的信号一直左右移动，可能是因为哪种源/模式选择或哪个电平设置不当？

很多事物每时每刻都在发生变化，那么该如何观察、追踪和记录这些随时间变化的事物呢？例如在医院里，心电监护仪（见图 2.6.1）可以实时监测和记录病患的各项生命体征，如呼吸、心跳、血压，并在屏幕上以波形图的形式展示出来。我们体检时经常要做心电图检查，所用到的仪器就是心电图仪（见图 2.6.2），打印出的图纸上也会显示出心脏电信号的波形图，用以辅助诊断各类心脏疾病。这些波形图的产生、观察都用到了示波器。

图 2.6.1　心电监护仪显示器

图 2.6.2　心电图仪

那么示波器是什么呢？示波器是一种用途广泛的电子测量仪器，用来观测电压信号。它可以直观、动态地显示电压信号随时间变化的波形，便于人们研究各种电现象的变化过程，并可直接测量信号的幅度、频率以及信号之间相位关系等各种参数。而日常生活中常用的万用电表只能测量电信号在一段时间内的平均值（对直流信号）或有效值（对交流信号）。

既然输入示波器的信号是电压，是不是意味着示波器只能测量电压信号？其实在科学研究和生产实践中，人们常借助各类传感器，先将待检测的物理量（如温度、光强、压力、磁场等）转化成电信号，然后就可以用示波器来监测。比如某位同学唱歌很好听，我们想使用示波器观察其声音的波形，可以首先用麦克风将声音信号变成电信号，进而通过示波器观察。因此，示波器用途非常广泛。随着科技的发展，目前已发展出多种结构、多种性能的示波器，同学们可查找资料，进一步深入了解。本实验中，我们将以模拟示波器为例学习示波器的显示原理，观察波形，并学习示波器的调节及使用。

实验目的

1.了解示波器的主要结构,了解波形显示及参数测量的基本原理,掌握示波器、信号发生器的使用方法。
2.学习用示波器观察波形以及测量电压、周期(频率)的方法。
3.学习用示波器测量 RC 电路中两个信号的相位差。

实验仪器

MOS-620CH 双踪示波器(见图 2.6.3),MAG-203D 信号发生器(见图 2.6.4),RC 电路板,导线。

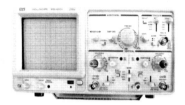
图 2.6.3 MOS-620CH 双踪示波器

图 2.6.4 MAG-203D 信号发生器

实验原理

阴极射线示波器显示波形的原理:电子束打到荧光屏上,产生光点;当电子束动起来,光点也随之运动,这样荧光屏上就形成了波形图。

通过对上文的分析,我们可以提出几个新的问题:
(1)电子束是怎样产生的;
(2)电子束又是如何动起来的;
(3)如何控制电子束的运动;
(4)如何从波形图上读出所需要的信息?

请同学们带着这几个问题来学习示波器的显示原理及使用。

1.电子束的产生

示波器的核心部件是示波管,其结构如图 2.6.5 所示,示波管的左侧装有灯丝 T,当灯丝 T 通电后,会加热阴极 K,使阴极发射大量电子。此时,电子束产生了吗?

其实这些发射出来的电子还不能直接打在荧光屏上,有三个问题亟待解决:
(1)这些电子速度太慢,有些电子不足以打到荧光屏上。
(2)电子是发散射出的,直接射在荧光屏上会显示一个较大的光斑。
(3)如何调节光点亮度。

对于第一个问题,我们很容易就会想到给电子施加一个加速电场,它就会变成高速电子,可以射到远处荧光屏上。

对于第二个问题,我们可以类比透镜对光线的会聚作用,制造一个能起到会聚电子束作用

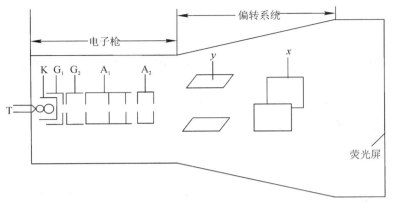

T—灯丝；K—阴极；G_1、G_2—控制极；A_1、A_2—阳极；y—y 轴偏转板；x—x 轴偏转板。

图 2.6.5　示波管结构图

的电场，那么这个问题就能解决。

对于第三个问题，我们可以看到控制极 G_1、G_2 包围着阴极，只需在面向荧光屏的方向开一个小孔，并且控制极相对阴极是负电势，因此能够通过其电势的调节来控制电子到达荧光屏的数量，从而达到调节光点亮度的效果（这一调节就对应示波器面板上的"亮度"调节旋钮）。那么现在就让我们一起了解这些功能在示波管里是如何实现的？

阳极（A_1、A_2）电势远高于阴极，它们和控制极 G_1、G_2 一起组成聚焦系统，调节阳极电势可以对电子束进行聚焦和加速，使得高速电子打到荧光屏上聚成很细的一束（这一调节对应示波器面板上的"聚焦"调节旋钮）。在荧光屏的内表面涂有荧光物质，聚焦良好的高速电子束打在荧光屏上，使相应部位的荧光物质产生荧光，显示出一个亮点。

以上问题解决了，但是此时打在屏幕上的只是一个亮点，那么怎么让它显示成波形呢？这就要靠偏转系统（x,y），它能改变电子束打到荧光屏上的位置，当偏转系统控制电子束随某个信号变化时，就可以看到亮点的位置在荧光屏上随时间变化，从而显示一个信号波形。

电子枪主要由灯丝 T，阴极 K，控制极 G_1、G_2，阳极 A_1、A_2 组成。可以形象地把电子枪（见图 2.6.5）比作画图的笔，荧光屏比作画图的纸，而偏转系统就相当于握笔的手。那么这个"手"是怎样画画的呢？下面我们一起来了解偏转系统。

2.偏转系统

偏转系统通常包括 x 轴偏转板和 y 轴偏转板各一对，它们都由基本平行的一对金属板构成，x 轴偏转板竖直放置，y 轴偏转板水平放置，如图 2.6.6 所示。

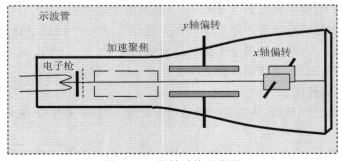

图 2.6.6　偏转系统示意图

当偏转板上的电势两两相同时,从电子枪射出的电子束打到荧光屏的正中位置,如图 2.6.7 所示。

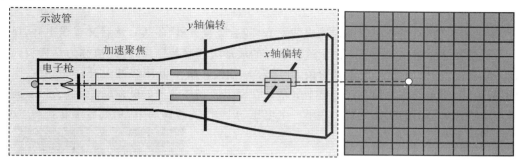

图 2.6.7　偏转系统示意图($U_x=0$ V,$U_y=0$ V)

当在 y 轴偏转板加上直流电压信号后,电子束受到电场的作用在竖直方向发生偏转,会使光点在竖直方向发生偏移,而光点偏离中心的距离与所加电压成正比,如图 2.6.8 所示。这是示波器一个非常重要的特性,也是其能够对电压进行测量的基础。同理,x 轴偏转板上的直流电压信号将影响光点的水平位置。示波器面板上的水平位移、垂直位移调节旋钮就是通过设置 x 轴和 y 轴的直流电压来实现波形上下左右位置移动的。

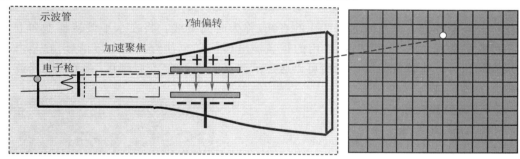

图 2.6.8　偏转系统示意图($U_X=0$ V,$U_Y\neq 0$ V)

那么,如果我们在 y 轴上加一个正弦波信号,光点会如何变化呢?

在 y 轴上加如图 2.6.9(a)所示正弦波信号,可以观察到随着信号电压的变化,光点不断地上下移动,形成了一条竖线,如图 2.6.9(b)所示。

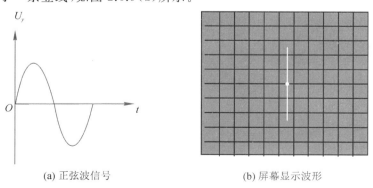

(a) 正弦波信号　　　　　　(b) 屏幕显示波形

图 2.6.9　偏转系统示意图($U_x=0$ V,U_y-正弦信号)

此时并没有形成我们希望看到的正弦波形。为了看到期望的信号波形,就需要示波器在水平方向把光点轨迹展开。这时可以通过一个如图 2.6.10(a)所示的锯齿波扫描信号 U_x,加在 x 轴偏转板上。

所谓锯齿波信号,是指电压随时间直线上升,随后竖直下落(陡落),然后又直线上升,再竖直下落,不断重复这样变化的信号。由于这种信号的波形看起来像锯齿,因此被称为锯齿波。大家可以看到,在锯齿波扫描信号的上升阶段,即随着 x 轴偏转板上电压线性上升,电子束在水平方向上不断偏转,使光点从左到右扫过整个屏幕。在锯齿波扫描信号的陡落阶段,电子束瞬间被拉回,即光点回到屏幕上的初始位置。在下一个电压的上升、陡落周期中,光点不断重复上述过程。

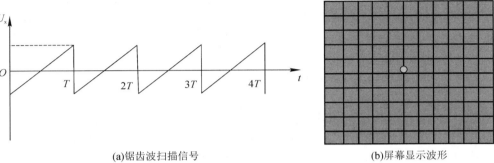

(a)锯齿波扫描信号   (b)屏幕显示波形

图 2.6.10 偏转系统示意图(U_x-锯齿波,$U_y=0$ V)

这样光点会形成一条反映时间变化的直线,称为时间基线。将在水平偏转板上加上锯齿波电压所起的作用称作"扫描",扫描用的锯齿波电压信号也称为扫描电压信号,它是由示波器内的扫描信号发生器提供的。我们可以通过示波器面板上的"扫描速度"调节旋钮来改变锯齿波信号的周期 T_y。

当 y 轴加上被观测的信号 U_y,x 轴加上扫描信号 U_x,则荧光屏上光点在某一时刻的竖直和水平方向的坐标就分别与这一瞬间的信号电压和扫描电压成正比,而扫描电压与时间变化成比例,所以荧光屏上显示的就是被测信号随时间变化的波形。

当被测信号与锯齿波信号周期相同时,如图 2.6.11 所示,如果某一时刻 U_y 为 1 点,而在同一时刻 U_x 在 1′点,则荧光屏上相应的光点位置就会在 1″点;下一时

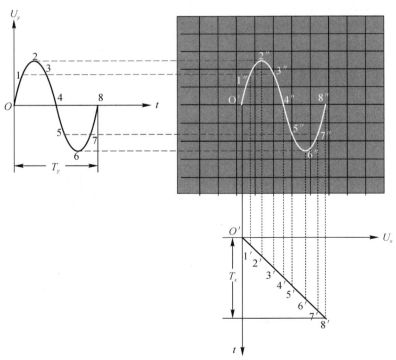

图 2.6.11 示波器波形显示原理($T_x=T_y$)

刻 U_y 在 2 点时,此时 U_x 在 $2'$ 点时,则荧光屏上的光点位置就会在 $2''$ 点。依此类推,当 U_y 变化一个完整的周期 T_y 时,荧光屏上的光点将正好描绘出与 U_y 随时间变化的规律完全相同的波形。

但是,要在示波器上得到一个稳定的波形,必须要求扫描电压信号的周期满足特定的条件,即同步条件。它指的是扫描信号的周期应是被测信号周期的整数倍,即

$$T_x = nT_y, n=1,2,3,\cdots \qquad (2-6-1)$$

那么如果扫描信号的周期与被测信号的周期不满足整数倍关系,如图 2.6.12 所示。我们会发现不同个扫描周期的波形不能完全重合。视觉上波形会发生左右移动,因此不能形成稳定的波形。

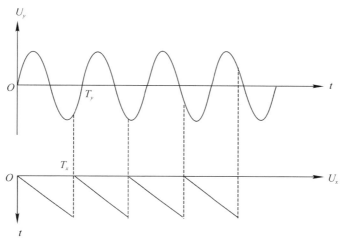

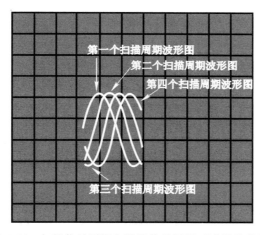

图 2.6.12　扫描信号周期与被测信号周期不满足整数倍关系的情况

3.波形的稳定显示

为了保证扫描信号和被测信号的同步关系,示波器采用了触发扫描方式。触发信号来自于被测信号通道或与被测信号同步的外部触发信号源,当触发源中的信号大小达到了由"电平"(LEVEL)旋钮所设定的触发电平时,示波器给出触发脉冲信号,进而扫描发生器开始扫描,从而保证了每次扫描开始时被测信号的相位都相同,如图 2.6.13 所示,保证了波形的稳定显示。

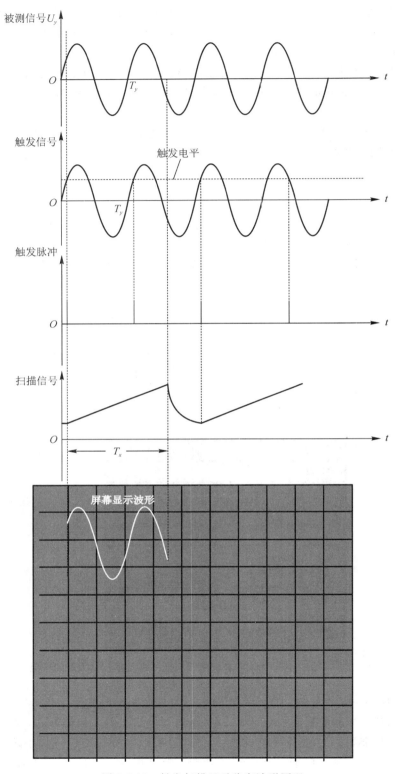

图 2.6.13　触发扫描显示稳定波形原理

4.示波器操作介绍

MOS-620CH 示波器面板如图 2.6.14 所示。

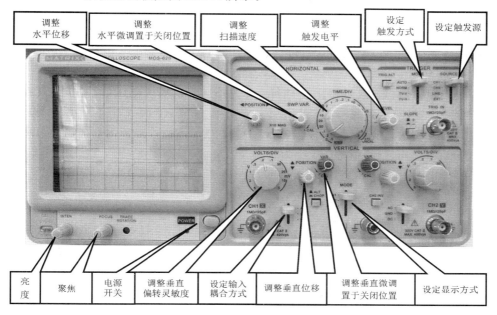

图 2.6.14　MOS-620CH 示波器面板图

以观察从通道 1 输入的稳定正弦波信号为例,对示波器的操作步骤如下:

(1)打开示波器电源开关(POWER)。

(2)示波器的预置。调节示波器的亮度(INTEN)、聚焦(FOCUS)、水平位移(POSITION)、垂直位移等旋钮,将触发方式置于自动模式,使屏上出现细而清晰的扫描线。

(3)将通道 1 的耦合方式置于接地(GND)。

(4)将显示方式置于 CH1。

(5)调整上下位移(▲POSITION▼),确定扫描线在屏幕上的上下位置使其居中。

(6)调整水平位移(◀POSITION▶),确定扫描线在屏幕上的左右位置使其居中。

(7)将正弦信号接入 CH1 通道。

(8)将通道 1 的耦合方式置于"交流(AC)"。

(9)将触发源(SOURCE)置于 CH1。

(10)调整垂直偏转灵敏度(VOLTS/DIV),确定波形在屏幕上的幅度大小。

(11)调整扫描速度(TIME/DIV),确定波形在屏幕上的周期数。

(12)调整同步触发电平(LEVEL),使波形在屏幕上保持静止稳定。

(13)调整水平微调及垂直微调旋钮置于关闭位置。

示波器除了能直观地显示波形之外,其测量内容可归结为两类——电压和时间,而电压和时间的测量最终又归结为屏上波形长度的测量。

5.示波器的用途

示波器的功能丰富,它可以测量直流信号、交流信号的电压幅度;可以测量交流信号的周期,并以此换算出交流信号的频率;可显示交流信号的波形;可以用两个通道分别进行信号测量;可以在屏幕上同时显示两个信号的波形,即双踪测量功能。双踪测量功能能够测量两个信号之间的相位差和波形之间的差别。下面我们以常用的测量功能为例,来学习示波器的使用。

(1)电压的测量。

由于电子束在荧光屏上偏转的距离与输入电压成正比,所以只要量出被测信号波形上任意两点的垂直间距(格数)Δy 就可知该两点间的电压 Δu_y,即

$$\Delta u_y = K \Delta y \qquad (2-6-2)$$

式中:K 为垂直偏转灵敏度,即屏上 y 轴每一大格所代表的输入电压值。注意:只有垂直微调旋钮位于关闭位置(左旋到底),测量电压才有意义。

如图 2.6.15 所示,正弦信号电压波峰-峰的间距为 2.5 cm,由于 K(VOLTS/DIV)的指示值为 2 V/cm,所以峰值-峰值电压 V_{p-p} 为

$$V_{p-p} = K \times \Delta y = 2.5 \text{ cm} \times 2 \text{ V/cm} = 5.0 \text{ V}$$

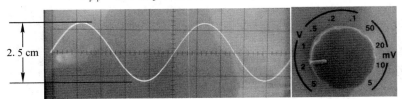

图 2.6.15 正弦信号电压波形图

(2)时间的测量。

用示波器可以直观地测量时间,当扫描电压用锯齿波信号时,荧光屏上 x 轴坐标与时间直接相关,信号从波形上某点传至另一点所用的时间 Δt,等于该两点水平间距(格数)l 乘以观测时的每格扫描速度 t_0,即

$$\Delta t = l t_0 \qquad (2-6-3)$$

若观测的两点正好是周期性信号相邻的两个同相位点,且间距为 L cm,则其周期

$$T = L t_0 \qquad (2-6-4)$$

同频率的两个简谐信号之间相位差为

$$\varphi = \frac{\Delta t}{T} \times 360° \qquad (2-6-5)$$

注意:只有水平微调旋钮位于关闭位置,测量时间才有意义。

图 2.6.16 中正弦信号的周期长度为 5.1 cm,观测时每格扫描时间 t_0 的指示值为 2 ms/cm,所以周期 T 为

$$T = L t_0 = 5.1 \text{ cm} \times 2 \text{ ms/cm} = 10.2 \text{ ms}$$

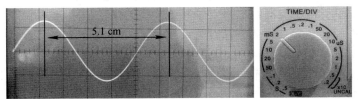

图 2.6.16 正弦信号电压波形图

图 2.6.17 中正弦信号的周期长度为 5.1 cm,两信号水平间隔为 0.8 cm,观测时每格扫描

时间 t_0 的指示值为 2 ms/cm，所以两信号之间的相位差为

$$\varphi = \frac{\Delta t}{T} \times 360° = (0.8 \text{ cm} \times 2 \text{ ms/cm}) \div (5.1 \text{ cm} \times 2 \text{ ms/cm}) \times 360° = 56°28'$$

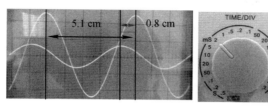

图 2.6.17　同频率两正弦信号电压波形图

实验内容与步骤

1. 示波器的预置

调节示波器的亮度、聚焦、水平位移、垂直位移等旋钮，将触发模式置于自动模式，使屏上出现细而清晰的扫描线。

2. 观察与测量"校准信号"

利用示波器观察其左下角的"校准信号"，"校准信号"幅值为 2 V，频率为 1 kHz。将示波器"校准信号"（方波）输入示波器通道 CH1。

（1）选择适当的垂直偏转灵敏度、扫描速度、触发源等，调节触发电平旋钮，使波形稳定。

（2）垂直微调和水平微调旋钮旋至关闭位置。

（3）测量方波信号幅值及周期。

3. 观察各种波形并测量正弦波的电压与周期

（1）将信号发生器的信号接入示波器通道，信号发生器分别输出三角波、正弦波，在示波器上观察各种波形。

（2）测量正弦波的电压峰-峰值 V_{p-p} 及周期 T，并计算频率 f。

4. 利用示波器双踪输入，观察记录 RC 电路总电压与电容两端电压波形图

（1）信号发生器输出正弦波信号，且将信号（$f = 100$ Hz）加到图 2.6.18 所示 AC 两点（注意 C 点接地）；

（2）示波器 CH1、CH2 探头分别接 AC 和 BC，将显示方式设置为"DUAL"双踪显示，观察并记录输入 RC 电路两端的电压信号与电容两端电压信号的波形。

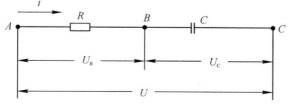

图 2.6.18　RC 电路

实验数据记录及处理

(1)自己拟定记录表格。
(2)在毫米方格纸上画出方波信号的波形图(2个周期)。
(3)在毫米方格纸上画出 RC 电路总电压与电容两端电压信号的波形图(2个周期)。
(4)计算 RC 电路总电压与电容两端电压信号之间的相位差。

实验拓展

1.带宽

示波器带宽是指输入一个幅度相同、频率变化的信号,当示波器读数比真值衰减 3 dB(70.7%)时,此时的频率即为示波器的带宽。如图 2.6.19(a)所示,带宽为 20 MHz 的示波器基本无法观察到方波形状(20 MHz),而带宽为 100 MHz 的示波器,则可以很好地显示其波形。因此示波器的带宽越高,实际测量也就越精确,所显示的波形信息越完整。

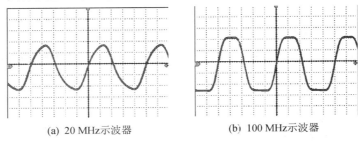

(a) 20 MHz示波器　　　(b) 100 MHz示波器

图 2.6.19　不同带宽示波器显示 20 MHz 方波

2.示波器介绍

示波器面板按功能划分为四个区域,分别为显示区、垂直偏转控制区、水平偏转控制区、触发制区。

示波器的显示区如图 2.6.20 所示。

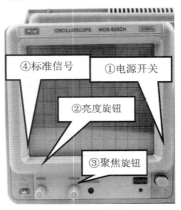

图 2.6.20　显示区

①电源(Power)开关：示波器主电源开关。当按下此开关时，电源指示灯亮，表示电源接通。

②亮度(Intensity)旋钮：旋转此旋钮可以改变光点和扫描线的亮度。观察低频信号时可将亮度调小些，观察高频信号时可将亮度调大些。一般亮度不应太大，以保护荧光屏。

③聚焦(Focus)旋钮：聚焦旋钮可以调节电子束截面大小，将扫描线聚焦成最清晰状态。

④标准信号(CAL)：提供一个 $V_{p-p}=2\ V$、$f=1\ kHz$ 的方波信号，专门用于校准示波器的时基和垂直偏转因数。

示波器的垂直偏转控制区如图 2.6.21 所示。

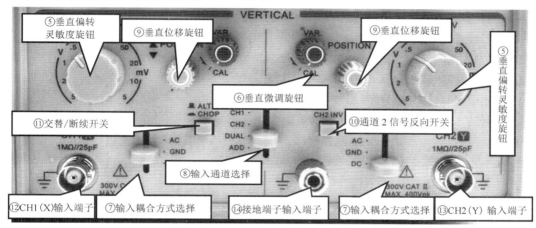

图 2.6.21　垂直偏转控制区

⑤垂直偏转灵敏度旋钮(VOLTS/DIV)：在单位输入信号作用下，光点在屏幕上偏移的距离称为偏移灵敏度，这一定义对 x 轴和 y 轴都适用。灵敏度的倒数称为偏转因数。垂直灵敏度的单位是 cm/V、cm/mV 或 DIV/mV、DIV/V，垂直偏转因数的单位是 V/cm、mV/cm 或 V/DIV、mV/DIV。实际上因习惯用法和测量电压读数的方便，有时也把偏转因数当灵敏度。双踪示波器中每个通道各有一个垂直偏转灵敏度旋钮。一般按 1、2、5 方式从 5 mV/DIV 到 5 V/DIV 分为 10 挡。旋钮指示的值代表荧光屏上竖直方向一格的电压值。例如旋钮置于 1 V/DIV 挡时，如果屏幕上信号光点移动一格，则代表输入信号电压变化 1 V。

⑥垂直微调旋钮：将它沿逆时针方向旋到底，处于"关闭"位置，此时垂直偏转因数值与垂直灵敏度旋钮所指示的值一致。

⑦输入耦合方式选择开关：有三种选择，交流(AC)、地(GND)、直流(DC)。当选择"地"时，扫描线显示出"示波器地"在荧光屏上的位置。直流耦合方式用于测定信号直流绝对值和观测极低频率信号。交流耦合方式用于观测交流和含有直流成分的交流信号。

⑧输入通道选择(MODE)开关：有四种选择方式，通道 1(CH1)、通道 2(CH2)、双通道(DUAL)、叠加(ADD)。选择通道 1(CH1)时，示波器仅显示通道 1 的信号；选择通道 2(CH2)时，示波器仅显示通道 2 的信号；选择双通道(DUAL)时，示波器同时显示通道 1 信号和通道 2 信号；选择叠加(ADD)时，示波器显示两个通道(CH1+CH2)信号的代数和。此方式下，按下 ⑩ CH2 INV 开关，则示波器显示两个通道(CH1+CH2)信号的代数差(CH1-CH2)。测试信号时，首先要将示波器的地与被测电路的地连接在一起。根据输入通道的选择，将示波器探

头插到相应通道插座上,示波器探头上的地与被测电路的地连接在一起,示波器探头接触被测点。示波器探头上有一双位开关。此开关拨到"×1"位置时,被测信号无衰减送到示波器,从荧光屏上读出的电压值是信号的实际电压值。此开关拨到"×10"位置时,被测信号衰减为1/10,然后送往示波器,从荧光屏上读出的电压值乘以10才是信号的实际电压值。

⑨垂直位移(POSITION)旋钮:旋转垂直位移旋钮(标有垂直双向箭头)上下移动信号波形。

⑩通道2信号反向(CH2 INV)开关:通道2的信号反向开关。当按下此键时,通道2的信号以及通道2的触发信号同时反相。

⑪交替/断续(ALT/CHOP)开关:在双踪显示时,松开此键,表示通道1与通道2交替显示(通常用在扫描速度较快的情况下)。按下此键时,通道1与通道2同时断续显示(通常用于扫描速度较慢的情况下)。

⑫CH1(X)输入端子:在 $x-y$ 模式下,作为 x 轴输入端。

⑬CH2(Y)输入端子:在 $x-y$ 模式下,作为 y 轴输入端。

⑭接地端子(GND):示波器机箱的接地端子。

示波器的水平偏转控制区如图 2.6.22 所示。

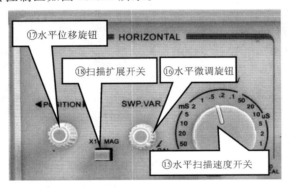

图 2.6.22 水平偏转控制区

⑮水平扫描速度(TIME/DIV)开关:按1、2、5方式把时基分为若干挡,波段开关的指示值代表光点在水平方向移动一个格的时间值。例如在 1 μs/DIV 挡,光点在屏上移动一格代表时间值 1 μs,当设置到 $x-y$ 位置时可用作 $x-y$ 示波器。

⑯水平微调(SWP.VAR)旋钮:用于时基校准和微调。将此旋钮沿顺时针方向旋到底处于关闭位置时,屏幕上显示的时基值与水平扫描速度开关所示的标称值一致。

⑰水平位移(POSITION)旋钮:调节信号波形在荧光屏上的位置。旋转水平位移旋钮(标有水平双向箭头)左右移动信号波形。

⑱扫描扩展(×10 MAG)开关:按下此键时扫描速度扩展10倍。例如 2 μs/DIV 挡,扫描扩展状态下荧光屏上水平一格代表的时间值等于 2 μs×(1/10)=0.2 μs。

示波器的触发控制区如图 2.6.23 所示。

被测信号从 y 轴输入后,一部分送到示波管的 y 轴偏转板上,驱动光点在荧光屏上按比例沿竖直方向移动;另一部分分流到 x 轴偏转系统产生触发脉冲,触发扫描发生器,产生重复的锯齿波电压加到示波管的 x 轴偏转板上,使光点沿水平方向移动;两者合一,光点在荧光屏上描绘出的图形就是被测信号图形。由此可知,正确的触发方式直接影响到示波器的有效操

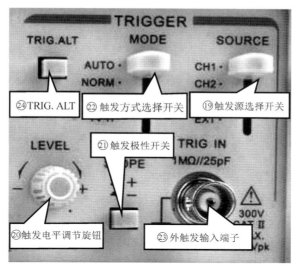

图 2.6.23　触发控制区

作。为了在荧光屏上得到稳定的、清晰的信号波形,掌握基本的触发功能及其操作方法是十分重要的。

⑲触发源(SOURCE)选择开关:要使屏幕上显示稳定的波形,需将被测信号本身或者与被测信号有一定时间关系的触发信号加到触发电路,触发源选择开关确定触发信号由何处供给。通常有三种触发源:内触发(INT)、电源触发(LINE)、外触发(EXT)。

内触发使用被测信号作为触发信号,是经常使用的一种触发方式。由于触发信号本身是被测信号的一部分,屏幕上可以显示出非常稳定的波形。双踪示波器中通道 1 CH1 或者通道 2 CH2 都可以选作触发信号。

电源触发使用交流电源频率信号作为触发信号。这种方法在测量与交流电源频率有关的信号时是有效的。特别在测量音频电路、闸流管的低电平交流噪音时更为有效。

外触发使用外加信号作为触发信号,外加信号从外触发输入端输入。外触发信号与被测信号间应具有周期性的关系。由于被测信号没有用作触发信号,所以何时开始扫描与被测信号无关。正确选择触发信号与波形显示的稳定、清晰有很大关系。

⑳触发电平(LEVEL)调节旋钮:又叫同步调节旋钮,它使得扫描信号与被测信号同步。触发电平调节旋钮调节触发信号的触发电平。一旦触发信号超过由旋钮设定的触发电平时,扫描即被触发。顺时针旋转旋钮,触发电平上升;逆时针旋转旋钮,触发电平下降。当触发电平旋钮调到电平锁定位置时,触发电平自动保持在触发信号的幅度之内,不需要电平调节就能产生一个稳定的触发信号。

㉑触发极性(SLOPE)开关:触发极性开关用来选择触发信号的极性。拨在"+"位置时,在信号增加的方向上,当触发信号达到触发电平时就产生触发。拨在"-"位置时,在信号减少的方向上,当触发信号达到触发电平时就产生触发。触发极性和触发电平共同决定触发信号的触发点。

思考:当"触发电平"选择过大或过小时,将出现什么现象?

㉒扫描方式(MODE)选择开关:有自动(AUTO)、常态(NORM)、电视信号场扫描(TV-

V)和电视信号行扫描(TV - H)四种扫描方式。

　　自动:当无触发信号输入,或者触发信号频率低于 50 Hz 时,扫描为自激方式。

　　常态:当无触发信号输入时,扫描处于准备状态,没有扫描线。触发信号到来后,触发扫描。

　　电视信号场扫描:当想要观察一场的电视信号时选用此扫描方式。

　　电视信号行扫描:当想要观察一行的电视信号时选用此扫描方式。

　　㉓外触发输入端子:用于连接外部触发信号。当使用该功能时,触发源选择开关应设置在 EXT 的位置上。

　　㉔TRIG.ALT:当输入通道选择开关设定在 DUAL 或 ADD 状态,而且触发源选择开关选在通道 1 或通道 2 上时,按下此键,它会交替选择通道 1 或通道 2 作为内触发信号源。

实验 2.7 光电效应

实验预习题

1.什么是光电效应现象,其中"电"这个字如何理解?是不是只要有光照射金属表面就会有电子从表面逸出,如何判断电子已经逸出?

2.爱因斯坦如何解释光电效应现象,光电效应方程是什么,方程中各个物理量含义是什么,什么是截止频率?

3.当加在光电管两极间的电压为零时,光电流不为零,这是为什么?当加在光电管两极间的电压增加到一定程度后,光电流不再增加,为什么?

4.光电效应在生活生产中常见吗?参考本实验拓展,请举出两个实例。

光电效应是物理学中一个重要且神奇的现象(参考本实验拓展),如今在生活和生产中也非常常见,例如太阳能路灯的核心部件是太阳能电池板(又称为光伏板,见图 2.7.1)。其工作原理就与光电效应有关。红外感应水龙头的自动控制、智能手机摄像头的拍照录像也离不开光电效应。另外,数码相机(见图 2.7.2)的拍照原理,也是利用光电效应制成的感光器件,将光学信号转换成电子数据再进行处理,这里的感光器件相当于传统相机中的胶卷。除此之外,同学们可以思考生活中还有哪些应用光电效应的实例。在本实验中,我们将对光电效应及光电管的特性进行研究。

图 2.7.1 光伏板

图 2.7.2 数码相机

实验目的

1.观察光电效应现象。
2.测绘光电管的伏安特性曲线。
3.测绘光电管的光电流和光照度关系曲线。
4.了解光电管的应用(光放大和光开关)。

实验仪器

自制光电效应测试仪(含暗箱、光电管和光源,见图 2.7.3),MPS - 3303 型直流稳压电源

(见图2.7.3),DM-nA6型数字检流计(见图2.7.3)。

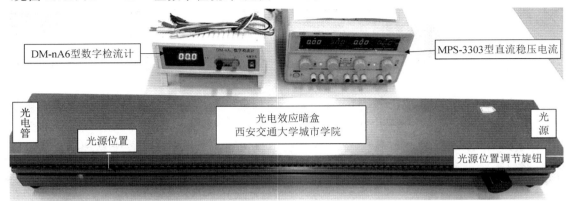

图2.7.3 光电效应测试仪

 实验原理

1. 光电效应现象

光电效应具体是一种什么样的现象？光电效应是指当光照射到某些金属表面时,会有电子从金属表面逸出的现象。因为电子是由光照产生的,因此这些电子又被称为光电子。光电效应现象是德国物理学家赫兹于1887年在电磁波实验中意外发现的。同年,赫兹在《物理学年鉴》上发表了题为《论紫外光对放电的影响》的论文,对光电效应现象进行了报道。这篇论文引起了广泛关注,很多物理学家对此现象展开了研究,人们对光电效应的认识逐渐加深。1899年,英国物理学家汤姆孙利用磁场偏转法测出了光电流的荷质比,证明光电流也是由电子组成。因此光电效应就是光照射金属电极,使金属内部的自由电子获得能量而逸出到空间的一种现象。

那是否只要有光照射金属表面就会有电子从金属表面逸出？ 不是,在对光电效应进行的实验研究中,人们得到四个结论,其中两个为:

(1) 只有当入射光频率大于某一定值时,才会有光电子的产生。若光的频率低于这个值,则无论光强度多大,照射时间多长,都不会有光电子产生,这个频率被称为截止频率。

(2) 光照和光电子同时发生。即入射光频率大于截止频率时,当光照射到金属表面后,即刻产生光电子,不超过10^{-9} s。

这两点光电效应实验规律,用经典的电磁波理论不能作出圆满的解释,直到爱因斯坦利用光子假说作出了清晰的说明。他指出,光的能量并不像电磁波理论所想象的那样,分布在波阵面上,而是集中在被称为光子的微粒上,光子的能量

$$E = h\nu$$

式中:h为普朗克常量,ν为光的频率。当光子照射到金属表面时,光子的能量被金属中的电子全部吸收。电子将吸收的能量的一部分用来克服金属表面对它的吸引力,这部分能量称为逸出功;余下的能量就变为电子离开金属表面后的动能,按照能量守恒原理,爱因斯坦提出了著名的光电效应方程

$$h\nu = \frac{1}{2}mv^2 + W \tag{2-7-1}$$

式中,W 为金属的逸出功;$\frac{1}{2}mv^2$ 为光电子获得的初始动能。由式(2-7-1)可见,电子吸收光子后,如果动能仍小于金属的逸出功,即 $h\nu < W$,则不可能脱离金属表面成为光电子。如果正好满足 $h\nu_0 = W$,意味着电子刚好脱离金属表面而无剩余动能,此时 $\nu_0 = \frac{W}{h}$ 叫做这种金属的光电效应截止频率(又称为红限)。如果 $h\nu > W$,激发的光电子脱离金属表面后具有剩余动能 $\frac{1}{2}mv^2$。爱因斯坦的理论完美解释了光电效应的实验结果,使人们进一步认识到光的波粒二象性的本质,促进了光量子理论的建立,在物理学发展史上具有重要的意义。

2.光电效应的实验研究

前面介绍了光电效应现象及其理论解释,下面我们通过搭建实验装置,再现光电效应现象并对光电管的特性进行研究。

(1)光电效应的实验再现。

请同学们首先思考,如何通过实验判断是否产生了光电子,需要哪些仪器? 我们可以这样思考:光电子带电→光电子定向移动形成光电流→检测通路中是否有电流→电路中串联微安表→通路中有电流即证明有光电子。根据这个思路,我们需要配备的仪器和元件有光源(产生入射光)、光电管(产生光电子)、微安表和导线。由于光源采用小灯泡,因此还需要配备电源点亮小灯泡。实验电路如图 2.7.4 所示,其中主要部件为光电管,其结构见图 2.7.5。光电管主要由密封在玻璃壳内的光电阴极 K 和阳极 A 组成,玻璃壳内抽成真空就构成真空光电管。

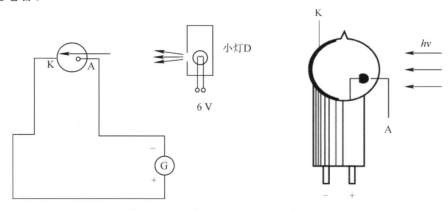

图 2.7.4 光电效应实验电路图　　图 2.7.5 光电管结构

入射光照射到光电管阴极 K 上,产生的部分光电子将向阳极 A 迁移构成光电流。同学们按照图 2.7.4 连线,就可以观察光电效应。

(2)光电管的伏安特性研究。

在观察上面光电效应实验现象时,同学们可能会发现即使将光源的光照幅度调到最大,微安表指针偏转也不大,这意味着光电流没有明显增大。这种现象与光电管中的光电子产生过程有关。当一定频率的光照射到阴极 K 的表面时,就会在其表面产生光电子,而连续的光照会连续不断地产生光电子。这些光电子大部分聚集在阴极表面附近,只有一小部分飞向阳极形成电流,这就是微安表指针偏转不大的原因。而且,由于光电子的积累,阴极表面会形成负电场,这个负电场将对继续逸出的光电子产生抑制作用。于是在稳定的光照条件下,光电管内部将迅速建立一个动态平衡——单位时间产生的光电子和被附加负电荷建立的反向电场"赶"回阴极的光电子数量相等。

因此用光电管观察光电效应的实验中,光电流值很小,约几微安,为了使光电子容易从阴极逸出,一般采用逸出功小的金属氧化物制作光电管阴极,同时还要用容易接收这些光电子的材料作阳极,以及使用便于检测这一微弱光电流信号的微电流测量装置。

此外,我们可以采取哪些措施使光电流变大?一个简单的方法是在光电管两端加上由正极 A 指向负极 K 的正向电压 U_{AK},随着光电管电压 U_{AK} 的增加,AK 之间的电场随之增加,阴极 K 上越来越多的电子被吸引到阳极 A,电子数量不断增加,也即光电流 I 随之增加,在光照持续的条件下,光电流会达到新的平衡。当电压继续增加,电流也随之增加,总有一个时候,阴极 K 产生的光电子全部到达阳极 A,这时,光电流将由于光照不变而达到一个饱和值,即光电流不再跟随电压的增加而增加了,其变化规律如图 2.7.6 正向电压区域所示。

利用此变化规律,我们也可以使光电流值变小。显而易见,在光电管正负极 AK 之间加上反向电压 U_{KA},则光电管 K、A 间的电场将对阴极逸出的光电子起减速作用,随着反向电压 U_{KA} 的增加,光电流 I 随之减小,当反向电压达到 U_a 时,光电流为零,如图 2.7.6 的反向电压区域所示。此时电场力对光电子所做的功 eU_a 等于光电子的初动能 $\frac{mv^2}{2}$,即 $eU_a = \frac{mv^2}{2}$,U_a 称为截止电压。若反向电压持续增加,则光电流会出现负值。

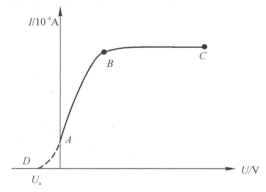

图 2.7.6 光电管伏安特性曲线示意图

所以,改变光电管阴极 K 和阳极 A 之间的电压,测量出光电流 I 的大小,可得出光电管的伏安特性曲线,即光电管光电流 I 随电压 U 的变化关系曲线,如图 2.7.6 所示。其中,AB 段近似线性,BC 段是饱和段(稳定段),B 点是拐点。若将电压降低至 A 点,此时光电流不为 "0",DA 段为反向截止,而在 D 点截止电压 U_a 处,此时电流值为 "0",如前所述,对于不同的光照(频率),U_a 不同,它是光照频率的函数。

(3)光电管的光照度特性。

接下来,结合具体实验仪器,请同学们思考,除了在光电管两端加电压改变光电流大小以外,还可以采用什么办法改变光电流大小?由于光电流大小取决于光电子数的多少,所以问题的关键是找到影响光电子数目的因素,通过调节这些因素控制光电子数目,进而改变光电流大小。我们知道当入射光频率大于截止频率时,光照射到光电管阴极金属表面将有光电子逸出,那么影响光电子数目的因素应该有入射光的频率、强度以及光电管阴极表面(被照射面)所受到的光照度。所以同学们可以通过改变这些因素来改变光电流大小,其中在入射光的频率和发光强度不变的情况下,改变光电管阴极表面所受到的光照度即可改变光电流的大小。当光电管两极间的加速电压达到产生饱和光电流 I_H 的某一定值时,饱和光电流随光电管阴极表面所受到的光照度变化的特性称为光电管的光照度特性。接下来我们研究光电管的光照度特性,实验中以卤素灯作为光源,将卤素灯视为点光源,此时光电管所受到的光照度与 L^{-2} 成正比,L 为卤素灯与光电管之间的距离。保持卤素灯发光强度不变,改变卤素灯与光电管之间的距离 L,测出相应的饱和光电流 I_H,作出 I_H 与 L^{-2} 的关系曲线即可得到光电管的光照度特性曲线。

实验内容与步骤

1. 观察光电效应现象

按图 2.7.4 连接电路,卤素灯 D 接 6 V 电源,观察光电流的变化。

2. 测绘光电管伏安特性曲线

(1) 按图 2.7.7 连接电路,卤素灯 D 接 6 V 电源,加速电压 $U_{AK}=15$ V,改变卤素灯与光电管之间的距离 L,使 $I=25~\mu A$,记录 L。

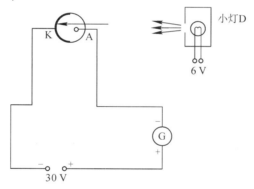

图 2.7.7 光电管伏安特性电路图

(2) 固定 L 不变,按表 2.7.1 测量 $U_{AK}=0\sim30$ V 时的光电流 I 值。在光电流 I 变化大的区域,相应的 U_{AK} 的取值间隔较小。

(3) 记录数据填入表 2.7.1,作 $I=f(U_{AK})$ 特性曲线。

3. 测绘光电管光照度特性曲线

将卤素灯视为点光源,此时光电管所受到的光照度与 L^{-2} 成正比,即改变 L 测量在加速电压不变时的饱和光电流,将数据填入表 2.7.2。

(1) 固定加速电压为 15 V;

(2) 改变灯距 L 至光电流最大,然后增大 L 使光电流减小,每减小 5 μA 记录一次 I 和 L 值,直至最远,最后关闭小灯,视为 $L=\infty$(请同学们思考,这时可以直接关闭直流稳压电源吗?),测量记录相应的光电流。

(3)根据表 2.7.2 记录的数据作 $I_H = f(L^{-2})$ 特性曲线。

实验数据记录及处理

(1)参考表 2.7.1 和表 2.7.2 分别作 $I = f(U_{AK})$ 特性曲线及 $I_H = f(L^{-2})$ 特性曲线。

表 2.7.1 光电管伏安特性数据记录表（$L=$ ___ mm）

电压 U_{AK}/V	0.0	1.0	2.0	3.0	4.0	5.0	6.0	7.0	8.0	9.0	10.0	15.0	20.0	25.0	30.0
光电流 $I/\mu A$															

表 2.7.2 光电管光照度特性数据记录表（$U_{AK} = 15$ V）

光电流 $I_H/\mu A$	50.0	45.0	40.0	35.0	30.0	25.0	20.0	15.0	10.0	
灯距 L/mm										700	∞
L^{-2}/m^{-2}											0

(2)对照上述两个特性曲线图,解释实验结果。

实验拓展

1. 光电效应发现史

随着科学技术的发展,光电效应被广泛应用在工农业生产、科技和国防建设众多领域中。但这绝不是光电效应的全部价值,更重要的是发现光电效应的过程本身,它的发现将人类认识自然的能力提升到一个崭新高度,有力地推动了近代物理学的创立和发展。

1887 年赫兹在验证电磁波的存在时意外发现:当一束光照射到金属表面后,即刻会有电子从金属表面逸出,此物理现象即为光电效应。1900 年,普朗克在研究黑体辐射问题时,先提出了一个符合实验结果的经验公式,为了在理论上推导出这一公式,他采用了玻尔兹曼的统计方法,假定黑体内的能量由不连续的能量子构成,能量子的能量为 $h\nu$。1905 年,爱因斯坦由光子假设得出了著名的光电效应方程,解释了光电效应的实验结果。量子理论是近代物理的基础理论之一,而光电效应则给予量子理论以直观、鲜明、清晰的物理图像,推动了量子理论的发展,为此,爱因斯坦获得了 1921 年诺贝尔物理学奖。

密立根在爱因斯坦提出光电效应方程后 10 年多的时间内,设计了精巧细致的实验研究证明了光电效应方程的正确性,其中最重要的是关于普朗克常量的测定,另外,密立根还测定了电子电荷值,因此,密立根获得了 1923 年诺贝尔物理学奖。

2. 光电效应的实验规律

光电效应的实验规律有以下四点:

(1)只有当入射光频率大于截止频率时,才会有光电子的产生。若入射光的频率低于截止频率,则无论发光强度多大,照射时间多长,都不会有光电子产生。

(2) 单位时间内光电管产生光电子的数目仅与入射光光强有关,即饱和光电流 I_H 与入射光的光强成正比。

(3) 光电子的动能 ($mv^2/2$) 与入射光的频率 ν 成正比,与光强无关。

(4) 光电效应是瞬时完成的,光电子吸收光能几乎不需要累积时间。

3.光电器件

在当今许多高新技术(如光电传感、光纤通信等)中大量使用的光敏器件就是光电效应的应用成果。由真空光电管衍生出来的光电倍增管是进行弱光信号检测必备的传感器,在各种光谱仪中被使用。利用内光电效应制成的光敏电阻、光电池、光敏二极管、光敏三极管在光信息处理技术中被广泛应用。光电效应的发现及其应用,为人类进入信息时代提供了重要的理论依据和强大的技术支持。下面是部分常用光电器件的简单介绍。

(1) 光电倍增管。

光电倍增管是在光电管的研制基础上,在光电管内部原有的光电阴极和阳极之间安装一系列次阴极(又称倍增极)而做成的光敏器件,其结构原理图见图 2.7.8,各电极之间保持上百伏的电势差。当光线照射到光电管阴极时,发射的光电子在外电场的作用下以足够的能量加速,轰击第一阴极。接下来,第一阴极表面产生的电子发射轰击第二阴级,生成更多的电子,如此逐级继续下去,最终可使光电流放大 $10^5 \sim 10^8$ 倍而被阳极收集形成输出信号。因此,它可直接探测极弱的光子。例如微光夜视仪就利用了光电转换和放大技术采集微弱目标的光信息。

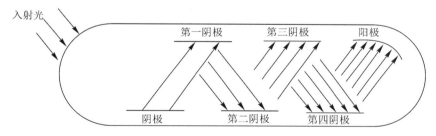

图 2.7.8 光电倍增管的结构原理图

(2) 光敏电阻。

半导体材料接受光照,吸收光子后,可以在材料内激发出电子-空穴对,使材料的电导率增加,这就是光电导效应。光敏电阻就是利用半导体的光电导效应制成的一种电阻值随入射光的强弱而改变的电阻器,一般用于光的测量、光的控制和光电转换。

(3) 光电池。

光电池是利用半导体的光生伏特效应制成的一种光电转换器件,结构图如图 2.7.9 所示,

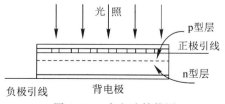

图 2.7.9 光电池结构图

半导体的 pn 结在光照射时产生新的电子-空穴对,电子和空穴在 pn 结电场的作用下移动到 p 型层和 n 型层的两边,从而形成电势差。常见的光电池有硅光电池,目前被广泛应用于人造卫星、灯塔和无人气象站等地方。

(4)光电二极管,光电三极管。

光电二极管和普通二极管的结构都是 1 个 pn 结。普通二极管在反向电压作用时处于截止状态,反向电流非常微弱。而光电二极管由于 pn 结面积较大,容易接收入射光,在反向电压作用下,反向电流会随入射光的变化而变化。当无光照时,反向电流迅速增大。因此,光电二极管可把光信号转换为电信号,用于光电探测。光电二极管实物图如图 2.7.10 所示。

光电二极管无放大作用,为了把光电转换和放大融于一体,人们在三极管的基极和集电极之间接入一只光电二极管制作出了光电三极管(见图 2.7.11)。光电三极管有 pnp 型和 npn 型两种。光电三极管也称光敏三极管,在无光照射时,光电三极管处于截止状态,无电信号输出。当光信号照射光电三极管的基极时,光电三极管导通,首先通过光电二极管实现光电转换,再经由三极管实现光电流的放大,从发射极或集电极输出放大后的电信号。

光电三极管工作原理分为两个过程:一是光电转换,二是光电流放大。最大特点是输出电流大,达到毫安级。但响应速度比光电二极管慢得多,温度效应也比光电二极管大得多。

图 2.7.10　光电二极管

图 2.7.11　光电三极管

(5)夜视镜。

夜视镜是基于夜视技术同时借助光电成像器所制作的辅助观察工具,如图 2.7.12 所示。夜视技术是实现夜间观察的一种光电技术,包括微光夜视和红外夜视两种。

微光夜视技术又称像增强技术,是通过带像增强管的夜视镜,对夜里光照亮的微弱目标像进行增强,以供观察的光电成像技术,对应装备为微光夜视仪。微光夜视仪是目前国内外生产量和装备量最大且用途最广的夜视器材之一,可分为直接观察(如夜视观察仪、武器瞄准具、夜间驾驶仪、夜视眼镜)和间接观察(如微光电视)两种。

红外夜视技术分为主动红外夜视技术和被动红外夜视技术。主动红外夜视技术是通过主动照射并利用目标反射红外源的红外光来实施观察的夜视技术,对应装备为主动红外夜视仪。也就是说,主动式红外夜视镜就是夜视镜发出一束红外线,照到物体上再反射回来,相当于手电筒,任何情况下都能看到东西。被动红外夜视技术是借助于目标自身发射的红外辐射(大多数能产生热量的东西都能成为红外源,如生物、行驶中的车辆、火焰等)来实现观察的夜视技术,它根据目标与背景或目标各部分之间的温差或热辐射差来发现目标,其装备为热成像仪。热成像仪适合野外有星光或月光的时候使用,具有不同于其他夜视仪的独特优点,例如可在雾、雨、雪的天气下工作,作用距离远,能识别伪装和抗干扰等,已成国内外夜视装备的发展重点,并将在一定程度上取代微光夜视仪。

自然界观察　户外狩猎活动　旅游者户外探险

防盗抓贼　海上作业　夜间巡逻夜间工作

图 2.7.12　夜视仪

实验 2.8　非线性元件伏安特性的研究

实验预习题

1. 什么是电学元件的伏安特性，什么是线性电阻、非线性电阻？请举出两个具体实例。
2. 测量直流电阻的方法有哪些，不同方法测量电阻的范围是多少？
3. 画出电流表内接法和外接法测电阻的电路图，简述伏安法测电阻的优缺点。
4. 用电流表内接和外接的伏安法测电阻，在什么情况下系统误差较小？参考本实验拓展，简述如何改进电路以消除该误差。
5. 滑线变阻器有限流接法和分压接法，简述这两种接线方法的要点。
6. 简述直流毫安表和电压表的读数规则。
7. 参考本实验拓展，简述电学实验的基本规程。
8. 如果实验室配备的导线有故障，如何使用万用表电压挡检查故障？

在日常生活和工农业生产中，经常会使用各种各样的电器，如台灯、计算机、电风扇、空调等，这些电器正常工作时都有电路控制部分。

什么是电路？

电路是电流流经的路径，是按一定方式把用电设备或元器件与供电设备（称为电源）通过金属导线连接而成的通路，实现一定的功能。例如，手电筒是常用的一种照明设备，手电筒电路是最简单的一个通路电路，它由电池、灯泡、开关和导线组成，如图 2.8.1 所示。电池、灯泡统称为电路元件，那么电路中基本的电路元件有哪些？

图 2.8.1　手电筒电路

常见的电路元件有：电阻、电容、电感、二极管、三极管等，实物如图 2.8.2 所示。在使用电路元件之前，必须要了解其电学特性，而电路元件最基本的电学特性就是伏安特性。接下来从电学元件的伏安特性开始了解本实验。

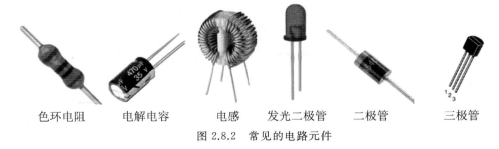

图 2.8.2　常见的电路元件

实验目的

1. 掌握电学仪器的使用方法、电学实验规程、电路接线方法。

2. 掌握测量元件伏安特性的基本方法和伏安法测电阻的误差估算及修正方法。
3. 测绘电流表内外接小灯泡时的伏安特性。
4. 掌握电表的读数方法。
5. 掌握伏安特性曲线的绘制方法。

实验仪器

多路直流稳压稳流电源(见图 2.8.3),0.5 级直流毫安表(见图 2.8.4)和 0.5 级直流电压表(见图 2.8.5),滑动变阻器(1 A、50 Ω)(见图 2.8.6),小灯泡 R_x(12 V、0.1 A),万用电表(检查电路用),单刀双掷开关(见图 2.8.7),导线。

图 2.8.3 多路直流稳压稳流电源

图 2.8.4 0.5 级直流毫安表

图 2.8.5 0.5 级直流电压表

图 2.8.6 滑动变阻器

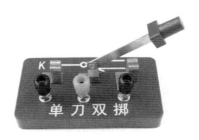

图 2.8.7 单刀双掷开关

实验原理

1. 概念和方法

什么是**电路**元件的**伏安特性**？研究流过电路元件的电流 I 随外加电压 U 变化的关系称为电路元件的伏安特性，伏安特性表达式 $I=f(U)$，画伏安特性曲线时，一般以电压 U 为横坐标，电流 I 为纵坐标。

根据元件的伏安特性，可将元件分为线性元件和非线性元件。

(1) 线性元件：流过元件的电流随外加电压增加而线性增加，两者的比值 R 为定值，其伏安特性曲线是一条直线，这种元件称为线性元件。例如图 2.8.2 中的色环电阻。

(2) 非线性元件：若元件两端的电压与流过元件的电流的比值 R 不是一个定值，它的伏安特性曲线不是一条直线，这种元件称为非线性元件。如图 2.8.2 中的二极管、三极管、白炽灯、热敏电阻和光敏电阻等。

伏安特性曲线上某点的电压与电流的比值是一个电阻量，这个阻值称为**静态电阻**。静态电阻的物理意义是什么？它表示元件对电流的阻碍作用。对于动态电阻，可以这么理解，伏安特性曲线上某点的电压有一个微小变化量，可引起相应电流的变化量，其比值（$\dfrac{dU}{dI}$，该点切线斜率的倒数）称为**动态电阻**。**动态电阻的物理意义是什么？** 它表示元件两端的电压随电流变化的快慢或趋势。动态电阻可以为正值也可以为负值，正值表示电流随电压的增大而增大，负值表示电流随电压的增大而减小。因此，研究某一状态时的电阻一般用该点的静态电阻，而研究电阻的变化时，一般用动态电阻来讨论。

2. 伏安法

伏安法是研究电路元件伏安特性最常用的方法。所谓伏安法是指通过测量元件两端的电压和流过元件的电流来研究元件特性的方法。伏安法有电流表内接和电流表外接两种接线方法，如图 2.8.8 所示，这两种方法都有误差。两种接线方法在电流、电压比较小时可以任意选择，在电压比较大时，应选择误差小的接线方法。

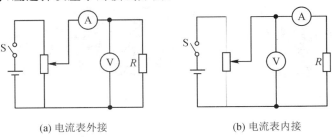

(a) 电流表外接   (b) 电流表内接

图 2.8.8　电流表内外接电路图

本实验中，我们以小灯泡为例，改变其两端电压，测量流过小灯泡的电流来研究其内外接的伏安特性。并对数据进行分析，比较电流表内外接的差异，电路如图 2.8.9 所示。接下来了解电流表内外接的判断依据及误差消除方法。

3. 电流表内外接的判断依据及误差消除方法

伏安法测电阻时，被测量电流或电压总有一个量测不准，使得电阻值不是偏大就是偏小，

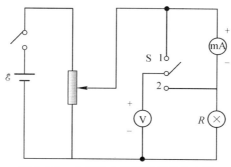

图 2.8.9　小灯泡内外接伏安特性电路

从而引入测量误差,误差产生的原因是实际电流表内阻不为零、电压表内阻也不是无穷大。对于确定的元件,用伏安法测电阻时,为了减小测量误差,是选择电流表内接还是外接,判断依据如下:

设待测元件的电阻为 R,电流表的内阻为 R_A,电压表的内阻为 R_V,

(1) 当 R 为任意值时:

① 当电流表外接时,根据 $R=\dfrac{U}{I}$ 可知,测得的 R 值偏小,R 的准确值可由 $I=I_R+I_V$ 得到。

② 当电流表内接时,根据 $R=\dfrac{U}{I}$ 可知,测得的 R 值偏大,R 的准确值可由 $U=I(R+R_A)$ 得到。

(2) 当 $R_V \gg R$ 时,采用电流表外接误差小,可近似按 $R=\dfrac{U}{I}$ 来计算电阻值。

(3) 当 $R \gg R_A$ 时,采用电流表内接误差小,可近似按 $R=\dfrac{U}{I}$ 来计算电阻值。

(4) 当 $R_V \gg R \gg R_A$ 时,采用两种接法都可以。

但是如果将电路进行一定的变换,变换成补偿法测电压(参见本实验拓展),就消除了伏安法测电阻时方法上的误差。

实验内容与步骤

(1) 熟悉:直流稳压电源的使用、滑动变阻器 R 的分压接法、毫安表和电压表的读数方法、单刀双掷开关 S 的使用。

(2) 按图 2.8.9 接线。

(3) 经教师检查电路确认无误后开始实验:调节稳压电源和分压器的输出,使输出电压从 0.00~10.00 V 变化,在每个电压节点处,记录 S 分别打向"1"(内接)、"2"(外接)时电流表的示值,将数据填入表 2.8.1。

实验数据记录及处理

(1) 按表 2.8.1 记录实验数据。

表 2.8.1 电流表内外接数据表

U/V	0.00	0.50	1.00	1.50	2.00	2.50	3.00	4.00	5.00	6.00	7.00	8.00	9.00	10.00
$I_{内接}/\text{mA}$														
$I_{外接}/\text{mA}$														

(2)画电流表外接时小灯泡伏安特性曲线,根据曲线计算 $U=4.50$ V 时的静态电阻和动态电阻,并计算静态电阻的标准不确定度 $u(R)$。

由 $R=\dfrac{U}{I}$,先推导出 R_x 的合成相对标准不确定度的公式

$$u_{cr}(R)=\frac{u_c(R)}{R}=\sqrt{\left(\frac{u(U)}{U}\right)^2+\left(\frac{u(I)}{I}\right)^2}$$

0.5 级电流表和 0.5 级电压表的测量范围上限分别为 $I_{\max}$、$U_{\max}$,则在参考条件下基本误差的极限即仪器误差 ΔI_m、ΔU_m 分别为

$$\Delta I_m=0.5\%\cdot I_{\max},\quad \Delta U_m=0.5\%\cdot U_{\max}$$

因为只测量 1 次,电流 I 和电压 U 的标准不确定度就取其 B 类标准不确定度,分别为

$$u(I)=u_B(I)=\frac{\Delta I_m}{\sqrt{3}}=0.5\%\cdot\frac{I_{\max}}{\sqrt{3}}$$

$$u(U)=u_B(U)=\frac{\Delta U_m}{\sqrt{3}}=0.5\%\cdot\frac{U_{\max}}{\sqrt{3}}$$

R 的合成标准不确定度为

$$u_c(R)=u_{cr}(R)\cdot R$$

实验拓展

1. 多路直流稳压稳流电源

多路可调式直流稳压稳流电源是一种输出电压与输出电流均连续可调,稳压与稳流自动转换的高稳定性、高可靠性、高精度的多路直流电源,可同时显示输出电压和电流值,具有固定输出:5 V/3 A,并具有电流限制及保护特征。

两路可调电源可单独使用(需将"TRACKING"中的两按钮分别弹起),也可进行串联和并联使用。串联时最高输出电压可达两路额定电压之和,并联时最大输出电流可达两路额定电流之和。

(1)作为稳压电源使用时调节方法。

开机后先将"CURRENT"(电流)调节旋钮顺时针调至最大,再分别调节"VOLTAGE"(电压)调节旋钮,使输出电压至需求值。

(2)作为稳流电源使用时调节方法。

开机后先将"VOLTAGE"调节旋钮顺时针调至最大,同时将"CURRENT"调节旋钮逆时针调至最小,接上所需的负载,调节"CURRENT"调节旋钮,使主、从动路的输出电流分别达到所需值。

2.滑动变阻器

滑动变阻器是电学实验中常用的可以连续改变电阻值的电阻器。

(1)结构。

滑动变阻器结构如图 2.8.10 所示,由一根涂有绝缘膜的电阻丝均匀地密绕在绝缘瓷管上制成。电阻丝的两端引出线固定在接线柱 A、B 上,作为变阻器的两个固定端。与密绕电阻丝紧贴着的滑动触头 C'(滑动触头 C' 与电阻丝相接触处的绝缘膜已刮掉)通过瓷管上方的铜条与接线柱 C 相连,称作滑动端。这样,当滑动触头在铜条上来回滑动时,就改变了 AC 和 BC 之间的电阻。

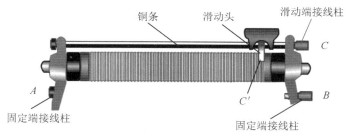

图 2.8.10 滑动变阻器

(2)用途。

滑动变阻器的具体用途有三种:

①作固定电阻——导线接 A、B 两个接线柱即可。

②作可变电阻——导线接 A、C 或 B、C 均可,改变滑动触头 C' 的位置,就可以达到改变电阻的目的。

③作分压器——A、B、C 三个接线柱都要接线。具体接法:先将滑动变阻器的两个固定端 A、B 分别与电源的正、负极相连,再将滑动端接线柱 C 和固定端 B 接入电路。

3.电流表和电压表

(1)直流电流表:准确度等级 0.5 级,多量程:100 mA/200 mA/500 mA。

使用时,要把电流表串联在待测电路中,使电流从电表的正端流入,从负端流出。

(2)直流电压表:准确度等级 0.5 级,多量程:5 V/10 V/20 V。

使用时,要把电压表并联在待测电阻的两端,并将电压表的正端接在电势高的一端,负端接在电势低的一端。

(3)机械调零:调节面板上的"机械调零旋钮"即可。

(4)电表的读数:不能以"格数×最小分度值"作为读数值。读数时应根据所选量程、表盘总格数及电表级别来确定电表读数的有效位数。

正确读数方法为:首先根据所选量程及表盘总格数,得到最小分度值,然后读出指针指示的整数值,一般要再估读一位。此估读位不能简单地认为估读到最小分度的 1/10,应计算出该量程的最大绝对误差,测得值的末位应与最大绝对误差位对齐,然后按照实际情况(最小分度值、分度的宽窄、指针的粗细等)估读到最小分度的 1/10~1/2。

(5)常用电气测量仪表指示仪表盘上的标记符号:根据国家标准规定,电气仪表的主要技术性能都用一定的符号标记在仪表盘上,表 2.8.2 是指示仪表盘上常见的一些标记符号。

表 2.8.2 常见指示仪表盘上的标记符号

名　称	符　号	名　称	符　号
安培表	A	磁电系仪表	⌐
毫安表	mA	电磁系仪表	≋
微安表	μA	电动系仪表	⌇
伏特表	V	静电系仪表	⊤
毫伏表	mV	感应系仪表	⊙
千伏表	kV	直流	—
欧姆表	Ω	交流（单相）	∼
兆欧表	MΩ	交流和直流	≃
负端钮（负极）	—	以标度尺长度百分数表示的准确度等级，例如 1.5 级	1.5
正端钮（正极）	+	以上量程限制的百分数表示的准确度等级，例如 1.5 级	⑴.5
公共端钮	＊	仪表垂直放置 标度尺位置为垂直的	⊥ ↑
接地端钮	⏚	仪表水平放置 标度尺位置为水平的	⌐ →
与机壳或底板连接端钮	⊥	绝缘耐压试验电压 2 kV	☆ ⚡2kV
调零器	⌒	Ⅱ级防外磁场及外电场	Ⅱ [Ⅱ]

4. 补偿法

伏安法测电阻依据的是"一段电路的欧姆定律"，电路如图 2.8.11 所示。无论是电流表外接还是电流表内接，被测量值电流或电压中总有一个测不准，所谓测量小电阻用电流表外接法（见图 2.8.11(a)），测量大电阻用电流表内接法（见图 2.8.11(b)），都只能是减小误差而没有从方法上加以消除。

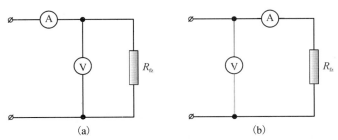

图 2.8.11 伏安法电路图

对图 2.8.11(a)所示电路补充一些仪器和元件，变成图 2.8.12 所示的电路，图中虚线左侧，就是图 2.8.11(a)，虚线右侧增加的电路是为了测电压。测量过程：S_1、S_3 断开，S_2 闭合，调节 R_1 到某一组 I、U 值，闭合 S_3 调节 R_2，使电压表 V_2 变化到和 V_1 相同，然后断开 S_2，闭合 S_1，此时检流计 G 中一般还有电流流过,细心调节 R_2,使检流计 G 指"0",此时 a、b 两点等电位,V_2 的示值正好和 R_x 上的电压降相同,这就准确地测出了电阻 R_x 上的电压降。由于 a、b 等电势,ab 支路没有电流,所以电流指示的值就是流过 R_x 的电流,从而实现了正确测量电阻 R_x 的电压、电流。这个电路消除了原电流表外接引起 V_1 分流而产生的误差。

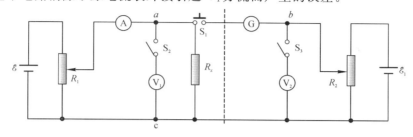

图 2.8.12　补偿法原理图

由上述分析可知,尽管测量过程不可避免地会改变被测系统的原始状态,使得被研究对象产生一些变化,测量结果产生误差。但是通过一定方式改变一些条件或结构,甚至补充一些能量,可以补偿这些影响,使系统保持原始(或理论规定的)状态,或消除某些附加误差,这就是补偿原理的思想,这种消除误差的方法叫做补偿法。

5.电学实验操作规程

通常,做电学实验都需要对照电路原理图进行连线,即把实验所用电源、仪器、线路板或元件用导线连接起来,检查无误后,才能进行实验操作和测量等其他工作。为了使实验顺利进行,电学实验一定要遵守电学实验的规程,养成良好的操作习惯,现对电学实验中一般的操作规程简要说明:

(1)首先熟悉电路原理图。了解各仪器、元件在电路中的作用及使用方法。

(2)布置好仪器、电路板。依据"布局合理,操作方便,易于观察,实验安全"的原则,将实验所用全部仪器和元件摆放在合适位置。一般是将经常要调节或者要读数的仪器放在近处,其他仪器放在远处,具有高压的部分要远离人身。

电路中的各器件要处于正确的使用状态。例如接通电源前,电源输出电压和分压器输出电压均置于最小位置;限流器的接入电阻置于最大位置;电表要选择合适的量程;电阻箱的阻值不能为零等。

(3)接线前需要先将所需电源调整好,然后关闭电源待用。

(4)在断开电源的情况下,对照电路图正确接线。首先按主要回路依次连接,再接其他附属线路。一般从电源的正极开始,按高电位到低电位的顺序一个回路一个回路地接线。例如,第一个回路接好后,再接下一个回路,切忌乱接线。同时注意电源正、负极和电表的正、负接线柱不要接反。

(5)接好电路后,要仔细对照电路图检查线路,待线路完全正确且各器件确实处于正确使用状态时,才可接通电源。这就是"先接线路,后接电源"的原则。

(6)实验时,要注意电表的指示,防止电压或电流超过电表的量程或电学仪器的额定值。测量前先要对线路的调节和现象作定性的、全面的观察和了解,以便测量时心中有数。

(7)实验完成后,应将线路中各个电学仪器调节到最安全的位置。实验数据经教师检查认可后再拆线,注意拆线前应关闭电源。这就是"先断电源,后拆线路"的原则。

实验 2.9　金属材料电阻温度系数的测定

实验预习题

1. 金属电阻温度计测温依据是什么？
2. 电阻温度系数的物理意义是什么？请简述本实验测电阻温度系数的思路？
3. 画出直流单臂电桥的电路原理简图，注明各元件的用途，并简述直流单臂电桥的使用方法。
4. 若待测电阻只有一端接入直流单臂电桥，另一端没有接入，电桥能否调节平衡，为什么？
5. 结合学过的知识，简述电阻的几种测量方法。哪种方法最精确，为什么？
6. 参考本实验拓展，简述平衡法和比较法的概念。

温度与人类生活密切联系，是表征物体冷热程度的物理量，是国际单位制中七个基本物理量之一。在生产实际、科学研究中，温度是一个普遍存在且重要的测量参数。随着科技的发展，温度的测量方法也呈现多样性。例如，要测量体温，在准确度要求不高的情况下，可以采用酒精温度计(测量范围：$-117 \sim 78$ ℃)或者水银温度计(测量范围：$-33 \sim 357$ ℃)。而在很多工业生产中，经常需要测量更高的温度，此时可以使用金属电阻温度计，比如铂电阻温度计是目前最精确的金属电阻温度计，标准铂电阻温度计测量范围为$-259.35 \sim 961.78$ ℃。

那么，金属电阻温度计如何测量温度？金属电阻温度计是利用金属阻值随温度变化规律来测量温度。选择性能好的金属材料(见本实验拓展)制作成测温元件，测量时将其放入待测介质中，用测电阻的仪器测其电阻变化，再根据已知的该种金属材料电阻与温度的关系，便可得到待测介质的温度。例如利用高纯铂丝作为感温元件，可制成铂电阻温度计，与其他温度计相比，具有测温准确、精度高的优点。本实验研究金属材料的电阻随温度变化规律，并测量金属材料的电阻温度系数。

实验目的

1. 了解金属材料电阻随温度变化规律。
2. 学习用直流单臂电桥测量电阻的原理和方法。
3. 了解金属电阻温度计的设计原理。
4. 掌握电学平衡法和比较法。
5. 学习用软件的线性拟合法或在坐标纸上用作图法处理实验数据，求解金属材料的电阻温度系数。

实验仪器

QJ23a 型直流单臂电桥(见图 2.9.1)，智能温控实验仪和加热器(见图 2.9.2)，待测金属电阻、数字万用表(见图 2.9.3)。

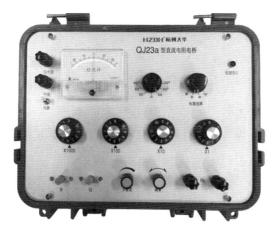

图 2.9.1　QJ23a 型直流单臂电桥

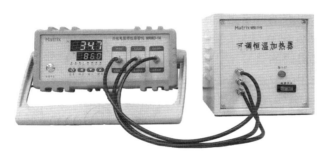

图 2.9.2　智能温控实验仪和加热器

图 2.9.3　数字万用表

实验原理

1. 金属材料电阻随温度变化规律

一般用纯金属材料制成的电阻,其阻值随温度的升高而增大,在温度不太高的情况下,电阻值随温度变化近似线性关系,可记为

$$R_t = R_0(1 + \alpha t) \qquad (2-9-1)$$

式中:R_t 是电阻在 t ℃时的电阻值;R_0 是电阻在 0 ℃时的电阻值;α 为金属材料的电阻温度系数(参考本实验拓展)。严格说,α 和温度有关,但在 0～100 ℃范围内,α 的变化很小,可以认为不变。那么 α 的物理意义是什么？α 表示金属的温度每升高 1 ℃,其电阻对于 R_0 的相对变化量,α 与金属材料的性质及纯度有关。

2. 电阻测量

那么如何通过实验测定 α？由式(2-9-1)可知,只要测出一组不同温度 t 时的金属电阻 R_t 的值,作出 R_t-t 曲线图(直线),当温度的起点从 0 ℃开始,则直线的截距即是 0 ℃的电阻值 R_0,再通过读取直线上合适的数据点,便可求得金属材料的电阻温度系数 α,如图 2.9.4 所示,利用式(2-9-1)就可以制成**金属电阻温度计**(参考本实验拓展)。

上面我们了解了金属电阻温度系数的测量原理,接下来,需要测量温度及该温度时金属的

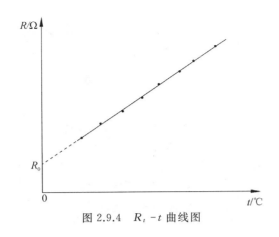

图 2.9.4 R_t-t 曲线图

电阻值。温度测量可以用测温仪器,如水银温度计、酒精温度计或数显的金属电阻温度计等。电阻测量的仪器或方法比较多,可以按准确度来选择测量仪器或方法,直流单臂电桥(也叫惠斯通电桥)测电阻可以达到比较高的准确度。本实验中,温度测量使用智能温控实验仪,电阻测量使用直流单臂电桥,下面介绍电阻的测量。

电阻是电学中的基本物理量,电阻测量是最基本的电学测量之一。

测量电阻的方法有哪些?测量电阻的方法有万用表法、伏安法、电桥法等,本实验采用电桥法测电阻。

电桥法是用利用待测电阻与标准电阻做比较来确定其阻值的一种方法。电桥法在电测技术中应用极为广泛,不仅能够测量很多电学量,如电阻、电容、电感、频率以及电介质和磁介质的特性等,配合其他的变换器,还能测量某些非电量,如温度、湿度、微小位移等。电桥应用之所以广泛,原因在于它具有测试灵敏、准确度高和使用方便等特点。

电桥的分类及其测量电阻的范围:电桥分为直流电桥与交流电桥两大类,直流电桥用来测量电阻或与电阻有关的物理量,交流电桥(参见本实验拓展)主要用来测量电容、电感等物理量。直流电桥又分直流单臂电桥和直流双臂电桥,直流单臂电桥主要用于测量中等阻值的电阻($1 \sim 10^6$ Ω),直流双臂电桥(也称开尔文电桥)主要用于测量低值电阻($10^{-6} \sim 10$ Ω)。

3. 直流单臂电桥测电阻的原理

直流单臂电桥是根据平衡法和比较法进行电阻测量的仪器。

直流单臂电桥的电路组成:直流单臂电桥是最常用的直流电桥,由三个标准电阻 R_1、R_2、R_3 与一个待测电阻 R_x 组成一个四边形,称为电桥的四个桥臂;一条对角线 AC 接有电源,称为电源支路;另一条对角线 BD 之间连接有检流计,称为电桥的"桥"。直流单臂电桥内部电路简图,如图 2.9.5(a)所示。

闭合电路开关 B 和 G,初始状态时检流计一般不指零,此时电桥不平衡;适当地调节 R_1、R_2 和 R_3,很容易就使检流计指"0"($I_g=0$),即 B、D 两点等电位,此时电桥就达到了平衡状态(请同学们分析电桥平衡时电流的流向),如图 2.9.5(b)所示,此时电路满足

$$\begin{cases} i_1 R_1 = i_2 R_2 \\ i_1 R_3 = i_2 R_x \end{cases} \quad (2-9-2)$$

显然,有下式成立,即

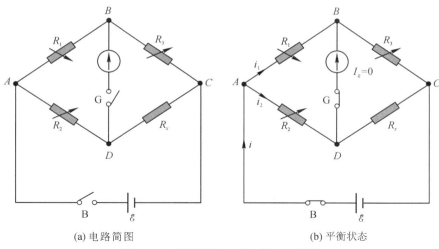

(a) 电路简图　　　　　　　　(b) 平衡状态

图 2.9.5　直流单臂电桥内部电路简图

$$\frac{R_1}{R_3}=\frac{R_2}{R_x}$$

待测电阻 R_x 的表达式为

$$R_x=\frac{R_2}{R_1}R_3 \qquad (2-9-3)$$

实际设计与制作电桥时,能否做成由三个电阻(R_1、R_2、R_3)组成的电阻盘？为什么？

为了使用方便,通常把 R_2 和 R_1 的比值做成一个比率盘 R_2/R_1,R_3 由 4 个可变电阻器串联而成。使用时,先估测 R_x 的数量级,然后调节 R_3 使电桥平衡,就得到 R_x 的阻值。

直流单臂电桥的面板如图 2.9.6 所示,现结合面板图介绍其使用方法。

(1) 待测电阻接在 R_x 两个接线柱上。

(2) R_3 调节旋钮:电阻 R_3 是由四个挡位电阻串联而成;

(3) 比率盘:R_2/R_1 的比率值设为七个挡位,分别为 10^3、10^2、10^1、1、10^{-1}、10^{-2}、10^{-3};

(4) 检流计调零旋钮:左右旋转调节检流计指针的"零点";

(5) 面板中的 B 按钮为电源控制开关,G 按钮为检流计接通开关,G 外接为检流计外接电源接线柱,内接/外接选择开关与之配合。

(6) 测量时,为了保护检流计,开关使用的顺序为先合 B,后合 G,按钮开关不要一直按下,应断续使用。

观察式(2-9-3),考虑为什么电桥测电阻精度高？

电桥测电阻可以达到很高的精度,主要原因有以下几点:

(1) 电桥平衡时,待测电阻由标准电阻乘除运算得到,由于标准电阻准确度高,有效数字的位数多,因此待测电阻精确度也高。

(2) 当电桥平衡时,测量结果与电桥电源电压的稳定性无关,电源电压的微小变化(这在一般电路中是很难避免的)不会影响测量的精确度。

(3) 测量精度主要取决于检流计的灵敏度,只要选用高精度的检流计就可以达到高精确度。单臂电桥所用检流计的灵敏度可达到 10^{-6} A。

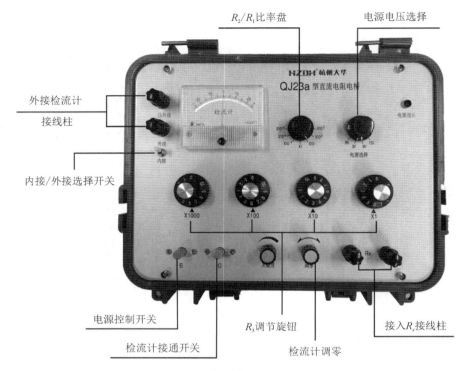

图 2.9.6　直流单臂电桥的面板

综上所述,从测量角度来看,平衡测量比直接测量灵敏度要高。因此,桥式电路在直流电路中很容易实现精密测量,从而得到了广泛的应用。

实验内容与步骤

1. 电桥测电阻

(1) 将电桥左上角的检流计"内接/外接"选择开关扳向"内接",右上角"电源选择"调为 3 V。将下方"灵敏度"调节旋钮调到中等位置。

(2) 按下"G"(检流计接通开关),观察检流计指针是否指零,如果不指零,调节电桥下方的检流计"调零"旋钮,使检流计指零。

(3) 用数字万用表(参考本实验拓展)的欧姆挡粗测电阻 R_x 的数值。

(4) 将待测电阻接入电桥右下角"R_x"两个接线柱上。

(5) 根据 R_x 的阻值,调节比率盘以选择合适的比率。注意,为了保证测量结果有四位有效数字,R_3 的四个转盘必须全部使用,因此,千欧级的待测电阻,比率选"1",百欧级的待测电阻,比率选"0.1",其他依此类推。

(6) 接通"B"(电源控制开关)、"G"(检流计接通开关),观察检流计指针偏转情况,偏向"+"侧,增加 R_3 值,偏向"—"侧,减小 R_3 值。注意,根据检流计指针左右偏转角度大小确定 R_3 的调节挡位,逐位逐挡调节选择,逐次逼近,直到检流计指针指零为止。

(7) R_x 阻值为 R_3 与比率盘数值的乘积。

2. 采集待测电阻随温度变化数据

从室温开始,首先使用电桥测量室温下的待测电阻阻值,然后控制加热器开始升温,温度每变化 10 ℃ 左右采集一组数据,直到 90 ℃ 左右,将数据填入表 2.9.1。

实验数据记录及处理

（1）记录金属电阻随温度变化数据,填入表 2.9.1。

表 2.9.1　金属电阻随温度变化数据

$t/℃$									
R/Ω									

（2）根据表 2.9.1 中的数据作金属材料的 $R=f(t)$ 关系图,注意图形大小和比例。

（3）在直线上选取合适的数据点,计算 α 和 R_0,也可借助数据处理软件进行处理,得到 α 和 R_0。

实验拓展

1. 数字万用表

（1）概述。

数字万用表是采用**集成电路、模数转换器和液晶显示器**,将被测量的数值直接以数字形式显示出来的电子测量仪器。**数字万用表**可以测量直流电流、直流电压、交流电压、电阻等物理量。

（2）电阻的测量。

可按下列步骤进行电阻的测量：

① 关掉电路电源；

② 将黑表笔插入"COM"孔,红表笔插入"V/Ω"孔；

③ 将功能选择开关旋钮转至"Ω"挡；

④ 将两表笔跨接在被测电阻两端,并选择合适量程,如图 2.9.7 所示；

⑤ 读出液晶显示屏上的电阻值。

2. 金属电阻温度计

金属电阻温度计是利用金属阻值随温度变化规律来测量温度。大多数金属材料,温度升高 1 ℃,电阻值增加 0.4%～0.6%。作为测温元件的金属材料应满足如下条件：

图 2.9.7　用数字万用表测电阻

（1）物理性质和化学性质稳定,不易氧化；

（2）电阻温度系数尽可能大；

（3）电阻温度关系在一定温度范围内满足 $R_t=R_0(1+\alpha t)$；

（4）易于机械加工,可以拉成丝并绕成所需形状。

铂、铜、钨和铁等材料都能较好地满足这些要求,其中以铂为最好,所以常用一根很细的铂丝(尽可能是纯铂)在特制的绝缘架上绕制成线圈,封在保护套管中构成电阻温度计的测温元件。

测量时将测温元件放入待测介质中,并用导线连接到测量电阻的仪器上,如直流单臂电桥。根据已知的电阻与温度的关系,由测得的电阻值便可得到待测介质的温度。

因为电阻测量可以达到很高的精度,所以电阻温度计是很精密的测温仪器。

半导体材料、金属氧化物和酸、碱、盐的水溶液,在温度升高时,电阻值反而减小(即电阻温度系数为负值),但其变化率要比纯金属电阻变化率大 4~9 倍,利用这些材料作测温元件,也可制成各种电阻温度计,但稳定性不如金属电阻温度计。

3. 交流电桥

交流电桥在电测技术中占有重要地位。它主要用于交流等效电阻及时间常数、电容及介质损耗、自感及其线圈品质因数和互感等电参数的精密测量,也可用于非电量变换为相应电量参数的精密测量。

常用的交流电桥分为阻抗比电桥和变压器电桥两大类,习惯上交流电桥一般指阻抗比电桥。本部分内容介绍阻抗比交流电桥。交流电桥的线路结构虽然和直流单臂电桥线路具有相同的结构形式,但因为它的四个臂是阻抗,所以它的平衡条件、线路组成以及实现平衡的调整过程都比直流电桥复杂。

(1)交流电桥结构。

交流电桥电路如图 2.9.8 所示,与直流单臂电桥电路相似,四条边由阻抗元件 Z_1、Z_2、Z_3、Z_x 组成,形成电桥的四个臂;电桥的一条对角线 BD 接入交流指零仪,称为电桥的桥;另一条对角线 AC 接入正弦交流电源。

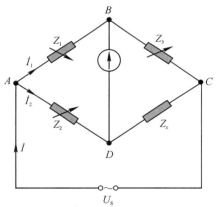

图 2.9.8　交流电桥测阻抗的原理图

(2)交流电桥测阻抗的原理。

调节 Z_1、Z_2 和 Z_3,使交流指零仪中无电流通过,则 BD 两点电位相等,电桥达到平衡,此时有

$$\begin{cases} \dot{I}_1 Z_1 = \dot{I}_2 Z_2 \\ \dot{I}_1 Z_3 = \dot{I}_2 Z_x \end{cases}$$

显然,有下式成立,即

$$\frac{Z_1}{Z_3} = \frac{Z_2}{Z_x}$$

未知阻抗 Z_x 的表达式为

$$Z_x = \frac{Z_2}{Z_1} Z_3$$

利用上式,就可以求得 Z_x。

4. 平衡法(指零法)

本实验所用的直流单臂电桥体现了"平衡法"这一实验方法。平衡状态是物理学中的一个重要概念,在这种状态下,许多非常复杂的物理问题可以用比较简单的关系来描述,一些复杂的函数关系也变得非常简明,因而比较容易进行定性和定量研究。例如,用天平称量物体的质量,如果天平没有平衡,只要横梁能相对静止,还是可以通过一系列的计算,求出待测物体的质量,但显然问题变得复杂。若指针处于"0"位置,那就得到了简单的"两盘质量相等"的结论。

又如直流单臂电桥的电路,这是一个复杂的电路,不能用简单的串并联方法处理,但是电桥如果平衡,那么电路就变得非常简单。平衡这一概念和状态,在实验方法和测量技术中,有着极其重要的位置。

从测量角度来看,平衡测量比偏转测量灵敏度高。在测量过程中如果电源电压发生变化,用电压表测量时,电源电压的变化将直接影响测量值,后果严重;但是平衡测量,电源电压变化将均衡地反映在整个电路上,只影响平衡指示的灵敏度而不会影响示值状态。所以平衡测量具有较高的稳定性和可靠性。

综上所述,在测量中,不去研究某个被测量本身,而是让它和另一个已知量或相对参考量进行比较,检测其差值并使差值为"0",再用已知量或相对参考量描述被测量的测量方法,叫做平衡法(也称"指零法")。平衡法有以下几个特点:

(1)有一个指"0"装置,用以判别待测系统是否达到一种特殊状态——平衡。该指"0"装置本身可以不表征任何测量结果。真正的被测值,都要通过一定的函数关系求出。

(2)指"0"装置所指示的量值和被测量可以有完全不同的量纲,它只承担状态指示任务。

(3)指"0"装置不改变系统状态,从理论上讲它可以不产生误差,达到高准确度的测量。

(4)对指"0"仪器和装置本身要求并不很高,一般仪表都比较容易达到较高的准确度(对测量结果而言)。

由于上述特点,指零法在精密测量或微变量测量中,具有重要的意义,它常常是提高测量准确度的关键所在。

5. 比较法

比较测量法也是物理实验中常用的基本方法之一,它是将待测量与标准量进行比较来确定待测量的一种实验方法,本实验中就是将待测电阻与标准电阻进行比较来进行测量的,因比较方式不同可分为"直接比较法"和"间接比较法"两种。

(1)直接比较法。

直接比较法是将待测量与同类物理量的标准量进行直接比较的测量方法,如用米尺测量长度、用天平测量质量等。因直接比较法要求标准量必须与待测量有相同的量纲,且大小可比,因此有一定的局限性。

(2)间接比较法。

对于无法直接比较的物理量,人们常常设法利用函数关系式,将它们转换为能够直接比较的物理量,然后再进行比较,这种转换比较方法就叫间接比较法,它是直接比较法的补充和延续。

与直接比较法相比,间接比较法的应用范围更广,应用此法,不仅可以对同量纲物理量进行比较,还可将不能直接比较的物理量转化成不同量纲的量进行比较,例如可以将面积转化为长和宽比较。

6. 金属和合金的电阻率及其电阻温度系数

根据欧姆定律,导体的电阻 R 与长度 L 成正比,与截面积 S 成反比,即

$$R = \rho \frac{L}{S}$$

则

$$\rho = R \frac{S}{L}$$

式中:ρ 为电阻率。电阻率与金属和合金中的杂质有关,表 2.9.2 中列出的是单质金属的电阻率和合金电阻率的平均值。

金属电阻率与温度的关系

$$\rho_{t2} = \rho_{t1}(1 + \alpha(t_2 - t_1))$$

式中:α 为金属电阻温度系数。金属电阻温度系数 α 表示金属的温度每升高 1 ℃,其阻值相对于 R_0 的相对变化量。表 2.9.2 列出了部分金属和合金的电阻温度系数,以供查阅。

表 2.9.2 单质金属和合金的电阻率及其电阻温度系数

单质金属或合金	电阻率 $\rho/(10^{-6}\ \Omega \cdot cm)$	电阻温度系数 $\alpha/(10^{-5} \cdot ℃^{-1})$
银	1.47(0 ℃)	430
铜	1.55(0 ℃)	433
金	2.01(0 ℃)	402
铝	2.50(0 ℃)	460
钨	4.89(0 ℃)	510
锌	5.65(0 ℃)	417
铁	8.70(0 ℃)	651
铂	10.5(20 ℃)	390
锡	12.0(20 ℃)	440
铅	19.2(0 ℃)	428
水银	95.8(20 ℃)	100
黄铜	8.00(18~20 ℃)	100
钢(0.10 %~0.15 %碳)	10~14(20 ℃)	600
康铜合金	47~51(18~20 ℃)	−4.0~1.0
伍德合金	52(20 ℃)	370
铜锰镍合金	34~100(20 ℃)	−3.0~2.0
镍铬合金	98~110(20 ℃)	3~40

实验 2.10　三线摆研究物体的转动惯量

实验预习题

1. 什么是转动惯量，生活中有哪些实际例子与转动惯量有关？
2. 均匀圆环的转动惯量如何计算？在转动惯量的测量公式中，被测量 M、D、d、T，哪一个量的测量对结果的精度影响大？
3. 三线摆的扭角为什么要小，最大允许值为多少，该条件在实验中如何实现？
4. 为什么各样品的质量应该相等？
5. 实验操作时，样品应如何放置在摆盘上？
6. 在测定摆动周期时，计时起点应选在最大位移处还是平衡位置处，为什么？
7. 对摆动周期进行累计测量可以提高精度吗？
8. 参考本实验拓展，简述 50 分度游标卡尺读数规则。
9. 参考本实验拓展，简述物理天平的构造、测量原理及操作规则。

我们先从一种现象开始了解这个实验，如果一个人坐在可绕竖直轴自由旋转的椅子上，手握哑铃，两臂平伸，然后使转椅转动起来，再收缩双臂，可看到人和椅子的转速显著加大；两臂再度平伸，转速复又减慢，如图 2.10.1 所示。生活中的很多现象与这个例子类似，例如运动员在冰上运动，如果收缩双手，会转得更快；跳水运动员在起跳后的前半程，会将身体蜷缩成球形，目的也是为了加快转动速度以更好地完成动作；同样的道理，体操运动员在完成空翻动作时，也是尽量蜷缩身体以加快转速。

图 2.10.1　转动惯量演示仪器（茹科夫斯基转椅）

为什么会发生转速快慢的变化呢？这是因为系统的转动惯量发生了变化。根据角动量守恒定律：绕固定轴转动的物体的角动量等于其转动惯量与角速度的乘积，当外力矩为零时，系统的角动量守恒。上面现象中，人和椅子这个系统的角动量守恒，当人收缩双臂时，系统的转动惯量减小，因此角速度增大，就会看到系统转速变快。

工业生产中，常在机器转轮的外部加一个质量较大的转轮，以使机器的转动惯量变大，这样外力矩很难使机器产生角加速度，从而使转速更稳定。国防工业中，转动惯量的应用也普遍存在，如反坦克导弹、火箭弹、鱼雷等武器设计中都能见到转动惯量的身影。综上所述，转动惯

实验目的

1. 了解三线摆装置的结构和特征。
2. 学习用实验的方法研究刚体的运动规律,并建立转动惯量和周期之间的函数关系。
3. 了解曲线改直线的数据处理方法。
4. 熟练掌握物理天平、游标卡尺、秒表的使用方法。
5. 学习仪器装置的水平及竖直调节。

实验仪器

三线摆装置(见图2.10.2)、气泡水平仪、样品六块、50分度游标卡尺(见图2.10.3)、物理天平(见图2.10.4)、秒表(见图2.10.5)。

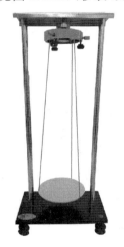

图 2.10.2　三线摆装置

图 2.10.3　50分度游标卡尺

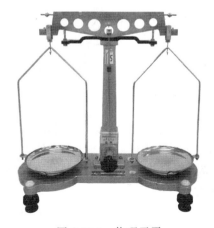

图 2.10.4　物理天平

图 2.10.5　秒表

实验原理

1. 转动惯量

转动惯量是针对刚体来说的,那么什么是刚体,什么是刚体的转动惯量,刚体转动惯量的物理意义是什么,影响转动惯量的因素有哪些?

刚体是指形状和大小在外力作用下不发生改变的物体;刚体的转动惯量是刚体转动惯性大小的度量,其大小反映改变刚体转动状态的难易程度,是表征刚体特性的一个物理量,一般用 J 表示。它与刚体的形状、总质量、质量分布以及转轴的位置有关。如果刚体是由几部分组成的,那么刚体总的转动惯量 J 就等于各个部分绕同一转轴的转动惯量之和,即 $J = J_1 + J_2 + \cdots$。

如何得到刚体的转动惯量呢?对于形状简单的匀质刚体,可以直接计算出它绕定轴转动时的转动惯量。例如,对于质量为 M,内、外径分别为 d、D 的均匀圆环,其相对于中心垂直轴线的转动惯量为

$$J = \frac{1}{8}M(D^2 + d^2) \qquad (2-10-1)$$

如果匀质物体是圆盘,可令上式中的内径 $d = 0$,即得圆盘的转动惯量。

对于形状比较复杂或非匀质的刚体,则多采用实验的方法来测定其转动惯量。用实验的方法测转动惯量,一般是避开不易测量的量,而去测其他相对容易测量的量,再通过量之间的关系,间接地得到转动惯量。

测量刚体转动惯量的方法有哪些?实验中测量刚体转动惯量的方法有动力法、三线摆法、复摆法、扭摆法等。本实验采用三线摆来测量刚体的转动惯量。三线摆是研究刚体转动的常用装置。其结构如图 2.10.6 所示,三线摆是由上、下两个匀质圆盘用三条等长的摆线(摆线为不易拉伸的细线)连接而成,上下圆盘的线系点构成等边三角形,上盘固定,可绕中心轴转动,下盘处于悬挂状态,并可绕垂直于盘面而又通过上、下盘中心的轴线 OO' 做扭转摆动,故下盘也称为摆盘。

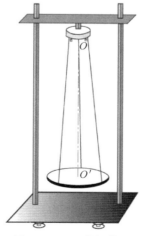

图 2.10.6 三线摆装置

当摆盘的扭角很小（<5°）的情况下并且忽略空气摩擦阻力和摆线扭力的影响，根据机械能守恒定律和刚体转动定律可以推导出摆盘绕中心轴 OO' 的转动惯量 J_0 为

$$J_0 = \frac{M_0 g R r}{4\pi^2 H_0} T_0^2 \qquad (2-10-2)$$

式中：M_0 为摆盘的质量；r 和 R 分别为上、下圆盘悬点离各自中心的距离；H_0 为静止时上、下圆盘间的垂直距离；g 为重力加速度；T_0 为摆盘的摆动周期。将质量为 M 的样品（待测刚体）放在摆盘上，并使它的质心位于中心轴 OO' 上，测出系统的摆动周期 T 和上、下圆盘间的垂直距离 H，则样品和摆盘对中心轴 OO' 的总转动惯量 J' 为

$$J' = \frac{(M_0 + M) g R r}{4\pi^2 H} T^2 \qquad (2-10-3)$$

则样品对中心轴 OO' 的转动惯量 J 为

$$J = J' - J_0 \qquad (2-10-4)$$

2. 用三线摆研究物体的转动规律

一般来说，根据物理概念，选定一个典型的实验装置，进行大量的数据测试，并对数据进行处理，从而得到相应的物理量之间的数学关系式，是建立物理规律的常用方法。本实验中，三线摆不仅可以测量物体的转动惯量，而且可以用来研究物体的转动规律。本实验就是用实验的方法建立三线摆的摆动周期与摆盘系统的转动惯量之间的函数关系，即由实验数据求出经验公式。

观察式(2-10-3)，对于同一个三线摆装置，M_0、R、r、H 这四个物理量为恒定值，g、π 为常数，因此，如果令所有样品的质量 M 都相等，则系统的转动惯量 J' 只与周期 T 有关。二者满足以下关系式

$$J = A T^\beta \qquad (2-10-5)$$

式中：A 为常数；β 为 2。这是从理论上推导出的关系式，那么实验中测得的数据是否满足式(2-10-5)？本实验中，我们选择 6 个质量相等而内外径不同的匀质圆环作为样品，分别放在摆盘上，利用秒表测出其摆动周期 T，由于匀质圆环为规则物体，其相对于中心垂直轴线转动惯量 J 可根据式(2-10-1)求得，再加上下摆的转动惯量 J_0。这样，我们得到了 6 组 (J'，T) 数据，接下来就是对这 6 组数据进行处理，从而寻找到 (J'，T) 之间满足的数学关系或者说是验证式(2-10-5)。

将式(2-10-5)两端取对数后得

$$\lg J' = \lg A + \beta \lg T \qquad (2-10-6)$$

即 $\lg J'$ 和 $\lg T$ 为线性关系，如果作出 $\lg J' - \lg T$ 图线，那么该直线的截距为 $\lg A$，斜率为 β，若再用反对数求出 A，则可得到系统的转动惯量 J' 与三线摆周期 T 之间的具体关系式。也可以这么认为，如果 β 非常接近 2，则式(2-10-5)便得到了验证。

实验内容与步骤

1. 三线摆装置的调节

(1) 调节底座水平（上盘水平）：将气泡水准仪放在底座上，调节底角螺旋使底座水平，即可认为上盘水平了。

(2)调节下摆盘水平:将气泡水准仪放在摆盘上,调节悬线长度使摆盘水平。

2.扭动三线摆

轻轻扭动上盘,使三线摆扭动,在摆角<5°的情况下,依次测量 6 个样品与摆盘一起扭动 50 个周期的时间 t_{50},注意计时起点的选择。(思考为什么要累计测量 50 个周期。)

3.游标卡尺测量样品

用游标卡尺测量每个样品的内径 d、外径 D。

4.物理天平测量样品

用物理天平测量任一个样品的质量,天平的调整和使用具体参考本实验拓展,主要步骤如下:

(1)调节底座水平;
(2)调节横梁平衡;
(3)测定样品质量。

实验数据记录及处理

(1)计算 6 个样品转动惯量的理论值 J,得到系统的 $J'=J_0+J$,由 t_{50} 求出对应的样品在摆盘上扭摆周期 T(应有 4 位有效数字),填表 2.10.1。

表 2.10.1 样品转动惯量数据

样品	t_{50}/s	D/mm	d/mm	M/g	T/s	$J/(kg·m^2)$	$J'/(kg·m^2)$
M_1							
M_2							
M_3							
M_4							
M_5							
M_6							

灰底座摆盘的转动惯量 $J_0=5.176\times 10^{-4}$ kg·m²,黑底座摆盘的转动惯量 $J_0=2.683\times 10^{-4}$ kg·m²。样品圆环、圆盘转动惯量的理论值由 $\frac{1}{8}M(D^2+d^2)$、$\frac{1}{8}MD^2$ 算出。

(2)将上述 6 组样品的 (J',T) 数据进行对数处理得到 $(\lg J',\lg T)$ 数据,填表 2.10.2。

表 2.10.2 $\lg J'$、$\lg T$ 数据表

项目	1	2	3	4	5
$J'/(kg·m^2)$					
T/s					
$\lg J'$					
$\lg T$					

（3）以 lg$T$ 为横轴、lgJ'为纵轴，作 lgJ'-lg$T$ 图线（应为直线）。

（4）在 lgJ'-lg$T$ 图线上选两点（注意尽量不损失有效数字），求斜率和截距，再经过反对数运算求出 β 和 A，并建立 $J'=AT^\beta$ 的经验方程。

（5）将第 6 组样品的周期 T 代入经验方程，得到该样品绕摆轴转动惯量的实验值（或由图线得出），与理论值进行比较，计算相对误差并分析所得到的 J' 与 T 经验方程的优劣，填表2.10.3。

表 2.10.3 理论值与实验值比较

T/s	J'实验值/(kg·m^2)	J'理论值/(kg·m^2)	$\Delta J'$/(kg·m^2)	$E_{J'}$

 实验拓展

1. 50 分度游标卡尺

（1）游标卡尺的结构。

由于米尺的分度值（1 mm）不够小，常不能满足测量需要。为提高测量精度，在主尺（即米尺）旁加一把可以在主尺上滑动的副尺（叫做游标尺）构成游标卡尺，如图 2.10.7 所示。

游标卡尺可以测量物体的长度、厚度、外径、内径和深度等尺寸。

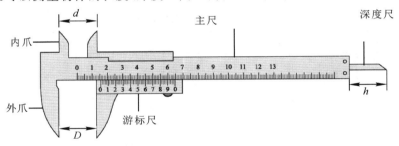

图 2.10.7 游标卡尺

（2）使用方法。

游标卡尺测物体的长度、厚度、外径、内径时，应将刀口卡住物体的表面，如图 2.10.8 所示。

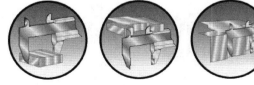

图 2.10.8 游标卡尺用途

主尺 0 刻线与游标尺 0 刻线之间的距离是物体的尺寸，以图 2.10.7 所示为例，先读主尺上的整毫米数，为 15 mm，不足 1 mm 的部分找游标尺与主尺对齐的刻线，游标尺该刻线处的值就是剩余长度，为 0.80 mm，即 15.80 mm。

一般情况下，游标卡尺不再估读，所以如果遇到相邻两条游标刻线与主尺两条相邻刻线都很接近对齐时,也须确定一条。

2.物理天平的使用

物理天平是利用等臂杠杆力矩平衡原理制成,能够精确地进行质量比较而称得质量。

(1)物理天平的构造。

物理天平的构造如图2.10.9所示,主要部分是横梁4,在横梁中央垂直于它的平面固定一个三角钢质棱柱3(也叫主刀口),棱柱的刀口置于由坚硬材料如玛瑙制成并研磨抛光的小平板(刀承)上,小平板水平地固定在天平立柱10中央可上下调节的连杆顶端。

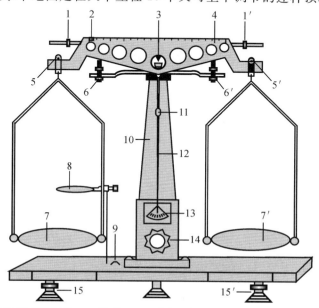

1,1′—横梁平衡调节螺母;2—游码;3—三角钢质棱柱;4—横梁;5,5′—三角钢质棱柱;
6,6′—横梁支撑螺钉;7,7′—载物盘;8—托架;9—气泡水平仪或重垂线;
10—立柱;11—重心铊;12—指针;13—标度尺;14—举盘旋钮;15,15′—底盘螺钉。

图 2.10.9 物理天平

另外横梁两端的两个刀口(也叫副刀口)5和5′是朝上的钢质三棱柱,与中央三角钢质棱柱平行等距,用来悬挂天平的载物盘7和7′。在两秤盘的弓型挂钩架上装有坚硬材料如玛瑙制成并研磨抛光的小平板(也叫副刀承),整个横梁与秤盘的重心低于主刀口3所在的水平面,也就是说横梁始终处于稳定平稳状态。垂直固定在横梁上的一根轻而细长的指针12和指针下端立柱上的标度尺13,用以观察和确定横梁的水平位置。当横梁水平时,天平的指针应指在标度尺的中央刻度线处。

横梁两边还有两个平衡调节螺母1和1′。立柱横架两端有两个横梁支撑螺钉6、6′可以托住横梁,立柱下端的掣动旋钮(也叫举盘旋钮)14可调节连杆上下升降,升起时可使横梁自由摆动,降下时由支撑螺钉托住。

底盘上有两个螺钉15和15′调节天平水平,可由气泡水平仪9(或重垂线)检验。8是托架,2是游码,11为重心铊,11上移,灵敏度增加。

(2)天平的主要参数。

灵敏度:天平灵敏度 C 定义为在砝码盘中增加一个单位质量的负载时,天平指针所偏转的格数,即

$$C=\frac{n}{\delta m}$$

感量:天平的感量就是指针在标度尺上偏转一个最小分格,天平两载物盘上的质量差。天平感量是其灵敏度的倒数。一般天平感量的大小与天平砝码(游码)读数的最小分度值相等。

最大称量:天平的最大称量是天平允许称量的最大值。天平一般都附有专用砝码,质量按 5∶2∶2∶1 比例组成,砝码的总质量等于或略大于天平的最大称量。天平超过最大称量使用时,性能急剧变坏,甚至会被损伤。

(3)使用规则。

①调节底座水平:旋动底座上的底盘螺钉,使底座上的气泡水平仪的气泡处于中央。(说明:有的天平是用重锤指示底座水平的。)

②调节横梁平衡:在游码值为"0"的条件下,调节横梁两端的平衡调节螺母,使称量前指针指到刻度零线或标尺的中央位置。

③称量:左物右码,从最大砝码开始依次增加,逐次逼近,不足 1 g 调节游码,直到横梁平衡。

(4)注意事项。

①加减砝码或调节游码时,均不允许在横梁举起的状态下进行。

②每次举盘观察横梁平衡时,旋动举盘旋钮要缓慢,避免刀口受到冲击。

③通常天平在存放状态时,应将三个刀承和刀口分离,使用时先将两个副刀承挂上,校平和测量时再举盘,使用完毕应返回存放状态。

3.秒表

秒表的使用方法参考实验 2.2 液体黏滞系数的测定。

实验 2.11　金属弹性模量的测量

实验预习题

1. 什么是金属材料的弹性模量,其值大小由什么因素决定？两根材料相同,粗细、长度不同的钢丝,弹性模量是否相同？弹性模量值越大说明材料越容易拉伸还是越难拉伸？
2. 简述本实验如何用静态拉伸法测量金属材料的弹性模量,指出该方法的难点。
3. 画出光杠杆的示意图,简述其放大原理。
4. 式(2-11-6)中各物理量如何测量？
5. 参考本实验拓展,简述螺旋测微器的读数方法。
6. 请设计用光杠杆测量纸张厚度的方案。

武侠剧中经常看到大侠的轻功了得,轻轻一跃就跳上屋顶,这是在拍摄中通过钢丝吊着演员(又称吊威亚,wire)来实现的。那为什么用的是钢丝而不是铝丝呢？这就涉及弹性模量的概念了。蹦极是一项非常刺激的户外休闲活动,蹦极时你需要系上橡皮条,那为什么系的是橡皮条而不是钢丝呢？其中原理也离不开弹性模量。那什么是弹性模量,弹性模量有什么作用,用什么方法可以测量金属材料的弹性模量,实验中需要配置什么样的仪器设备才能实现弹性模量的准确测量？请同学们带着这些问题仔细阅读实验原理。

实验目的

1. 掌握静态拉伸法测量钢丝弹性模量的原理和方法。
2. 掌握用光杠杆测量长度微小变化量的原理和方法。
3. 学习光学仪器(光杠杆、标尺望远镜)的调节和使用。
4. 测定钢丝的弹性模量。
5. 学习用逐差法处理数据。

实验仪器

YMC-1型弹性模量测量仪(见图 2.11.1),JCW-1型标尺望远镜(见图 2.11.2),光杠杆(见图 2.11.3),螺旋测微器(见图 2.11.4),钢卷尺(见图 2.11.5),钢直尺(见图 2.11.6)。

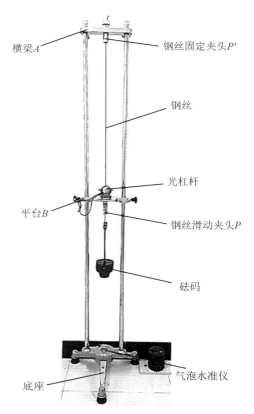

图 2.11.1　YMC-1型弹性模量测量仪

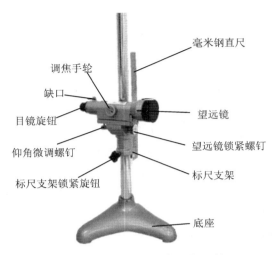

图 2.11.2 JCW-1 型标尺望远镜

图 2.11.3 光杠杆

图 2.11.4 螺旋测微器

图 2.11.5 钢卷尺

图 2.11.6 钢直尺

实验原理

1.弹性模量

什么是弹性模量,物理意义是什么? 一般来讲,物体在外力作用下会发生形变(形状大小的变化),如果撤去外力,物体形变也随之消失(形状复原),则这种形变称为弹性形变。弹性形变服从胡克定律:在弹性限度内,固体所受到的应力 σ(单位面积上的力)和由此产生的应变 ε(单位长度上的形变量)成正比,即

$$\sigma = E\varepsilon \tag{2-11-1}$$

式中,比例常数 E 称为弹性模量(elastic modulus),单位 N/m²。

宏观角度上,弹性模量 E 是指材料在外力作用下产生单位弹性形变所需要的应力,是衡量材料抵抗弹性形变能力的指标。E 越大,使材料发生一定弹性形变的应力也越大,即材料的刚度越大。或者可以说在一定应力作用下,E 越大,材料发生的弹性形变越小。微观角度上,弹性模量是原子、离子或分子之间键合强度的反映。凡影响键合强度的因素,如键合方式、晶体结构、化学成分、微观组织、温度等,均能影响材料的弹性模量。所以,弹性模量与固体材料本身的性质(结构、化学成分)有关,与温度有关,而与材料的几何尺寸(形状、粗细等)无关。

弹性模量是表征固体材料性质的重要物理量,是生产、科研中选择合适材料的重要依据,是工程技术设计中常用的参数。弹性模量值越大,材料越难发生形变,即越难拉伸。比如,20 ℃时,钢丝的弹性模量值约为 2×10^{11} N/m²,铝的弹性模量值约为 7×10^{10} N/m²,橡皮条的弹性模量值约为 7.8×10^{6} N/m²。可以看出,这三种材料在同样的外力作用下,钢丝弹性模量值最大,形变量最小,橡皮条弹性模量值最小,形变量最大。这就是拍摄轻功时吊钢丝,蹦极时用橡皮条的原因,橡皮条形变量大,使得缓冲时间长,可以保护蹦极者。这也是吊桥的基本制作材料用钢材,飞机外壳多采用铝合金的物理原因。

弹性模量也是表征纳米材料性能的重要参数,例如碳纳米管最引人瞩目的一点就是弹性模量可达 1×10^{12} N/m²,具有很高的机械强度。碳纳米管的直径只有头发丝的百分之一,但它的韧性之强可以吊起一辆大卡车,是迄今发现的力学性能最好的材料之一,其单位质量上的拉伸强度是钢铁的 276 倍,远远超过其他材料。如果人类想要建立前往太空的电梯,碳纳米管是唯一一种能够跨越如此长的距离而不被自身重量拉断的材料。

了解了弹性模量的定义、应用后,接下来,我们来解决这个问题:用什么方法可以测量金属材料的弹性模量?

2.弹性模量的测量

弹性模量测量方法很多,例如静态拉伸法、动态悬挂法、霍尔位置传感器法、莫尔条纹技术法和光电传感器法等。本实验采用静态拉伸法来测量钢丝的弹性模量。同学们可从字面意思理解什么是"静态拉伸法"。

(1)静态拉伸法。

取一长度为 l、横截面积为 S 的均匀钢丝,沿长度方向对它施以拉力 F,这时,钢丝将伸长 Δl,如图 2.11.7 所示。由于材料内各点轴向应力 σ 与轴向应变 ε 为均匀分布,所以轴向应力为 $\frac{F}{S}$,轴向应变为 $\frac{\Delta l}{l}$,将其代入式(2-11-1),则有

$$\frac{F}{S} = E \frac{\Delta l}{l} \qquad (2-11-2)$$

由式(2-11-2)可知,只要测出外力 F、钢丝原长 l 和截面积 S 以及在外力 F 作用下钢丝的伸长量 Δl,就可以测得钢丝的弹性模量 E。

实验室配置的弹性模量测量仪实物如图 2.11.1 所示。结合实验仪器,请同学们思考,如何测量式(2-11-2)中的物理量 F、S、l、Δl?

$$F = mg \qquad (2-11-3)$$

式中,m 是砝码质量,已知一个砝码质量 1 kg,F 可以直接算出来,不用测量;

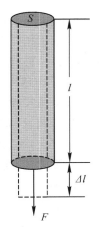

图 2.11.7 静态拉伸法

$$S = \frac{\pi d^2}{4} \quad (2-11-4)$$

式中,d 是钢丝直径,在 0.4~0.9 mm,可用螺旋测微器精确测量;l 是钢丝原长,约 800 mm,可用钢直尺测量。

以上 3 个物理量都容易测量,不过

$$\Delta l = l_{\text{末}} - l \quad (2-11-5)$$

式中,$l_{\text{末}}$ 是钢丝沿轴向受力 F 后的长度,和 l 差别很小。我们可以估算一下 Δl 的数量级,假如,$m=1$ kg,$d=0.8$ mm,$l=0.8$ m,$E=2.0\times10^{11}$ N/m^2,则将式(2-11-3)、式(2-11-4)代入式(2-11-2),有

$$\Delta l = \frac{F}{S}\frac{l}{E} = \frac{mg}{\frac{1}{4}\pi d^2}\frac{l}{E} = \frac{1\ \text{kg}\times 9.80\ \text{m/s}^2}{\frac{1}{4}\pi\times(0.8\times10^{-3}\ \text{m})^2}\times\frac{0.8\ \text{m}}{2.0\times10^{11}\ \text{N/m}^2} = 8\times10^{-5}\ \text{m}$$

即直径 0.8 mm、原长 800 mm 的钢丝加上 1 kg 的砝码后,钢丝伸长量 Δl 为 0.08 mm,这是一个微小的长度变化量,难以直接测量,因此本实验的关键问题为如何间接测量微小长度变化量 Δl。实验思路是采用光杠杆放大法。

(2)光杠杆放大法。

首先什么是光杠杆?光杠杆是用来测量长度微小变化量或角度微小偏转量的光学仪器,光杠杆实物如图 2.11.3 所示,结构图如图 2.11.8 所示,反射镜 M 放在杠杆架上组成杆镜。杠杆架下面有三个支撑足尖 abc,三足尖成一等腰三角形,c 到前两足尖的连线 ab 的垂直距离为

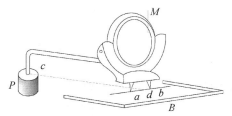

图 2.11.8 光杠杆结构图

k（即 cd），其长短可以调节，ab 和镜面 M 的转轴平行，且都在垂直于 cd 的同一平面内。测量时两个前足尖放在固定平台上，一个后足尖放在与钢丝卡头相连的活动平台上，随着金属丝的伸长（或缩短），活动平台向下（或向上）移动，带动杠杆架以两个前足尖的连线为轴转动。

那么光杠杆是如何实现长度微小变化量 Δl 的测量呢？阿基米德曾这样描述杠杆的放大作用：给我一个支点，我就能撬起整个地球！这是用一个小的力通过力矩作用放大成一个巨大的力。类比来看，光杠杆是用光学转换放大的方法来测量长度微小变化的。如图 2.11.9 光杠杆放大原理图所示：标尺望远镜由一个竖直的标尺 L 和一个水平的望远镜 T 组成。望远镜水平地对准平面镜 M，标尺到平面镜的距离为 D。如果平面镜铅直且与望远镜光轴正交，在望远镜中可看到标尺 n_1 标度的像与目镜的叉丝水平线重合。那么在钢丝长度变化 Δl 后，c 足将随被测长度变化而升降，平面镜则对应转过一角度 θ，这时镜面法线也转过 θ 角变到 N' 处，在望远镜中则看到 n_2 标度的像与叉丝水平线重合。令标尺的读数差 $\Delta n = |n_2 - n_1|$，根据光的反射定律，可知

$$\tan\theta = \frac{\Delta l}{k}, \tan 2\theta = \frac{\Delta n}{D}$$

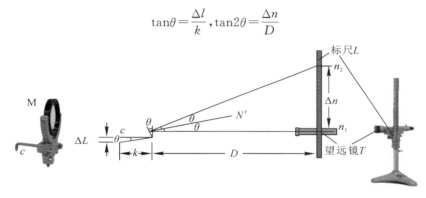

图 2.11.9　光杠杆放大原理图

当 θ 角很小时，$\tan\theta \approx \theta$，$\tan 2\theta \approx 2\theta$，于是可得

$$\Delta l = \frac{k}{2D}\Delta n \tag{2-11-6}$$

由式（2-11-6）可知，长度微小变化量 Δl 可以通过测量 k、D 和 Δn 这些易测量的物理量间接计算出来。

请同学们思考，光杠杆的放大倍数是多少？由式（2-11-6）可知，光杠杆的放大倍数为 $2\dfrac{D}{k}$。举个例子，如果 $D = 2$ m，$k = 80$ mm，则光杠杆的放大倍数为 50，结合前面的例子，当 Δl 为 0.08 mm 时，

$$\Delta n = \frac{2D}{k}\Delta l = 50 \times 0.08 = 4 \text{ mm}$$

也就是说，光杠杆以镜面为支点，通过平面镜反射，能将一微米级的变化 Δl 放大成了毫米级变化 Δn，使微小伸长量的测量变得容易又准确。

如果想继续提高光杠杆的放大倍数，该如何做？由式（2-11-6）可知，在一定范围内，增加 D 或减小 k 值都可提高光杠杆的放大倍数（灵敏度）。但是，D 值的增大受到望远镜放大倍率和场地的限制；减小 k 值又要求对 k 的测量准确度相应地提高，还要保证 θ 角很小，且满足

$k \gg \Delta l$ 的条件,所以放大倍数的提高是有限度的。

将式(2-11-6)代入式(2-11-2)中,可得弹性模量的测量公式为

$$E = \frac{l}{S} \cdot \frac{2D}{k} \cdot \frac{F}{\Delta n} \qquad (2-11-7)$$

实验内容与步骤

1. 弹性模量仪的调整

(1) 调节弹性模量测量仪的底座螺钉,使立柱铅直。光杠杆的两前足尖放在平台的凹槽内,后足尖放在夹头 P 的中央,靠近钢丝。

(2) 在滑动夹头 P 的下端挂上 1 kg 的砝码使钢丝伸直,并使其稳定,粗调光杠杆镜面的法线呈水平状态。

(3) 在距离光杠杆镜面前方约 2 m 处放置标尺望远镜。检查或调整标尺"0"刻线的高度,保证标尺"0"刻线与望远镜主光轴在同一高度。

(4) 粗调望远镜镜筒与平面镜等高,望远镜主光轴垂直于镜面。

① 目测调节望远镜镜筒高度或左右移动望远镜,使从镜筒外 V 字形缺口与准星的连线看去,视线位于镜面中央。

② 调节镜面的俯仰,使眼睛在望远镜附近能够看到光杠杆平面镜中标尺的像。

(5) 精细调节望远镜镜筒与平面镜等高,望远镜主光轴严格垂直于镜面。

① 调节望远镜目镜使十字叉丝清晰。

② 顺时针旋转望远镜调焦手轮,在望远镜中看到光杠杆镜面清晰的像;调节望远镜高低或望远镜俯仰,使镜面的像位于望远镜视野的中央。

③ 逆时针旋转调焦手轮,找到标尺的像,使其清晰且位于望远镜视野的中央;若标尺像上下有一部分不清晰,则微调仰角螺钉;若左右有一部分不清晰,则微微左右转动望远镜。若眼睛上下移动时,有视差(标尺刻线与分划板水平线之间有相对移动),则反复调节目镜和内镜调焦手轮。

④ 调节光杠杆镜面的俯仰及望远镜镜筒的俯仰,使标尺的"0"刻线与分化板横叉丝重合。

2. 弹性模量的测定

(1) 在砝码钩上逐个增加砝码,每加一个砝码就记录一个标尺读数 $n'_i (i=1,2,3,\cdots,6)$。当记录到 n'_6 时,再记录一次 n''_6,然后逐次减去一个砝码,记录相应的标尺读数 n''_i(注意:加减砝码时要轻拿轻放,不得使砝码钩晃动!),将数据填入表 2.11.1。

(2) 在保持各仪器位置不动的条件下测量以下各物理量:

① 用钢卷尺测量光杠杆镜面转轴到望远镜标尺间的垂直距离 D,测 1 次。

② 用螺旋测微器测量钢丝的直径:在挂上 1 kg 和 6 kg 砝码时,分别测出钢丝上、中、下三个部位的直径,并取其平均值作为钢丝的直径,将数据填入表 2.11.2。

③ 测量钢丝的原长 l,测 1 次。

④ 将光杠杆放在平放的数据记录纸上,压出三个足痕后,用直尺测量后足尖到两前足尖连线的垂直距离 k,测 1 次。

实验数据记录及处理

(1) 增、减砝码时的标尺读数填入表 2.11.1,并计算其平均值。

表 2.11.1 增、减砝码时的标尺读数数据表(每个砝码质量为 1 kg)

砝码数	F/N	标尺读数 n/mm		
		增砝码时	减砝码时	平均值
1	1×9.80	n_1'	n_1''	n_1
2	2×9.80	n_2'	n_2''	n_2
3	3×9.80	n_3'	n_3''	n_3
4	4×9.80	n_4'	n_4''	n_4
5	5×9.80	n_5'	n_5''	n_5
6	6×9.80	n_6'	n_6''	n_6

(2) 依次记录 D、l、k 数值,并计算各自的不确定度。

测量 $D=$ _____ mm, $l=$ _____ mm, $k=$ _____ mm。

已知 $\Delta D_{仪}=0.7$ mm, $\Delta l_{仪}=0.2$ mm, $\Delta k_{仪}=0.1$ mm, 计算:

$$u(D)=\frac{\Delta D_{仪}}{\sqrt{3}}=\underline{\qquad} \text{mm}; u(l)=\frac{\Delta l_{仪}}{\sqrt{3}}=\underline{\qquad} \text{mm}; u(k)=\frac{\Delta k_{仪}}{\sqrt{3}}=\underline{\qquad} \text{mm}。$$

(3) 记录螺旋测微器零点读数 $\delta=$ _____ mm,记录钢丝直径值,填入表 2.11.2,并计算钢丝直径平均值 $\bar{d}$ 及不确定度 $u_A(d)$、$u_B(d)$、$u(d)$,写出钢丝直径的最终结果表达式,形式为 $d=\bar{d}\pm u(d)$。

表 2.11.2 钢丝直径的测量数据表(螺旋测微器系统误差 0.004 mm)   单位:mm

砝码	$d_上$	$d_中$	$d_下$	$\bar{d}$	$u_A(d)$	$u_B(d)$	$u(d)$
1 kg							
6 kg							

(4) 用逐差法求标尺读数的改变量,填写表 2.11.3。

表 2.11.3 逐差法求标尺改变量   单位:mm

$\Delta n_1=\|n_4-n_1\|$	$\Delta n_2=\|n_5-n_2\|$	$\Delta n_3=\|n_6-n_3\|$	平均值 $\overline{\Delta n}$

$$u(\overline{\Delta n})=\sqrt{\frac{(\Delta n_1-\overline{\Delta n})^2+(\Delta n_2-\overline{\Delta n})^2+(\Delta n_3-\overline{\Delta n})^2}{3\times 2}}=\underline{\qquad} \text{mm}。$$

(5) 计算钢丝的弹性模量。依据 $\bar{E}=\dfrac{l}{S}\cdot\dfrac{2D}{k}\cdot\dfrac{F}{\Delta n}=\dfrac{l}{\frac{1}{4}\pi \bar{d}^2}\cdot\dfrac{2D}{k}\cdot\dfrac{3mg}{\overline{\Delta n}}=\dfrac{24mglD}{\pi \bar{d}^2 k \overline{\Delta n}}$ 求钢

丝的弹性模量。

(6)计算弹性模量的相对及合成标准不确定度,将结果表示成完整表达式。

①弹性模量的相对合成标准不确定度为

$$u_{cr}(E) = \left(\left(\frac{u(l)}{l}\right)^2 + \left(\frac{u(D)}{D}\right)^2 + \left(2\frac{u(d)}{\bar{d}}\right)^2 + \left(\frac{u(k)}{k}\right)^2 + \left(\frac{u(\overline{\Delta n})}{\overline{\Delta n}}\right)^2\right)^{1/2}$$

②弹性模量的合成标准不确定度为

$$u_c(E) = u_{cr}(E) \cdot \bar{E}$$

③弹性模量测量值的完整表达式书写形式为

$$E = \bar{E} \pm u_c(E)$$

例如,20 ℃时,钢丝的弹性模量值为$(2.05 \pm 0.03) \times 10^{11} \, \text{N/m}^2$。

(7)作图法求钢丝的弹性模量(选做)。

 实验拓展

1.弹性模量概念扩充

(1)形变:物体在外力作用下所发生的形状大小的变化称为形变。形变可分为弹性形变和塑性形变两类。

(2)弹性形变:当物体形变不超过某一限度时,撤走外力之后,形变能随之消失,这种形变称为弹性形变。对固体来说,弹性形变可分为四种:①伸长或压缩的形变(应变);②切向形变(切变);③扭转形变(扭变);④弯曲形变。最常见的形变是金属丝或棒受到沿纵向外力作用后所引起的长度的伸长或缩短。

(3)塑性形变:当物体形变超过某一限度时,产生的形变在外力消失后不再恢复原状,即产生永久形变,这种形变称为塑性形变。

(4)杨氏模量:1807年托马斯·杨提出了条状物体(如钢丝)沿轴向弹性形变的弹性模量,也叫杨氏模量(Young's modulus),杨氏模量只是弹性模量中最常见的一种,本实验研究的就是弹性模量中的杨氏模量。

2.高弹性模量的新材料

2017年3月14日,陕西卫视报道了一种新型镁锂合金材料,弹性模量为$5 \times 10^{10} \sim 7 \times 10^{10} \, \text{N/m}^2$,具有高比刚度、高弹性模量的力学性能及其他优异性能,是当时世界上最轻的金属结构材料。与同样体积的铝合金相比,其质量仅是铝合金的一半,但弹性模量高于铝合金。据报道,该材料已应用于我国成功发射的首颗全球二氧化碳监测科学实验卫星中的高分辨率微纳卫星上,在提高性能的同时也有效减轻了卫星质量。

另外,石墨烯(graphene)是一种由碳原子组成六角形呈蜂巢晶格的二维碳纳米材料,弹性模量值约为$1.0 \times 10^{12} \, \text{N/m}^2$,具有优异的光学、电学、力学特性,在材料学、微纳加工、能源、生物医学和药物传递等方面具有重要的应用前景。比如,石墨烯是已知强度最高的材料之一,同时还具有很好的韧性,且可以弯曲,石墨烯可以制造出性能优良的羽毛球拍、更轻薄的防弹衣、曲面手机、可穿戴电子设备等,被认为是一种未来革命性的材料。

3.减小弹性模量测量误差的方案

实验中,若要尽可能准确地测量钢丝的弹性模量,则要明确系统误差来源及消减方案。请同学们根据测量公式(2-11-7)、弹性模量测量仪实物图(见图 2.11.1)和结构图(见图 2.11.10)思考,怎样减小误差?

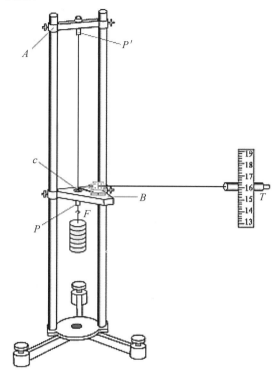

图 2.11.10　弹性模量测量仪结构图

(1)公式中需测量的物理量有 l、D、d、k、Δn,均为长度量,但是根据测量精度要求,需选择适当的测量工具。比如用钢直尺测量 l(钢直尺与钢丝应平行),用钢卷尺测量 D(钢卷尺与支架轴线应平行),用螺旋测微器测量 d(应将测点均匀分布在钢丝上中下各个位置),用游标卡尺测量 k,用毫米尺测量 Δn。

(2)避免钢丝假伸长:由于钢丝自由悬挂不可能拉紧,开始加载会有假伸长,所以,测量前砝码钩上应预先加上 1 kg 砝码把钢丝拉紧,使钢丝在伸直的状态下开始实验。

(3)消除伸长滞后效应误差:由于钢丝加外力后,要经过一段时间才达到稳定伸长,即有伸长滞后效应。每次加载需经较长时间,标尺读数才与外力准确对应。所以,为了消除弹性滞后效应和夹钢丝的夹头与外框摩擦引起的系统误差,实验中每次加力后应等一段时间(数值稳定)再读数;且先逐个增加砝码测量,再逐个减少砝码测量,最后取同一力下两种情况测量的平均值作为该力下的测量结果。

(4)钢丝锈蚀或长期受力产生金属疲劳,会导致塑性形变,应及时更换钢丝。

(5)避免因仪器调整不当引起的误差,如望远镜偏离水平、支架不铅直。仪器调节中应注意以下几点:

①为减少夹头与外框间的摩擦,应调节弹性模量测量仪的底脚螺丝,使两根支柱铅直,以保证平台水平。

②为提高光杠杆的准确性,标尺须保持竖直状态,标尺上 0 刻度线须与望远镜轴线等高,

光杠杆上反射镜中心须与望远镜主光轴等高,反射镜正对望远镜轴线(外观对准、镜外找像、镜内找像)。

③调整光路,从望远镜中清楚地看到标尺读数,初始位置调整为标尺0刻度线与望远镜分划板中心横线重合(细调对零)。

(6)选择准确度高的数据处理方法:用作图法(利用F与Δn成正比)或者逐差法处理数据,求钢丝的弹性模量。

4.实验方法总结

(1)实验方法上,本实验采用了光杠杆放大法来测量一般长度测量工具很难测准的微小长度变化量,它是一种非直接接触式的光学放大测量方法。可以把光杠杆做得很精细,以提高灵敏度,还可以采用多次反射光路进一步增加放大倍数,常在精密仪器中应用,比如,激光杠杆常应用于原子力显微镜(atomic force microscope,AFM)中以观测材料光滑表面的微结构。

(2)数据处理方法上,逐差法和作图法都是常用的数据处理方法,逐差法在等厚干涉实验中会用到;作图法在很多电学实验中都会用到,比如静电场模拟、光电效应研究、电阻温度系数的测定、小灯泡伏安特性的研究、电表改装、霍尔效应研究等实验,大家要清楚作图的各个要素,规范作图。

(3)数据处理误差上,不确定度计算训练比较全面:有直接测量量(钢丝直径)不确定度的计算,有不同物理量单次、多次测量的计算,有间接测量量(钢丝弹性模量)相对合成标准不确定度以及合成标准不确定度的计算。

(4)实验室中,还可以用动态悬挂法测量物体的弹性模量,动态悬挂法基本原理如图2.11.11所示,是将试样(圆棒或矩形棒)用两根线悬挂起来并激发它做横向振动,在一定条件下,试样振动的固有频率取决于它的几何形状、尺寸、质量以及它的弹性模量,如果我们在实验中测出了试样在不同温度下的固有频率,就可以算出试样在不同温度下的弹性模量。

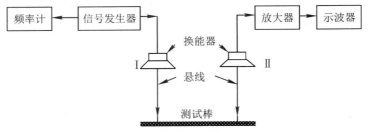

图2.11.11 动态悬挂法测量弹性模量装置结构图

5.部分实验仪器说明

1)标尺望远镜(JCW-1型)

(1)用途。

JCW-1型标尺望远镜是观测远处标尺读数的一种光学仪器,它常与光杠杆配套使用。

(2)结构。

仪器外形如图2.11.2所示。仪器由底座、内调焦望远镜、可调毫米尺等部分组成。内调焦望远镜结构如图2.11.12所示。望远镜由物镜和目镜组成,为便于调节和测量,在物镜和目镜之间有准线分划板和内调焦透镜。分划板固定在B筒上,内调焦透镜由微调手轮带动齿条,使其在镜筒 A 中沿轴线前后移动。目镜则装在 B 筒内,可沿筒前后移动以改变目镜与分划板间的距离。

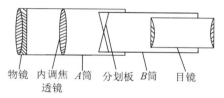

图 2.11.12　内调焦望远镜结构图

(3)主要参数。

放大倍数:30 倍;

物镜有效孔径:42 mm;

视场角:1°26′;

最短视距:2 m;

视距常数:100。

(4)注意事项。

①注意保护物镜和目镜,与测量显微镜的使用要求相同。

②上下移动望远镜时,切记要用手托住望远镜,然后再旋松锁紧螺钉,以免望远镜沿立柱下滑与底座相撞。

③各手柄及旋钮和可动部件如发生阻滞现象,应查明原因。在原因未查清前,切勿过分扭扳,以防损坏仪器。

2)螺旋测微器

(1)用途。

螺旋测微器又名千分尺,是比游标卡尺更为精密的长度测量仪器。常见的螺旋测微器量程为 0~25 mm,最小分度值为 0.01 mm,常用来测量数值不大、精度要求较高的物体。

(2)结构。

螺旋测微器实物图如图 2.11.4 所示,结构图如图 2.11.13 所示。有一根装在固定套管螺母内的螺距为 0.5 mm 的测微螺杆与微分套筒固定连接。固定套管与尺架固接。当微分套筒

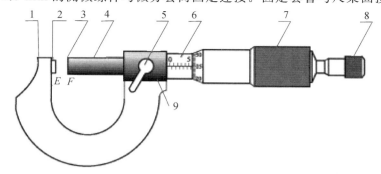

1—尺架;2—测砧测量面E;3—螺杆测量面F;4—测微螺杆;
5—锁紧手柄;6—固定套管;7—微分套筒;8—棘轮装置;9—螺母套管。

图 2.11.13　螺旋测微器

139

旋转(测微螺杆也随之旋转)一周,测微螺杆沿轴线方向运动一个螺距(0.5 mm)。微分套筒周边上一周刻着 50 个等分格线,所以微分套筒转过 1 分格,螺杆在轴线方向运动 0.01 mm。还有一种螺旋测微结构,螺杆的螺距为 1 mm,套筒圆周上刻着 100 个等分格线,套筒转过 1 分格,螺杆在轴线方向也是运动 0.01 mm。

(3)使用及读数方法。

螺旋测微器固定套管上沿轴向刻一条细线,在其上方刻成 25 分格,每分格为 1 mm,在其下方,从与上方"0"线错开 0.5 mm 开始,每隔 1 mm 刻一条线,这就使得主尺的分度值为 0.5 mm。在测量时把物体放进两测量面 E 和 F 之间。在未放进待测物之前要校对零点,即旋进微分套筒,使 E、F 轻轻吻合,此时读数应为"0"。这时微分套筒的前沿(见图 2.11.14(a)中的 H)应与主尺 0 线重合,而微分套筒上的 0 线应与主尺上的轴向细线(图 2.11.14(a)中的 S)对齐。然后旋退螺杆,放进待测物,使 E、F 与待测物轻轻吻合。读数时,找出从微分套筒露出来的主尺上 0.5 mm 的格数,小于 0.5 mm 的读数则以主尺上的轴向细线作为微分套筒圆周分度读数的准线从微分套筒上读出,还要估计一位,即读到 0.001 mm。如图 2.11.14(a)的读数为 6.453 mm,图 2.11.14(b)的读数为 6.953 mm。

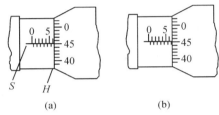

图 2.11.14 螺旋测微器的刻度

读数时要注意两点:

① 校对零点时,若读数不为 0,应记下零点读数,如图 2.11.15(a)所示的零点读数为 +0.004 mm,图 2.11.15(b)所示的零点读数为 −0.012 mm。所以,物体实际长度应以测量时的读数值减去这个零点读数。一般实验室已把螺旋测微器的零点校准好,但如遇到零点未校准,要按上述方法修正测量结果。

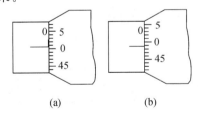

图 2.11.15 螺旋测微器的零点读数

② 因为螺旋测微器主尺分度值为 0.5 mm,所以,特别要留心微分套筒前沿是否过了半毫米线,如图 2.11.14(b)的读数是 6.953 mm 而不是 6.453 mm。但有时出现似过非过的情况,那就要旋到零点看看校对零点时,微分套筒与主尺的重合情况。

(4)注意事项。

螺旋测微器有以下两点使用规则,在使用时需特别注意:

① 在校对零点过程中 E、F 将接触时,或在测量中 E、F 与待测物将接触时,不要再直接旋

转微分套筒,而应旋转尾部的棘轮装置(也称摩擦帽),直至听到3~5个"嘚""嘚"声为止。这表示棘轮打滑,无法带动测微螺杆前进,防止了测量压力过大,以致扳坏螺旋测微器内部精密螺纹或待测物体,也可避免附加的测量误差。

②测量完毕应将两测量面之间留出空隙,以免热膨胀时螺旋测微器内部精密螺纹受损。螺旋测微的原理,在一些精密的测长仪器内得到广泛应用,如测量显微镜、一些光学干涉仪(如迈克耳孙干涉仪)中都有螺旋测微装置。

6. 20 ℃时常用金属的弹性模量

20 ℃时常用金属的弹性模量如表 2.11.4 所示,请同学们自己查阅 20 ℃时钢丝的弹性模量。

表 2.11.4 20 ℃时常用金属的弹性模量

金属	弹性模量/(10^4N·mm^{-2})	金属	弹性模量/(10^4N·mm^{-2})
铝	7.0~7.1	灰铸铁	6~17
银	6.9~8.2	硬铝合金	7.1
金	7.7~8.1	可锻铸铁	15~18
锌	7.8~8.0	球墨铸铁	15~18
铜	10.3~12.7	康铜	16.0~16.6
铁	18.6~20.6	铸钢	17.2
镍	20.3~21.4	碳钢	19.6~20.6
铬	23.5~24.5	合金钢	20.6~22.0
钨	40.7~41.5		

注:弹性模量的值与材料的结构、化学成分及加工制造方法有关,因此在某些情况下,弹性模量的值可能与表中所列的平均值不同。

实验 2.12　弦线上的驻波实验

实验预习题

1.请回答什么是驻波现象,其中"驻"字如何理解?

2.驻波是生活生产中常见的现象,有些场合需要利用它,而有些场合又需要避免它,请举出两个实例来说明驻波现象。

3.驻波是一种特殊的干涉现象,两列波相互叠加合成驻波,不仅要满足相干条件,还需要满足一些特定条件,请问相干条件和这些特定条件分别是什么?

4.请结合实验仪器具体说明在本实验中,上题两列波是怎么产生的?

5.实验过程中如何判断弦线上的驻波是稳定且明显的?

6.形成稳定的驻波后,弦线的长度与波长是什么关系?简述波节、波腹的概念。

7.式(2-12-4)中各字母分别代表什么物理量?

水开后,将水灌入保温瓶中时,能听到声音由缓变急,这就与驻波现象有关。驻波现象在生活和生产中普遍存在,一些乐器如吉他、钢琴、古筝等能弹奏出悦耳的音乐,其发声原理都离不开驻波。在一些对声学效果要求较高的建筑设计中,驻波效应是需要考虑的重要因素,如音乐厅、电影院多设计成扇形空间,就是为了减弱驻波效应,从而提高观众的欣赏体验。除了在声学方面的应用,驻波在无线电学与光学等领域也有着广泛的应用。本实验,我们将对弦线上产生的驻波进行研究。

实验目的

1.观察弦线振动时形成的驻波。

2.在驻波条件下,测定弦线的线密度。

3.在驻波条件下,研究弦线上驻波的波速与弦线张力、振动频率之间的关系。

实验仪器

弦振动装置(含金属弦线、小磁铁、可移动劈尖、标尺、定滑轮、砝码盘、导线柱,见图 2.12.1),交流信号发生器(见图 2.12.2)。

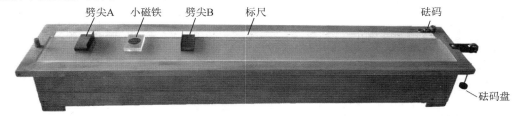

图 2.12.1　本实验装置图

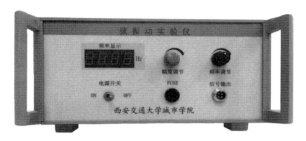

图 2.12.2　交流信号发生器

实验原理

1.弦线上的驻波现象

当两列振幅相等、频率相同、振动方向一致、相位差恒定的波在长度为 L 的弦线上相向传播时,弦线上各质点的振动是这两列波分别在该处引起的振动的合成。当满足弦线长度为半波长的整数倍时,即

$$L=\frac{n\lambda}{2}, n=1,2,3,\cdots \qquad (2-12-1)$$

式中,L 为弦线长度;λ 为波长;n 为波段数。此时可发现弦线上各质点的振幅呈现出周期性变化。如图 2.12.3 所示,一些质点如 a、a' 始终不动,振幅为零,称为波节;一些质点如 b、b' 振动最强,即振幅最大,称为波腹,其他各处质点振动的振幅则在零与最大值之间。由于看上去波好像被限制在这些振幅为零的波节之间,不再左右传播,也没有振动状态或相位的传播,只有各质点以确定的振幅在各自的平衡位置附近振动,与行波相比,似乎驻足不前,所以人们形象地将这种现象称为驻波。式(2-12-1)表明,在实验中只要测出弦长 L,观察波段数 n,就可以得到驻波的波长 λ,该式的具体推导过程请参考本实验拓展。

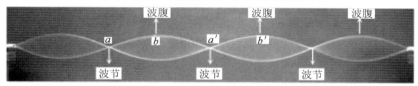

图 2.12.3　弦线上的驻波($n=4$)

进一步观察图 2.12.3 所示的弦线上的驻波现象,思考波段数、波的振动频率、波速及弦线中的张力之间有没有联系? 如在其他条件不变的情况下,改变弦线中的张力,波段数会发生怎样的变化? 带着这些问题,我们继续分析。根据波动理论,可证明横波在弦线上的传播速度 v 与弦线中的张力 F 及弦线的线密度 ρ 之间的关系为

$$v=\sqrt{\frac{F}{\rho}} \qquad (2-12-2)$$

而波长 λ、频率 f 与波速 v 也满足 $v=\lambda f$,将式(2-12-1)中得到的 $\lambda=\dfrac{2L}{n}$ 代入,得到

$$v=\frac{2L}{n}f \qquad (2-12-3)$$

综合式(2-12-2)和式(2-12-3),可知当弦线上形成稳定的驻波时,频率 f、弦线长度 L、波段数 n、弦线中的张力 F 及弦线密度 ρ 满足

$$f=\frac{n}{2L}\sqrt{\frac{F}{\rho}} \qquad (2-12-4)$$

因此根据式(2-12-4),可发现在 f、L、ρ 不变的情况下,如果增大弦线中的张力 F,波段数 n 将减小;如果减小张力 F,波段数 n 将增大。请同学们思考在其他条件不变的情况下,改变频率 f,波段数 n 将如何变化。

通过式(2-12-4),我们也可以简单讨论吉他弹奏过程中是如何发出不同频率的声音,即如何改变式(2-12-4)等号右边的几个物理量使得频率 f 发生变化。如果大家仔细观察吉他的琴弦,会发现这几根弦粗细不同,即线密度 ρ 不同,因此粗细不同的弦线对应的频率 f 不同;吉他的琴头部分都设置有调弦器,调节调弦器可以改变琴弦中的张力 F,进而使频率 f 变化;此外,大家也会发现吉他手在演奏过程中左手会按压琴弦的不同部位(称为按品),这其实改变了琴弦长度 L。因此在吉他弹奏过程中,综合使用上述操作就能发出不同频率的声音。同学们可以继续查找相关的资料深入了解吉他的发音过程。

2.弦线上驻波的实验观察

以上对弦线上驻波的形成及特征进行了讨论,下面开始研究具体的实验中如何在弦线上产生驻波,并验证式(2-12-4)。首先驻波的产生需要在弦线上产生两列振幅、频率相同,传播方向相反的波进行叠加,那么在本实验中是如何在弦线中产生满足上述条件的两列波呢?由于通电金属弦线在磁场中会受到安培力的作用,如果金属弦线中通入的是交变电流,安培力的方向将交替变化,这样就使弦线振动并在弦线上形成波动,这种初始的波动可认为是入射波。当其传播到劈尖 A、B 处(见图 2.12.4)又会反射回来,形成反射波,由于反射波是由入射波产生的,所以这两列波振幅、频率相同而方向相反,当满足式(2-12-1)时就会在弦线上形成稳定的驻波。

弦线上的张力由右侧挂载的砝码产生。弦线长度可由两个劈尖 A、B 的位置得到,并由标尺测量,改变劈尖的位置可得到不同长度的弦长。磁场由弦线下方的小磁铁产生。请同学们思考,小磁铁放置的位置有没有要求,能不能放在波节位置?实验中同学们可以在其他条件不变的情况下,移动小磁铁位置,观察驻波变化。

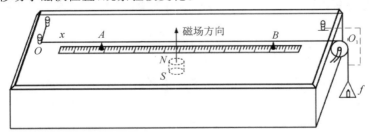

图 2.12.4 仪器配置简图

那么又如何在实验中对式(2-12-4)进行验证呢?由于该式是综合式(2-12-2)和式(2-12-3)得到的,式(2-12-2)中的波速 v 可认为是理论值,式(2-12-3)中的波速 v 为实验值,在特定条件下,比较这两个波速就可对式(2-12-4)进行验证。如在频率 f 一定的条件下,可以通过改变两个劈尖的位置来改变弦线长度 L,当弦线上出现稳定的驻波时,观测出波

段数 n，即可得到式(2-12-3)中的实验值；通过线密度 ρ 以及弦线上挂载的砝码得到的张力 F，即可得到式(2-12-2)中的理论值，随后就可以对二者进行比较，从而验证式(2-12-4)。

实验内容与步骤

1. 测量弦线的线密度 ρ

打开信号发生器，选取频率 $f=100$ Hz，在弦线右端的砝码盘中放入 20 g 砝码，注意此时弦线中的张力 F 由砝码盘及砝码共同产生。将小磁铁放在弦线的中部，调节劈尖的位置以改变弦长 L，使弦线上产生 $n=2$ 的稳定且明显的驻波段。此时记录弦长 L、频率 f、波段数 n、张力 F 并填入表 2.12.1，代入式(2-12-4)即可得到线密度 ρ。在其他条件不变的情况下，继续调节两个劈尖的位置，使弦线上产生 $n=3$ 的稳定且明显的驻波段，再记录各数据并填入表 2.12.1，代入式(2-12-4)计算线密度 ρ。比较这两个线密度。

实验的关键操作是要在弦线上形成稳定且明显的驻波，那么请同学们思考如何判断弦线上的驻波是稳定且明显的？

2. 保持频率 $f=100$ Hz，测量不同张力条件下的波速

在右侧的砝码盘中分别放入 20 g、25 g、30 g 砝码，以产生不同的张力，调节劈尖位置使得弦线上出现 $n=2, 3$ 个波段，记录各项数据填入表 2.12.2，根据式(2-12-2)和式(2-12-3)分别计算波速并填入表 2.12.2，计算绝对误差以及相对误差。这部分计算需要用到弦线的线密度 ρ，可由表 2.12.1 所得到的 $\bar{\rho}$ 代替。

3. 保持张力 F 一定，测量不同频率条件下的波速

在右侧砝码盘中放置 20 g 砝码并保持不变，调节信号发生器使频率 f 分别为 100 Hz、125 Hz、150 Hz，在每个频率条件下调节劈尖位置使得弦线上分别出现 $n=2, 3$ 个波段，记录各项数据填入表 2.12.3。根据式(2-12-2)和式(2-12-3)分别计算波速，再计算绝对误差以及相对误差。这部分计算也需要用到弦线的线密度 ρ，可由表 2.12.1 所得到的 $\bar{\rho}$ 代替。

实验数据记录及处理

（1）测量弦线的线密度，将数据填入表 2.12.1。

表 2.12.1 线密度的测定

波段数 n	劈尖 A 位置 P_A/mm	劈尖 B 位置 P_B/mm	弦长 L/mm	线密度 ρ/(kg·m^{-1})
2				
3				
$f=$ _____ Hz		$F=$ _____ N		$\bar{\rho}=$ _____ kg·m^{-1}

（2）保持 $f=100$ Hz 不变，测量不同张力 F 时的波速，将数据填入表 2.12.2。

表 2.12.2　频率一定时，不同张力下的波速测定

砝码/g	F/N	n=2			n=3			$\bar{\lambda}$/mm	$v=f\cdot\bar{\lambda}$ /(m·s^{-1})	$v=\sqrt{\dfrac{F}{\rho}}$ /(m·s^{-1})	Δv /(m·s^{-1})	E_v
		P_A/mm	P_B/mm	L/mm	P_A/mm	P_B/mm	L/mm					

(3) 保持 F 不变，测量不同频率下的波速，将数据填入表 2.12.3。

表 2.12.3　张力一定时，不同频率下的波速测定

f/Hz	n=2			n=3			$\bar{\lambda}$/mm	$v=f\cdot\bar{\lambda}$ /(m·s^{-1})	$v=\sqrt{\dfrac{F}{\rho}}$ /(m·s^{-1})	Δv /(m·s^{-1})	E_v
	P_A/mm	P_B/mm	L/mm	P_A/mm	P_B/mm	L/mm					

实验拓展

驻波的形成

当两列频率相同、振动方向相同、相位差恒定的波叠加时，会产生波的干涉现象，即在这两列波叠加区域内，有些点处的振动始终加强，有些点处的振动始终减弱。产生干涉现象的这两列波称为相干波，这两列波要满足的干涉条件称为相干条件。我们接着来看一种特殊情况，如果这两列相干波还满足振幅相同，沿同一直线相向传播时，当弦线的长度为某些特定值时，如图 2.12.3 所示，会发现弦线上有些点始终静止不动，有些点则振动最强，最终使得弦线分段振动，这就是驻波现象。驻波中的"驻"字，原指停留，此处"驻"有三层意思，一是没有波形的定向传播，二是没有相位的传播，三是没有能量的定向传播。驻波的形成可用波的叠加原理进行解释。

假设有两列振动方向、频率、振幅都相同的平面余弦波，分别沿 x 轴相向传播，它们的波动方程可表示为

$$y_1 = A\cos2\pi(ft - \frac{x}{\lambda})$$
$$y_2 = A\cos2\pi(ft + \frac{x}{\lambda})$$

(2-12-5)

式中，A 为波的振幅；f 为频率；λ 为波长；x 为弦线上任一质点的坐标。

根据波的叠加原理，合成波的波动方程为

$$y = y_1 + y_2 = A\left(\cos2\pi(ft - \frac{x}{\lambda}) + \cos2\pi(ft + \frac{x}{\lambda})\right) \quad (2-12-6)$$

利用三角函数关系,上式可进一步变为

$$y = 2A\cos2\pi\frac{x}{\lambda} \cdot \cos2\pi ft \quad (2-12-7)$$

从式(2-12-7)可知,两列波合成后,弦线上各质点都在做同频率的简谐振动,其振幅 A' 满足 $A' = |2A\cos2\pi\frac{x}{\lambda}|$,与质点的位置有关,与时间 t 无关。下面我们来分析质点在一些特殊位置的振幅。

当质点位置满足 $x = (2k+1)\frac{\lambda}{4}(k=0,1,2,\cdots)$ 时,$A'=0$,即此处振幅始终为 0,这些点就是驻波的波节处。

当质点位置满足 $x = k\frac{\lambda}{2}(k=0,1,2,\cdots)$ 时,$A'=2A$,此处振幅最大且始终为 $2A$,它是合成前每列波振幅的两倍,这些点就是驻波的波腹处。

从上述波腹位置满足的条件可以得到相邻波腹间的距离为

$$x_{k+1} - x_k = (k+1)\frac{\lambda}{2} - k\frac{\lambda}{2} = \frac{\lambda}{2} \quad (2-12-8)$$

即相邻两波腹间的距离为半波长,同样也可以推出相邻两波节间的距离也为半波长。因此不难理解式(2-12-1)中为什么满足驻波条件时,

$$L = n\frac{\lambda}{2}$$

也可以看到波腹和相邻波节间的距离为 $\frac{\lambda}{4}$,即波腹和波节交替等距离排列。

实验 2.13　声速测量

实验预习题

1.本实验采用了 3 种方法测量声速,请简述这三种方法,包括原理、公式、示意图等。

2.实验中是如何产生超声波的,又是如何接收超声波?根据实验仪器配置图,写出具体过程。

3.写出声驻波的波节、波腹的特点。如何利用示波器判断哪处是波节、波腹?

4.实验中为什么要将信号源的频率调至压电陶瓷的谐振频率?

5.在相位比较法测量声速时,实验利用了示波器的 X-Y 模式观察李萨如图形,请同学们阅读实验 2.6,复习示波器的使用,简述李萨如图形是如何形成的。

声波是一种在弹性介质中传播的机械波,在无限大的液体或空气中,声波的振动方向与传播方向一致,故声波是纵波。以频率来划分声波,振动频率在 20 Hz~20 kHz 的声波可以被人听到,称为可闻声波;频率低于 20 Hz 的声波称为次声波;频率高于 20 kHz 的声波称为超声波,常用的超声波的频率范围在 $2\times10^4 \sim 5\times10^8$ Hz。

超声波具有波长短、穿透本领强、易于定向发射等优点,因而在测距、定位、工业探伤、医用 B 超、清洗、焊接、钻孔、碎石、杀菌消毒、测液体流速和测量气体温度等方面具有显著的优势。眼镜店中清洗镜片用到的超声波清洗机,就是利用超声波的空化效应使溶剂中的气泡破裂,产生强大冲击力,进而冲击镜片表面污垢,达到清洗目的。在临床医学中,超声波技术、电子技术和计算机技术的完美结合,在研究人体内部组织超声物理特性和病变间的某些规律方面,已成为不可缺少的诊疗手段,并迅速发展成为一门交叉性学科即超声诊断学。超声波在海洋探查与开发方面也发挥着独特的作用,例如超声波可以用来探测鱼群或冰山,可以用于潜艇导航或传送信息、地形地貌测绘和地质勘探等。

声速作为超声波的重要参数,无论是基础研究,还是临床应用,它的测量都具有重要意义。声波的传播与介质的特性和状态等因素有关,本实验将利用多种方法,测量超声波在空气中的传播速度。

实验目的

1.了解超声波的产生、发射和接收的原理。

2.用驻波法、相位法和时差法测量超声波在空气中的速度。

3.学习压电换能器的功能,进一步学习驻波及振动合成理论。

4.进一步学习示波器的使用。

5.学习用逐差法处理测量数据。

实验仪器

实验中用到的仪器有 SV-DH 系列声速测试仪(见图 2.13.1),SVX-7 声速测试仪信号源(见图 2.13.2),MDS-620 双踪示波器(见图 2.13.3)。

图 2.13.1　SV-DH 系列声速测试仪

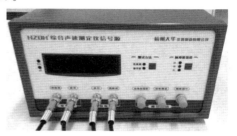

图 2.13.2　SVX-7 声速测试仪信号源

图 2.13.3　MDS-620 双踪示波器

实验原理

本实验主要目的是测量超声波在空气中的传播速度,那么同学们可能首先会问实验中如何产生超声波,又如何接收超声波? 因此我们需先了解超声波的产生与接收。

1. 超声波的产生与接收

要在空气中形成声波,需要振动源产生振动,振动在空气中传播开来就形成声波。由于超声波的振动频率高于 20 kHz,因此对振动源提出了较高的要求。本实验采用压电陶瓷换能器作为振动源,如图 2.13.4 所示。

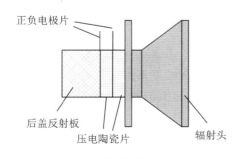

(a) 结构示意图

(b) 实物图

图 2.13.4　压电陶瓷换能器示意图及实物图

压电陶瓷换能器的核心是压电陶瓷片。超声波的产生利用了压电陶瓷的逆压电效应。所谓逆压电效应,即将外加电压通过图 2.13.4(a)中的正负电极片加在压电陶瓷两端时,压电陶瓷内部会产生与电场强度呈线性关系的应变,从而使压电陶瓷出现宏观机械形变。具体来讲,当施加的电场方向与压电陶瓷极化方向相同时,压电陶瓷将沿极化方向(纵向)伸长,当施加的电场方向与压电陶瓷极化方向相反时,压电陶瓷将沿极化方向(纵向)压缩。因此如果在压电陶瓷上施加的电信号为正弦交流信号,即电场方向交替变化,压电陶瓷就会发生伸长→压缩→伸长形变,产生振动,从而在空气中激发出超声波。此外可以看到图 2.13.4(b)中,压电陶瓷头部装有金属做成的喇叭状辐射头,这样所发射的超声波方向性和平面性好。本实验所用的压电陶瓷晶片的振荡频率范围为 25 kHz~45 kHz,产生的超声波的波长为几毫米。

前面我们学习了超声波是如何产生及发射的,那么超声波又如何接收?其实接收超声波的也是压电陶瓷换能器,只是发射超声波时用到了压电陶瓷的逆压电效应,接收超声波则用到了压电陶瓷的压电效应。所谓压电效应,即超声波传到压电陶瓷表面时,表面感受到外力作用,导致压电陶瓷发生形变,使得压电陶瓷内部极化强度发生变化,从而使压电陶瓷两端产生电压信号,将这个电信号送进示波器中,就可实现超声波的接收与观测。

总之,超声波的产生与接收都用到了压电陶瓷换能器,本质上是由于压电陶瓷实现了机械能与电能的相互转换。超声波的产生、接收及观测示意图如图 2.13.5 所示。压电陶瓷换能器 S_1 产生并发射超声波,另一端的压电陶瓷换能器 S_2 接收超声波,S_2 可通过转动手摇鼓轮沿着丝杠移动。信号源的作用为输出电信号到 S_1,使 S_1 产生超声波,同时能处理 S_2 接收到的超声波,供示波器进行观察。双踪示波器可以同时观测产生的超声波和接收到的超声波信号,并进行对比。

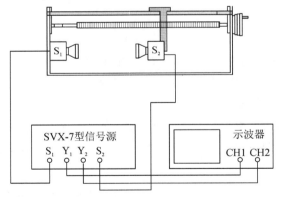

图 2.13.5 超声波的产生、接收及观测示意图

2. 超声波声速的测量

至此,我们学习了超声波的产生、接收及观测,那么接下来该采用什么方法测量超声波在空气中的传播速度?我们的思路是找到一个含有传播速度的等式,通过实验测出该等式中的直接测量值,然后代入等式即可计算出传播速度。

超声波的传播速度 v 和频率 f、波长 λ 之间的关系为

$$v = f\lambda \tag{2-13-1}$$

因此只要测出超声波的频率 f 和波长 λ,就可以求出声速 v。由于频率 f 可通过测量声源(信号发生器)的振动频率得出,因此实验的主要任务就是测量超声波的波长 λ。本实验将分别采

用驻波法(共振干涉法)以及行波法(相位比较法)测量波长 λ。此外,还可以用时差法直接测出超声波的速度。实验完毕请同学们比较这三种方法,思考哪种方法得到的结果精确度高。

(1) 时差法直接测量波速。

时差法的原理相对简单,如图 2.13.5 所示,只要测出 S_1 及 S_2 间的距离 l,再根据信号源上的时间窗口,测出超声波传播 l 所用的时间 t,根据公式

$$v = \frac{l}{t} \qquad (2-13-2)$$

即可计算得出波速 v。同学们可以看到时差法中并没有用到示波器。

(2) 驻波法(共振干涉法)测量波长。

当 S_1 发射的平面超声波经空气传到 S_2,由于 S_2 与 S_1 平行,因此超声波在 S_2 处就会被反射回来,形成反射波,并与 S_1 发出的入射波进行叠加。按照波的干涉理论,当 S_1 与 S_2 间的距离 l 为半波长 $\frac{\lambda}{2}$ 的整数倍时,即

$$l = n\frac{\lambda}{2} \qquad (2-13-3)$$

入射波和反射波叠加就会形成驻波,其原理如图 2.13.6 所示。关于驻波的详细介绍,请同学们参考书实验 2.12 弦线上的驻波实验这一节。

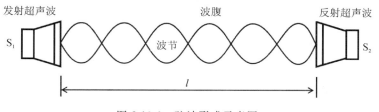

图 2.13.6　驻波形成示意图

了解了 S_1 和 S_2 之间驻波形成原理,那么如何利用驻波测量超声波的波长?根据式(2-13-3),关键是要测出 S_1 和 S_2 间波段数 n,即可得到超声波的波长。而观测 S_1 和 S_2 间波段数 n 是由示波器来完成的。具体来讲,由于声波是纵波,在声驻波中,波腹(介质密度)处声压小,接收换能器 S_2 上输出的电压幅度也小;波节(介质密度大)处声压大,接收换能器 S_2 上输出的电压幅度也大。因此,当改变换能器间距离 l,换能器 S_2 上输出的电压将周期性变化,使得示波器上所显示的波形幅值也作周期性变化。如图 2.13.7 所示,每变化一个周期,换能器 S_1 和 S_2 间距离变化即为半波长,即对应 1 个波段数。实验时可在游标尺上读出波形幅度最大时对应的一系

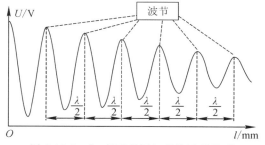

图 2.13.7　S_2 表面声压与其位置的关系

列数值,然后用逐差法求出波长λ,超声波频率f由信号发生器读出,则声速由式(2-13-1)求出。

实验中为了使示波器上观察到的信号更加明显,即S_2表面受到的声压最大,转化成的电信号也最强,一般采用使信号发生器输出的信号频率等于驻波系统的固有频率(本实验中为压电陶瓷的固有频率)的方法。因为此时就会产生驻波共振,使得驻波的波腹处的振幅达到最大值,波节处声压最大,从而使示波器上出现最明显的信号。

事实上,共振现象存在于自然界的许多领域,当一个振动系统受到另一个系统周期性的激励,若激励系统的频率与振动系统的固有频率相同,振动系统将获得最多的激励能量,产生共振,利用共振现象测量振动系统的固有频率可以达到很高的准确度。驻波法就是利用产生驻波时的共振现象来测量波长。

因此,实验中首先要调节信号发生器的输出频率,并利用示波器观察S_2的信号波形变化,寻找到信号最强处,此时信号发生器的输出频率就是本系统的谐振频率。具体操作请阅读实验内容与步骤2。

(3)行波法(相位比较法)测量波长。

波是振动状态的传播,而相位表示了波的振动状态,因此波也是相位的传播。在波的传播方向上的任何两点,如果其振动状态相同,则这两点同相位或者相位差是2π的整数倍,此时这两点之间的距离应等于波长的整数倍。实验中,当换能器S_1发出的超声波经过空气到达接收换能器S_2时,在任一时刻,发射波与接收波之间有一相位差φ,设两换能器间距为l,则

$$\varphi = 2\pi \frac{l}{\lambda} \tag{2-13-4}$$

由该式可知,当相位差φ改变2π,S_1和S_2之间的距离l就改变一个波长。因此可通过相位变化来求波长λ。

相位比较法的实验装置如图2.13.5所示。实验中为了判断相位差并测量波长,可以利用双踪示波器直接比较S_2端接收的信号和S_1端发射的信号,通过找相位相同的点来测量波长。也可以将S_1端发射的信号和S_2端接收的信号送进双踪示波器,并将示波器置于"X-Y"状态。示波器上将有两个同频率、振动方向相互垂直且相位差恒定的振动合成,从而形成李萨如图形。其图形变化与相位差φ的关系如图2.13.8所示。

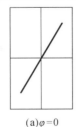 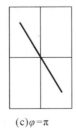 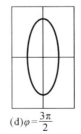 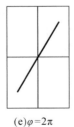

(a)$\varphi=0$ (b)$\varphi=\frac{\pi}{2}$ (c)$\varphi=\pi$ (d)$\varphi=\frac{3\pi}{2}$ (e)$\varphi=2\pi$

图2.13.8 李萨如图形与两垂直简谐运动的相位差

实验时可选择合成图形呈斜直线"/"时作为测量起点,当S_1和S_2之间的距离l每改变一个波长λ时,会再次出现同样的图形"/",于是,读出一系列l值,可求出波长λ,由式(2-13-1)算出声速v。

(4)超声波在空气中的理论传播速度。

声波在理想气体中的传播速度为

$$v = \sqrt{\frac{\gamma RT}{M}} \tag{2-13-5}$$

式中,γ 是比热容比,$\gamma = \dfrac{C_p}{C_v}$;$R$ 是摩尔气体常数;M 是气体的摩尔质量;T 是热力学温度。从式(2-13-5)可见,温度是影响空气中声速的主要因素。如果忽略空气中的水蒸气和其他杂质的影响,在 0℃($T_0 = 273.15$ K)时的声速

$$v_0 = \sqrt{\frac{\gamma RT_0}{M}} = 331.45 \text{ m/s}$$

在 t ℃时空气中的声速为

$$v_t = v_0 \sqrt{1 + \frac{t}{273.15}} \tag{2-13-6}$$

式中,室温 t 可从干湿温度计上读出。由式(2-13-6)可计算出声速,该结果可作为空气中声速的理论值。同学们可将理论值与前述三种方法得到的实验值进行比较。

实验内容与步骤

1. 连接仪器

(1)按照图 2.13.5 连接好电路,调节示波器到使用状态。使 S_2 靠近 S_1 并留有适当空隙,观察 S_1 与 S_2 是否平行。

(2)打开信号源电源后,自动工作在连续波方式,并预热 15 min,选择的介质为空气的初始状态。

2. 测量信号源的输出频率 f_0(谐振频率)

(1)将示波器显示方式(MODE)置于 CH2 位置,观察示波器接收到的信号,移动 S_2,使 S_1 到 S_2 的距离约为 5 cm,调节信号源发射强度旋钮,使输出(发射端 S_1)的正弦波幅度(峰峰值)约为 10~15 V。

(2)调节信号频率旋钮,从最小开始调起,利用示波器观察 S_2 的信号波形,寻找信号最强处,此时信号源左下角信号指示灯稳亮。这时信号发生器的输出频率就是本系统的谐振频率(工作频率 f_0)。

(3)自行设计数据记录表格,测量三次谐振频率,求出平均值。

3. 用驻波法(共振干涉法)测量波长和声速

(1)由近及远缓慢移动 S_2,并仔细观察示波器上信号的变化情况。

(2)选择一个信号最强时的位置(波节位置),记为 x_1,继续移动 S_2,记录第 2 个信号最强时的位置 x_2,重复上述步骤,记录 $x_3, x_4, x_5, \cdots, x_{10}$。自行设计数据记录表格,用逐差法求出声波波长和误差。

(3)利用谐振频率 f_0 计算出声波速度。注意当 S_1 及 S_2 的间距比较远时,接收到的信号将有所衰减。

(4)记录室温 t,将测量值与利用式(2-13-6)所得值进行比较,对结果进行讨论。

4. 用相位比较法测量波长和声速

(1)将示波器调至信号合成状态,即"TIME/DIV"旋钮置于"X-Y"方式。观察示波器上出现的李萨如图形。由近及远缓慢移动 S_2,观察示波器上是否周期性出现斜线→椭圆→斜线的图形变化。

(2)由近及远缓慢移动 S_2,使示波器上出现图 2.13.8 中的"/"形斜线,并将此时 S_2 的位置记为 x_1,继续缓慢移动 S_2,当示波器上重复出现"/"形斜线时,说明相位变化了 2π,即 S_1 及 S_2 之间移动了一个波长。将此时 S_2 的位置记为 x_2。

(3)继续沿同一方向移动 S_2,重复上述步骤,记录 $x_3, x_4, x_5, \cdots, x_{10}$。自行设计数据记录表格,用逐差法处理数据,得出波长、声速及误差,并与利用式(2-13-6)所得值进行比较,对结果进行讨论。

5. 用时差法测量声速(此步骤与示波器无关)

(1)将 S_1 及 S_2 之间距离调节至大于 50 mm,这是因为两者间距太近或太远时,信号干扰太多。

(2)记录此时 S_2 的位置 L_1 及时刻 T_1,再移动 S_2 至某一位置 L_2,记录时刻 T_2。若此时时间显示窗口数字变化较大,可通过调节接收增益来调整,当时间显示稳定时,记录时刻 T,根据下式计算波速 v,

$$v = \frac{L_2 - L_1}{T_2 - T_1} \tag{2-13-7}$$

(3)重复上述步骤,要求测量并计算 5 次波速,自行设计数据记录表格,取平均值。

采用时差法测量比较准确,信号源内有单片机计时装置,具有 8 位有效数字,同时信号测量为随机测量,不因为目测信号的大小而产生误差。在测量固体及液体中的声速时,由于固体杂质或气泡等因素的影响,最好用时差法来进行测量。

实验数据记录及处理

(1)自拟表格,用逐差法处理驻波法和相位比较法测得的数据,计算空气中的声速,并与理论计算值进行比较。

(2)用时差法计算空气中的声速,并与理论计算值进行比较。

(3)分别比较驻波法、相位比较法和时差法得到的声速。

实验注意事项

(1)注意实验中 S_1 和 S_2 不能互相接触,否则会导致压电陶瓷换能器损坏。

(2)仪器使用中,注意不能使信号源短路,以防烧坏仪器。

(3)测量时应沿同一方向转动手摇鼓轮,避免回程误差。

(4)测量声波在固体中的传播速度时,要注意固体材料棒与传感器之间必须接触良好,必要时可在接触面间均匀涂抹硅脂。

(5)测量声波在液体中的传播速度时,注意液体要覆盖传感器,但不得与实验装置的移动轴和数显装置接触,以免损害仪器,倒出液体时也应小心。

实验拓展

压电传感器应用简介

本实验中超声波的产生、接收用到了压电陶瓷的逆压电效应及压电效应(统称压电效应)。由于压电效应可将力信号变成电信号,且电信号与施加的外力成正相关,从而方便观测、获取外力的有关信息。根据这种性质,可以利用压电材料制成压电传感器。压电传感器作为传感器领域的重要组成部分,已经广泛应用于生产实际中。下面列举相关例子,供同学们阅读,了解压电传感器的应用。

对于"加速度",同学们很熟悉,它是表征物体速度变化快慢的物理量。在实际应用中,快速探测物体的加速度信息,对于获取物体姿态,进而进行调整具有重要意义。加速度传感器就是探测物体加速度并将其转为电信号的传感器件,目前已在汽车安全、游戏控制、智能产品等领域得到广泛应用。加速度传感器主要有压电式、压阻式、电容式和伺服式四种。我们以压电加速度传感器为例进行介绍。

压电加速度传感器利用压电效应进行工作,其原理是通过压电元件上产生的电信号获得施加的外力 F,再根据同学们熟知的 $F=ma$ 得到加速度 a。现代汽车上都装有安全气囊,在发生碰撞或翻滚等危险时可以有效保护乘客,因此如何快速确认汽车是否发生危险就至关重要。而利用加速度传感器对汽车的加速度进行测量可以有效进行事故判断。例如,汽车在日常行驶时加速度的变化不是很大,此时不会触发安全气囊;当汽车发生碰撞时,遭受强大外力,导致加速度剧烈变化,此时加速度传感器就会快速感知,触发气囊弹出,保护乘客。

除了在汽车安全上的使用,压电加速度传感器还用在数码相机的防抖功能上。这是同学们都熟悉的功能,此功能可以防止抖动带来相片模糊。而这种功能的实现就是根据压电加速度传感器检测拍摄时的振动,并根据这些振动,自动调节相机的聚焦。

实验 2.14 用示波器观察振动的合成

实验预习题

1. 简述什么是李萨如图形。
2. 观察李萨如图形要用到示波器的"X-Y"模式,请解释"X-Y"模式的概念。
3. 在观察李萨如图形时,图形始终不停地转动,当 x 轴与 y 轴偏转板上的电压频率相等时,荧光屏上的图形还是在转动,这是为什么?
4. 简述用李萨如图形测相位差及频率的原理。

在实验 2.6 示波器的原理及应用中,我们知道了不仅可以利用示波器直接观察单个电信号的波形,测定信号的幅度、周期、频率等,而且可以利用示波器双踪显示功能测量两个正弦信号的相位差。事实上,示波器的振动合成功能也可以测量两个正弦信号的相位差。所谓振动合成,是指将这两个正弦电压信号分别加在 x 轴、y 轴偏转板上,这时电子束将在水平方向和竖直方向上做简谐振动,荧屏上显示的光点运动轨迹就是这两个相互垂直的简谐振动的合成图像,称作李萨如图形。本实验中,我们将利用示波器观察李萨如图形,并测量相位差。在实验 2.13 声速测量中,有一种方法就是利用了李萨如图形,请同学们联系前文预习。

实验目的

1. 观察两个相互垂直的同频率及不同频率的简谐振动的合成。
2. 学习用李萨如图形测量相位差。
3. 进一步学习示波器的使用。

实验仪器

MOS-620CH 双踪示波器(见图 2.14.1),MAG-203D 信号发生器(见图 2.14.2),RC 电路板,导线。

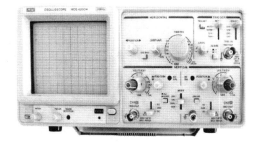

图 2.14.1 MOS-620CH 双踪示波器

图 2.14.2 MAG-203D 信号发生器

实验原理

1. 李萨如图形介绍

通过实验 2.6 示波器的原理与应用，我们知道示波器默认显示的波形是被测信号电压随时间的变化关系，这种显示模式我们也称之为"Y‑T"模式。即以同等时间间距对待测信号的电压值进行采样，并经一系列处理过程后在屏幕上依次显示，也就是说，荧屏上所显示波形的横轴是时间量，纵轴是振幅。可是在很多场合下需要对信号变化的波形进行比较，如观察一个特定信号在经过某电路前后波形及相位的变化或观察一个正弦波经不同倍频电路后波形及相位的变化，用"Y‑T"模式观察就很不方便，此时就要用到示波器的"X‑Y"模式进行观测。在此模式下，从 CH1 通道和 CH2 通道输入的信号将分别加在 x 轴和 y 轴偏转板上。例如，在 x 轴信号输入端(CH1)和 y 轴信号输入端(CH2)同时加上两个正弦电压信号，则电子束将在两个互相垂直的电场力作用下打向荧光屏，形成李萨如图形。

图 2.14.3 显示了不同频率比、不同初相位差的两个正弦信号合成后形成的图形，为什么会显示这样的图形，下面我们就以同频率的两个正弦信号为例，讨论它们在不同初相差时的振动合成。设两个互相垂直的同频率简谐振动的运动方程为

$$\begin{cases} X = X_0 \cos(\omega t + \varphi_1) \\ Y = Y_0 \cos(\omega t + \varphi_2) \end{cases} \qquad (2-14-1)$$

式中，X_0、Y_0 称为振动的振幅；$(\omega t + \varphi_1)$ 和 $(\omega t + \varphi_2)$ 称为相位，φ_1、φ_2 称为初相位；合成后的振动方程为

$$\frac{X^2}{X_0^2} + \frac{Y^2}{Y_0^2} - 2\frac{XY}{X_0 Y_0}\cos(\varphi_2 - \varphi_1) = \sin^2(\varphi_2 - \varphi_1) \qquad (2-14-2)$$

可以看到合成后的运动轨迹一般情况下为椭圆。式(2‑14‑2)中 $\varphi_2 - \varphi_1 = \varphi$ 称为相位差。根据相位差的不同，现讨论如下：

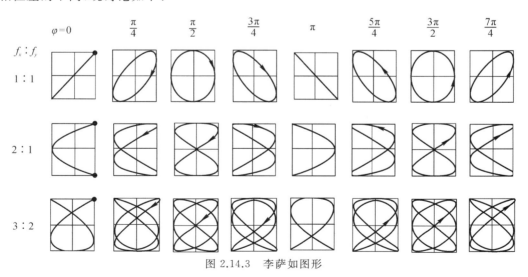

图 2.14.3 李萨如图形

(1) 当相位差 $\varphi = 0$（或 $2k\pi$）时，说明 x 轴、y 轴方向的振动初相相同，代入式(2‑14‑

2),得

$$\frac{X}{X_0} = \frac{Y}{Y_0} \quad (2-14-3)$$

可见两振动的合成轨迹是一条直线(见图 2.14.3),当 $Y_0 = X_0$ 时,即两个振动的振幅相同时,这条直线与 x 轴成 $45°$。

(2)当相位差 $\varphi = \dfrac{\pi}{2}$ 时,式(2-14-2)变为

$$\frac{X^2}{X_0^2} + \frac{Y^2}{Y_0^2} = 1 \quad (2-14-4)$$

此时两振动合成轨迹为一个正椭圆。当 $Y_0 = X_0$ 时,合成的轨迹为圆。

(3)当相位差 φ 值在 $0 \sim \dfrac{\pi}{2}$ 之间时,两振动合成的轨迹也是椭圆。只是椭圆的主轴不再与原来的两个振动方向(x、y 轴向)重合,一般称为斜椭圆。

同理,可以讨论 $\varphi = -\dfrac{\pi}{2}$ 和 φ 在 $-\dfrac{\pi}{2} \sim 0$ 之间的情况,结论与(2)、(3)相同,只是轨迹的走向与之前相反。

2.用李萨如图形测电路的相位差 φ

利用李萨如图形可以测量两个电信号的相位差。我们以同频率的两个相互垂直的正弦信号的合成为例进行讨论,考虑相位差最普遍的情况,即相位差 φ 值在 $0 \sim \dfrac{\pi}{2}$ 之间,此时两振动合成的轨迹为斜椭圆,如图 2.14.4 所示,椭圆轨迹与 x 轴相交的交点为 a、a',由于这两点的纵坐标为零,故根据式(2-14-1)可得

$$Y = Y_0 \cos(\omega t + \varphi_2) = 0$$

即

$$\omega t = \pm \frac{\pi}{2} - \varphi_2$$

代入横坐标表达式中,得

$$X = X_0 \cos\left(\pm \frac{\pi}{2} - \varphi\right) = \pm X_0 \sin\varphi$$

由图 2.14.4 可知

$$B = 2X = 2X_0 \sin\varphi$$

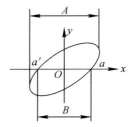

图 2.14.4 垂直振动合成轨迹

B 的最大值则为 $B = 2X_0$,即为图 2.14.4 中的 A,即

$$A = 2X_0$$

则有

$$\frac{B}{A} = \sin\varphi$$

即

$$\varphi = \arcsin\frac{B}{A} \quad (2-14-5)$$

实验时,只需测出 A、B 值,就可以由式(2-14-5)计算得到两振动的相位差 φ。

3.用李萨如图形测频率

如果两个相互垂直的简谐振动频率不同,但有简单的整数比关系,利用李萨如图形,也可以由一已知频率求得另一振动的未知频率。

设 y 轴方向振动和 x 轴方向振动的频率比为 $1:2$,则从李萨如图形可知,它们的合成轨迹如图 2.14.5 所示。

图 2.14.5　$f_y:f_x=1:2$ 的波的振动合成

作一竖直线与这个合成轨迹的左边相切,再作一横直线与该轨迹的下边相切,就可得到竖直线与水平线的切点数之比为 $2:1$(见图中虚线的交点数之比)。可见,y 轴方向振动一次的时间,x 轴方向却振动了 2 次。设竖直线与轨迹相切的切点数为 n_y,横直线与轨迹相切的切点数为 n_x,则 y 轴方向振动与 x 轴方向振动的频率之比为

$$f_y:f_x=n_x:n_y \tag{2-14-6}$$

这样,只要知道一个振动的频率,就可根据李萨如图形求出另一个振动的频率。

实验内容与步骤

1.观察振动的合成

观察两个相互垂直的同频率的振动(用正弦电压表示)的合成轨迹。参阅实验 2.6,复习示波器的使用,将 MOS-620CH 示波器的扫描旋钮置于"X-Y"模式下,这时"CH1 输入"即为 x 轴输入,"CH2 输入"即为 y 轴输入。

(1)将信号发生器的输出电压分别接到示波器的 y 轴输入端及 x 轴输入端,即将示波器探头的信号端接信号发生器的电压输出端,探头的接地端接信号发生器的"地"。观察并记录荧光屏上显示的合成轨迹。

(2)将信号发生器按图 2.14.6 接好,这是一个阻容移相电路,A、D 间的电压 U_{AD} 与 B、D 间的电压 U_{BD} 之间存在相位差。

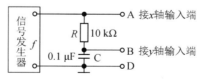

图 2.14.6　阻容移相电路

将示波器的 x 轴和 y 轴探头的信号端分别接到图 2.14.6 的 A、B 端,探头的接地端与 D 端连接。调节信号发生器的频率,可以观察到荧光屏上显示出直线、椭圆及正椭圆的图像。

注意,为了测得最准确的 B 值,示波器初始光点要调到中心位置。具体操作步骤如下:首先将示波器置于"Y-T 模式",并将通道 1 和通道 2 的输入耦合方式置于"GND",然后分别调

节各自的垂直位移旋钮,使水平光迹线处于荧光屏中央位置,最后将扫描速率开关置于"X-Y"模式,并调节水平位移旋钮,使光点处于中心位置。

(3)测量两个相互垂直、同频率、不同相位振动的相位差 φ。从电工学中可以知道,图 2.14.6 中电阻两端的电压 U_{AB} 的相位比电容两端的电压 U_{BD} 的相位超前 $\frac{\pi}{2}$,而它们的总电压 U_{AD} 可用矢量合成图表示,如图 2.14.7 所示。由图可见,总电压 U_{AD} 与电容两端的电压 U_{BD} 之间有一相位差 φ,并且有如下关系

$$\tan\varphi = \frac{U_{AB}}{U_{BD}} = \frac{IR}{I \cdot \frac{1}{\omega C}} = 2\pi f CR$$

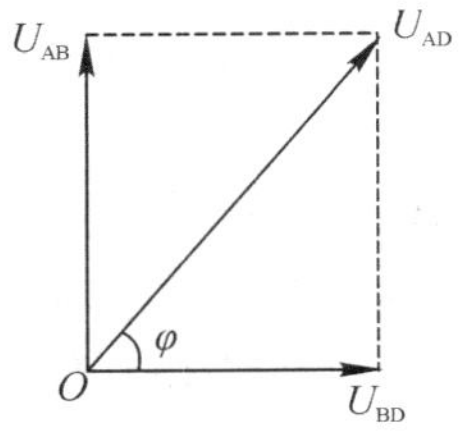

图 2.14.7 电压矢量合成图

即

$$\varphi = \arctan(2\pi f CR) \qquad (2-14-7)$$

式中,C 为电容值;R 为电阻值;f 为频率。

现在用实验方法来测量这一相位差。按图 2.14.6 的电路图接线,选择信号发生器的频率为 100 Hz 和 200 Hz,荧光屏上的图像为斜椭圆,如图 2.14.4 所示,测出 A、B 值,填入表 2.14.1 中。

2.观察李萨如图形及测定未知频率(选做)

将一个频率未知的信号发生器(即固定频率的待测信号源)的输出端与示波器的 y 轴输入探头信号端相接,将频率已知的可调信号发生器的输出端与示波器的 x 轴输入探头信号端相接,两探头的接地端分别与两信号发生器的"地"相接。调节信号发生器的频率,就能在荧光屏上显示出李萨如图形。根据李萨如图形与外接矩形边的切点数就可测定未知信号源的频率。

实验数据记录及处理

(1)测量数据并填入表 2.14.1 中。

表 2.14.1 观察李萨如图形及测量相位差数据记录表

f/Hz	A/V	B/V
100		
200		

(2)根据式(2-14-5)计算出相位差,并与相位差的理论公式(2-14-7)值比较,计算两

者的相对误差。

 实验拓展

MATLAB 软件的应用

MATLAB 软件是一个基于矩阵和矢量运算的数学软件,具有强大的计算、绘图、仿真等功能,利用此软件通过编程可以实现诸多的应用。我们可以利用 MATLAB 绘制广义李萨如图形,例如绘制不同频率比的两相互垂直的正锯齿振动与余弦振动的合成运动轨迹系列图,如图 2.14.8 所示;两相互垂直的斜锯齿振动与余弦振动的合成运动轨迹图形,如图 2.14.9 所示,有兴趣的同学可以自己试一试。

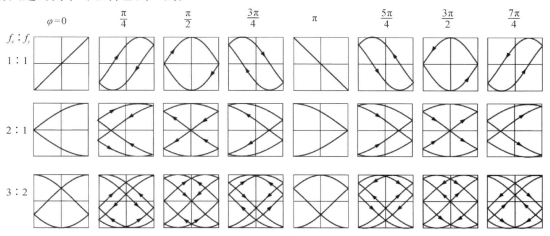

图 2.14.8 几种不同频率比的两相互垂直的正锯齿振动与余弦振动的合成运动轨迹系列图

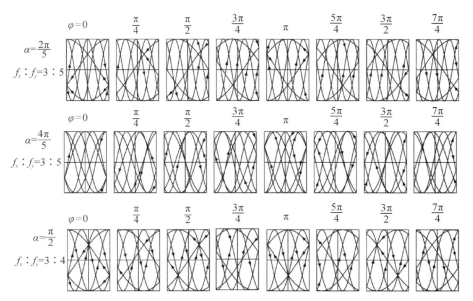

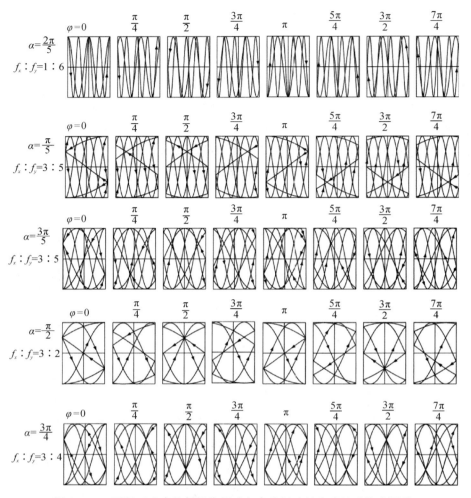

图 2.14.9 两相互垂直的斜锯齿振动与余弦振动的合成运动轨迹图形

实验 2.15　用示波器观察整流滤波电路

实验预习题

1. 什么是直流电和交流电？
2. 什么是整流，什么是滤波？
3. 复习实验 2.6，写出用示波器观察波形的几个重要操作步骤。

如图 2.15.1 所示，手机充电插头是我们生活中经常使用的物品，它的功能是将 220 V 交流电转化为 5 V 直流电。其实除了手机，绝大多数数码产品内部均使用的是直流电。这是因为直流电是连续不断地从正极流向负极，而交流电是波动的。而数码产品内的电子元器件是通过识别高低电势来工作的，比如说计算机，高电势为 1，低电势为 0，交流电本身会有过零点的电势，这样电子元器件就无法进行正确的逻辑判断。那么手机充电器是如何将交流电转化为直流电的？它的基本工作原理就是整流滤波电路。本实验中，我们就利用示波器来观察整流滤波电路的工作过程。

图 2.15.1　手机充电插头

实验目的

1. 熟悉示波器的使用。
2. 掌握交流电路的基本特性及交流电各参数的测量方法。
3. 了解整流滤波电路的基本工作原理。

实验仪器

MOS-620CH 双踪示波器（见图 2.15.2），安全变压器（见图 2.15.3），电容 PCB 板（见图

图 2.15.2　MOS-620CH 双踪示波器

图 2.15.3　安全变压器

2.15.4),电阻 PCB 板(见图 2.15.5),二极管 PCB 板(见图 2.15.6)。

图 2.15.4　电容 PCB 板　　　　图 2.15.5　电阻 PCB 板　　　　图 2.15.6　二极管 PCB 板

 实验原理

如图 2.15.7 所示,从插座出来的 220 V 交流电经过直流稳压电源后变成了 5 V 直流电,这个过程是如何实现的? 即直流稳压电源基本工作过程是什么,电源中包含哪些基本的分立元件呢? 下面我们将分别加以介绍。

图 2.15.7　交流电转化成直流电原理框图

1. 变压原理

从图 2.15.7 可以看到,直流稳压电源将 220 V 电压降为 5 V,这个过程用到了变压器。变压器是利用电磁感应原理,从一个电路向另一个电路传递电能或传输信号的一种设备,通常直流稳压电源使用电源变压器来改变输入到后级电路的电压。如图 2.15.8 所示,电源变压器由初级绕组、次级绕组和铁芯组成。初级绕组用来输入电源交流电压,次级绕组输出所需要的交流电压。通俗地说,电源变压器是一种电→磁→电转换器件。即初级的交流电转化成铁芯的闭合交变磁场,磁场的磁力线切割次级线圈产生交变电动势。次级绕组接上负载时,电路闭合,次级电路有交变电流通过。在变压器中,将两个线圈绕在同一铁芯上,若一个线圈加上交流电压,则另一线圈上将产生感应电动势。图 2.15.8 中,在变压器中初级线圈所加的电压为 $E_1(V)$,次级线圈产生的电压为 $E_2(V)$。如初级线圈的匝数为 N_1,次级线圈的匝数为 N_2,则 E_1 与 E_2 的大小正比于两个线圈的匝数,即 $E_1/E_2=N_1/N_2$。

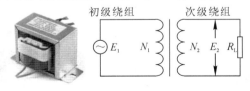

图 2.15.8　变压器实物及基本电路图

经过变压器后的交流电压尽管由 220 V 降为 5 V,然而 5 V 的电信号仍然是交流电,即大小和方向都是变化的。那么如何得到我们期望的直流电? 这就需要对变压器输出的交流电进行整流滤波。

2.整流原理

所谓整流,是将交流电变为直流电的过程。为了实现这个过程,一般利用二极管(见图2.15.9)的单向导电特性,将正负变化的交流电变为单向脉动的直流电。具体来讲,当给二极管阳极和阴极加上正向电压时,二极管导通;当给二极管阳极和阴极加上反向电压时,二极管截止。以正弦交流信号通过二极管为例,正弦波的正半部分将通过,而负半部分将损失掉,如图2.15.10所示。因此二极管的导通和截止,相当于开关的接通与断开,这样就可以将方向变化的交流电整流为直流电。下面介绍两种常见的整流电路。

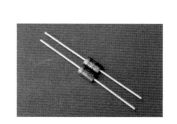

图 2.15.9　二极管实物图

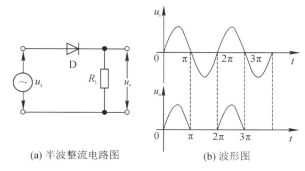

(a) 半波整流电路图　　(b) 波形图

图 2.15.10　半波整流电路图及其波形图

(1)半波整流电路。

图 2.15.10 给出了半波整流电路及其波形变换图,其中 u_i 是变压器变压后的交流信号,D 是整流二极管,R_L 是负载。u_i 是一个方向和大小随时间变化的正弦波电压,如图 2.15.10(b)所示,$0\sim\pi$ 期间是这个正弦波的正半周,这时二极管上为正向电压,二极管 D 正向导通,电源电压加到负载 R_L 上,负载 R_L 中有电流通过;$\pi\sim2\pi$ 期间是这个正弦波的负半周,这时二极管上为负向电压,二极管 D 反向截止,没有电压加到负载 R_L 上,负载 R_L 中没有电流通过。在 $2\pi\sim3\pi$、$3\pi\sim4\pi$ 等后续周期中重复上述过程,这样电源负半周的波形被"削"掉,得到一个单一方向的电压,波形如图 2.15.10(b)所示,由于这个过程只用到了原波形的半个周期,因此称为半波整流。这样得到的电压波形大小还是随时间变化,我们称其为脉动直流电。

(2)桥式整流电路。

由于半波整流电路只用到了交流信号的正半周,负半周的交流信号损失了,因此整流的效率较低。于是人们很自然地想到能否将电源的负半周也利用起来,这样整个交流信号都参与整流,即桥式整流,效率将得到提高。桥式整流电路就实现了这个目的,由于这种整流电路主要特点是使用四个整流二极管连接成电桥形式,如图 2.15.11(a)所示,所以称这种整流电路为桥式整流电路。在电压的正半周($0\sim\pi$ 期间),二极管 D_1 和 D_4 导通,D_2 和 D_3 截止,电压的正半周信号通过了二极管;在电压的负半周($\pi\sim2\pi$ 期间),二极管 D_2 和 D_3 导通,D_1 和 D_4 截止,电压的负半周信号通过了二极管,因此整个交流信号得到了利用,整流后的波形如图 2.15.11(b)所示。

交流电经过整流后尽管变成了直流电,然而我们可以清晰地看到这种直流电中含有明显的脉动成分,所含交流纹波很大,不宜直接使用,因此还需要将交流纹波成分过滤掉,这就要用到滤波。

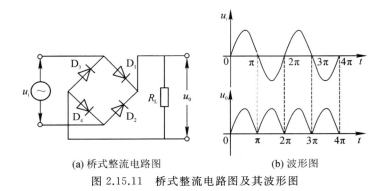

(a) 桥式整流电路图 (b) 波形图

图 2.15.11　桥式整流电路图及其波形图

3.滤波原理

滤波功能的实现利用了电容的充放电特性，电容是储存电量和电能的元件，如图 2.15.12

图 2.15.12　电容实物图

所示。通过滤波电路可以大大降低交流纹波成分，让整流后的电压波形变得比较平滑。下面介绍两种常见的电容滤波电路。

（1）单电容滤波电路。

单电容滤波电路如图 2.15.13(a)所示，以桥式整流后的脉动直流的滤波为例，在脉动直流波形的上升段，电容 C_1 充电，由于充电时间常数很小，所以充电速度很快；在脉动直流波形的下降段，电源电压下降，此时电容 C_1 像电池一样开始放电，由于放电时间常数很大，所以放电速度很慢，且在电容 C_1 还没有完全放电时再次进行充电，如此反复，使得幅度变化较大的脉

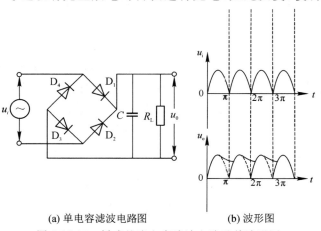

(a) 单电容滤波电路图 (b) 波形图

图 2.15.13　桥式整流电容滤波电路及其波形图

动直流得到平滑。如图 2.15.13(b)所示,其波形变化的幅度明显减小,这样通过电容 C 的反复充放电实现了滤波作用。

为了得到更好的滤波效果,电容放电过程必须变慢,电容放电越慢,输出电压就越平滑,而电容的放电快慢与电容的容量 C 和负载 R_L 有关,C 和 R_L 越大,电容放电越慢。

(2)RC 滤波电路。

整体来说,单电容放电的滤波效果还是不够好,输出波形还存在较大的纹波成分,因此经常使用两个电容和一个电阻组成 RC 滤波电路,由于电路中两个电容中间含有一个电阻,形状上有些像符号"π",又称 π 型 RC 滤波电路,如图 2.15.14 所示。这种滤波电路由于增加了一个电阻 R_1,使交流纹波都分担在 R_1 上。R_1 和 C_2 越大滤波效果越好,但 R_1 过大又会造成压降过大,减小了输出电压,因此一般 R_1 应远小于 R_L。本实验我们利用示波器观察图 2.15.14 所示电路的工作过程。

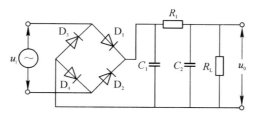

图 2.15.14　π 型 RC 滤波电路

实验内容与步骤

1.练习示波器的使用

参考实验 2.6 示波器的原理及应用中示波器的操作步骤练习使用示波器。

2.观察并描绘变压器的输出波形图。

按图 2.15.15 连接电路,利用示波器观察输出电压的峰-峰值 u_1,并记录其波形(毫米方格纸上)。

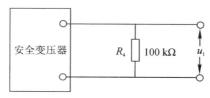

图 2.15.15　变压器输出电路图

3.整流波形的测量

(1)将电路连接成半波整流电路(见图 2.15.16),R_L 取 100 kΩ。

(2)用示波器观察输出信号 u_2,并画出其波形图(毫米方格纸上)。

(3)将电路连接成桥式整流电路(见图 2.15.17),R_L 取 100 kΩ。

(4)用示波器观察输出信号 u_3,并画出其波形图(毫米方格纸上)。

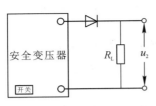
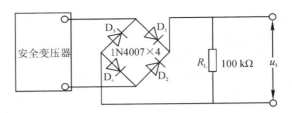

图 2.15.16　半波整流电路图　　　　图 2.15.17　桥式整流电路图

4. 滤波电路

(1) 将电路连接成单电容滤波电路(见图 2.15.18)，$C_1=100~\mu\text{F}$，$R_L=100~\text{k}\Omega$。

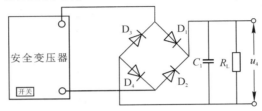

图 2.15.18　单电容滤波电路图

(2) 用示波器观察输出信号 u_4，并画出其波形图(毫米方格纸上)。

(3) 将电路连接成 π 型 RC 滤波电路(见图 2.15.19)，$C_1=C_2=100~\mu\text{F}$，$R_1=100~\Omega$，$R_L=100~\text{k}\Omega$。

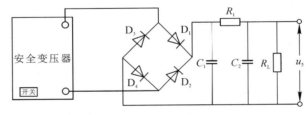

图 2.15.19　π 型 RC 滤波电路图

(4) 用示波器观察输出信号 u_5，并画出其波形图(毫米方格纸上)。

实验数据记录及处理

请同学们自己设计记录表格并记录实验数据。

实验拓展

1. 电容

电容，可以简单看成是一种储存电荷的容器。一般就是两个相近的导体，中间夹着一层不导电的绝缘介质，这样就构成了电容器。电容容值的大小取决于极板间的间距、两极板的相对面积及电容使用的材质。

电容一般可以分为如下三大类：

第一类是无极性电容，例如瓷片电容(见图 2.15.20)、贴片电容(见图 2.15.21)、安规电容

(见图 2.15.22)等。

图 2.15.20　瓷片电容

图 2.15.21　贴片电容

图 2.15.22　安规电容

第二类是有极性电容,例如铝电解电容(见图 2.15.23)、钽电解电容(见图 2.15.24)等。

图 2.15.23　铝电解电容

图 2.15.24　钽电解电容

第三类是可调电容,例如双联电容(见图 2.15.25)等。

图 2.15.25　双联电容

电感 L、电容 C 元件被称为"惯性原件",即电感中的电流、电容两端的电压,都有一定的"电惯性",不能突然变化。充放电时间,不光与 L、C 的容量有关,还与充放电电路的电阻 R 有关。

以电容的充放电为例,RC 电路的时间常数:

$$\tau = RC$$

充电时,t 时刻,电容两端电压 U_t 为:

$$U_t = U \times (1 - e^{-\frac{t}{\tau}})$$

式中,U 为电源电压。

放电时,

$$U_t = U_0 \times e^{-\frac{t}{\tau}}$$

式中,U_0 为放电前电容上的电压。

假设有电源通过电阻 R 给电容 C 充电,充电时,t 时刻电容两端电压 U_t 为

$$U_t = U_0 + (U_s - U_0) \times (1 - e^{-\frac{t}{RC}})$$

式中,U_s 为电源电压;U_0 为电容上的初始电压值。

如果电容上的初始电压为 0,则公式可以简化为

$$U_t = U_s \times (1 - e^{-\frac{t}{RC}})$$

由上述公式可知,因为 $e^{-\frac{t}{RC}}$ 只可能无限接近 0,但永远不会等于 0,所以电容电量要完全充满,需要无穷大的时间。

当 $t = RC$ 时,$U_t = 0.63 U_s$;

当 $t = 2RC$ 时,$U_t = 0.86 U_s$;

当 $t = 3RC$ 时,$U_t = 0.95 U_s$;

当 $t = 4RC$ 时,$U_t = 0.98 U_s$;

当 $t = 5RC$ 时,$U_t = 0.99 U_s$;

可见,经过 3~5 个 RC 后,充电过程基本结束。

当电容充满电后,将电源 U_s 短路,电容 C 会通过 R 放电,则任意时刻 t,电容上的电压为

$$U_t = U_s \times e^{-\frac{t}{RC}}$$

2.手机充电器工作原理

手机充电时,充电器先将 220 V 交流电通过由 4 个二极管构成的桥式整流电路变成高压直流电,然后再通过开关管变成高频高压脉冲,之后再通过变压器变成低压脉冲,低压的具体数值取决于被充电设备需要的电压。最后,低压脉冲经过整流、稳压电路,变成相应的直流电。也就是说,从 220 V 交流电到 5 V 直流电的过程主要会经过变压器、整流电路、稳压电路等,充电器只是改变了电能的形态而已。

实验 2.16　等厚干涉

实验预习题

1. 什么是光的干涉现象,两束光发生干涉的条件是什么?
2. 什么是等厚干涉,"等厚"二字如何理解?
3. 什么是空气劈尖? 空气劈尖的等厚干涉图样有什么特点,如何用劈尖干涉法测薄片厚度?
4. 什么是牛顿环? 牛顿环的等厚干涉图样有什么特点,如何用牛顿环测量透镜的曲率半径?
5. 如何调节实验装置,才能在读数显微镜中观察到等厚干涉条纹?
6. 用白光(不用单色光)能否看到干涉条纹,有什么特点和条件?
7. 牛顿环中心可能是亮斑吗,为什么?
8. 若劈尖干涉的条纹不平行,或牛顿环不圆,个别圆环有异变,可能是什么原因造成的?

公园里嬉戏的小孩吹出的泡泡在阳光下会呈现出五颜六色的色彩,很漂亮,那为什么泡泡会呈现出五彩斑斓的颜色? 其原因与光的干涉有关。当餐具上的油渍洗涤冲洗不彻底时,从餐具的表面也会反射出不同颜色的光,其原因也与光的干涉有关。柏油马路上,有时会发现地面上有各种色彩所形成的油膜,油膜的形成原理也离不开光的干涉。又如大多数照相机的镜头上都涂有一层增透膜,增透膜的原理也涉及光的干涉。在生产实际中,利用光的干涉可以制成干涉型光纤传感器,通过干涉条纹的变化来感知温度、压力等物理量的变化情况,具有灵敏度高、体积小等优点。本实验中,我们将从光的干涉现象出发,带领同学们认识一种比较特殊的干涉现象——等厚干涉。

实验目的

1. 观察光的等厚干涉现象。
2. 掌握用劈尖干涉测量薄片厚度的方法。
3. 掌握用牛顿环测量透镜曲率半径的方法。
4. 熟练掌握显微镜的调整与使用。
5. 学习用逐差法处理数据。

实验仪器

JCD3 型读数显微镜(见图 2.16.1),$GP_{20}Na$ 型钠光灯(波长 589.3 nm,见图 2.16.2),牛顿环实验装置(见图 2.16.3),劈尖(见图 2.16.4)。

图 2.16.1　JCD3 型读数显微镜

图 2.16.2　$GP_{20}Na$ 型钠光灯（589.3 nm）

图 2.16.3　牛顿环实验装置

图 2.16.4　劈尖（平板光学玻璃＋金属薄片）

实验原理

1. 光的干涉

什么是光的干涉现象，两束光发生干涉的条件是什么？两列光波相遇时会发生叠加，当这两列光波满足相干条件，即频率相同、振动方向相同、相位差恒定这三个条件时，在光波重叠区域，合成光的强度在某些点上始终加强，在另外一些点上却始终减弱，使得合成光的光强在空间形成强弱相间的稳定分布，宏观上显示出一个明暗相间的光学区域，这种现象称为光的干涉。例如，阳光下蝴蝶翅膀、肥皂泡呈现出来的五颜六色，如图 2.16.5 所示，雨后路面上油膜的多彩图样等，都是光的干涉现象。要产生光的干涉，两束光必须满足相干条件，实验中总是把由同一光源发出的光分为两束或两束以上的相干光，使它们各经不同的路径后再次相遇而产生干涉。

图 2.16.5　光的干涉现象

2.等厚干涉

了解了光的干涉现象后,我们来学习一种特殊的干涉现象即等厚干涉。当一束平行光入射到厚度有变化的薄膜层上时,入射光线会在薄膜层上、下表面分别反射。这两束反射光都来自于同一入射光,频率相同、振动方向相同,而且这两束反射光的初相位也相同,再相遇时的相位差将保持恒定,因此满足相干条件。它们将在薄膜的上表面附近相遇并产生干涉,由于薄膜厚度相同的地方形成同一干涉条纹,所以这种干涉就称为等厚干涉。空气劈尖和牛顿环是等厚干涉中两个典型的例子,本实验就是通过劈尖和牛顿环观察等厚干涉现象,并借助劈尖干涉测量微小长度,借助牛顿环测量平凸透镜的曲率半径。

接下来具体介绍空气劈尖干涉及牛顿环的原理及现象。

(1)劈尖干涉。

劈尖是一个类似于楔子的顶角较小、厚度均匀变化的装置,如图 2.16.6(a)所示。空气劈尖,就是两块平板玻璃,一端相交,另一端被一微小厚度的片材支撑,两片玻璃中间形成的一个夹角 θ 很小、厚度不等的空气劈(空气劈尖的简称),如图 2.16.4 和 2.16.6(b)、(c)所示。

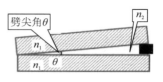

(a)劈尖　　　(b)空气劈尖示意图　　　(c)空气劈尖剖面图

图 2.16.6 劈尖

接下来,我们依据空气劈的结构以及等厚干涉的定义,分析在空气劈上形成的等厚干涉的具体图样。由图 2.16.6 可见,空气劈的厚度是均匀变化的,离劈棱(构成劈尖两玻璃片相交的地方)相同距离的地方空气膜的厚度相等。如果将这些空气膜厚度相等的地方连起来,即把一个个离劈棱相同距离的点连起来,这些点组成的线将对应同一条干涉条纹,因此,劈尖干涉条纹应该为平行于劈棱的直线。那么这些平行分布的干涉条纹有什么特点?下面进行具体分析。

如图 2.16.7(a)所示,两块平板玻璃,其一侧相交于 C(劈棱处),另一侧被一厚度为 d 的金属薄片支撑,那么,中间就形成了一个厚度均匀变化的空气劈。当一束波长为 λ 的单色光垂直照射空气劈时,入射光会在空气劈上表面和下表面分别反射,形成满足相干条件的两束反射光,如图 2.16.7(b)所示。这两束反射光在空气劈的上表面相遇并发生干涉,将形成明暗相间的干涉直条纹,如图2.16.7(c)所示。那么,空气劈上哪些地方对应的是明条纹,哪些地方对应的是暗条纹?

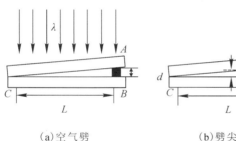

(a)空气劈　　　(b)劈尖干涉　　　(c)干涉条纹

图 2.16.7 劈尖干涉测厚度示意图

在空气劈的某一厚度处,如果两束反射光的光程差 δ 为半波长的偶数倍时,这两束反射光相干加强,空气劈上出现亮纹;如果两束反射光的光程差 δ 为半波长的奇数倍时,这两束反射光相干减弱,空气劈上出现暗纹。光程差 δ 具体表示为

$$\delta = 2ne + \frac{\lambda}{2} = 2e + \frac{\lambda}{2} \qquad (2-16-1)$$

式中,n 为空气劈的折射率(空气的折射率 $n=1$);e 为空气劈的某一厚度,$2e$ 为两束反射光在空气劈中的路程差(即此处空气劈厚度的 2 倍);$\frac{\lambda}{2}$ 为光从空气到下方玻璃反射时存在的半波损失(半波损失的概念请同学们自行查阅大学物理教材)。

当 δ 满足条件:

$$\delta = 2e + \frac{\lambda}{2} = \begin{cases} 2k \cdot \frac{\lambda}{2}, & k=0,1,2\cdots(\text{明条纹}) \\ (2k+1) \cdot \frac{\lambda}{2}, & k=0,1,2\cdots(\text{暗条纹}) \end{cases} \qquad (2-16-2)$$

时,干涉区域会形成明(暗)条纹。式(2-16-2)中,k 表示条纹的级数。由式(2-16-2)可以看出,在劈棱处,$e=0$,$\delta=\frac{\lambda}{2}$,满足暗纹条件,因此在劈棱处应形成暗条纹,且此暗条纹为 0 级暗纹($k=0$),请同学们在实验中验证。也可以看到,厚度相同的地方对应的是同一级干涉条纹,厚度不相同的地方对应的是不同级的干涉条纹。

由式(2-16-2)还可以看出,任意两条相邻的暗条纹或者明条纹对应的空气劈的厚度差均为 $\frac{\lambda}{2}$。具体来说,由于劈棱处空气劈的厚度为 0,因此第 1 级暗纹对应的空气劈厚度为 $\frac{\lambda}{2}$,第 2 级暗纹对应的空气劈的厚度为 $2 \cdot \frac{\lambda}{2}$,以此类推,第 k 级暗纹对应的空气劈的厚度为 $k \cdot \frac{\lambda}{2}$。所以,如果在金属薄片处呈现 $k=N$ 级暗条纹,则金属薄片厚度 d 为

$$d = N \cdot \frac{\lambda}{2} \qquad (2-16-3)$$

也就是说,要想测量金属薄片厚度,数出从劈棱处到金属薄片这个区域中的暗条纹数即可。这是第一种测量金属薄片厚度的方法。由于一般的劈尖长度在厘米级,干涉条纹数量很多,不容易全部数出。因此可以先测出整个干涉区域(即劈棱处到金属薄片)的长度,再测出相邻两条暗条纹的间距,前者除以后者,也能算出暗条纹的总数。如图 2.16.7(b)、(c)所示,BC 之间全部可见明暗条纹的区间为 L,两暗纹之间距为 S,则条纹数 N 为

$$N = \frac{L}{S} \qquad (2-16-4)$$

所以,金属薄片厚度为

$$d = N \cdot \frac{\lambda}{2} = \frac{L}{S} \cdot \frac{\lambda}{2} \qquad (2-16-5)$$

这是第二种测量金属薄片厚度的方法。但是,如果 S 只测一次,难免会因为暗纹中心位置的判断产生较大的人为误差,所以,采用此方法时,可通过多次测量,并采用逐差法提高 S 的精确度,具体测量及数据记录参考表 2.16.1。

(2) 牛顿环。

了解了等厚干涉中比较典型的劈尖干涉后,我们接下来看看另一种比较典型的等厚干涉例子——牛顿环。什么是牛顿环？牛顿环(见图 2.16.3)是由一块曲率半径很大的平凸透镜的凸面放在一块光学平板玻璃上组成,在透镜的凸面和平板玻璃间形成一个上表面是球面,下表面是平面的空气劈,其厚度从中心接触点到边缘逐渐增加。牛顿环示意图及剖面图如图 2.16.8 所示。

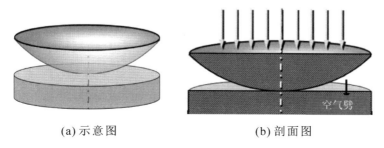

(a) 示意图　　　　　　　(b) 剖面图

图 2.16.8　牛顿环装置

接下来,我们类比劈尖干涉,分析在牛顿环装置上形成的等厚干涉的具体图样。由图 2.16.8(b)及图 2.16.9(a)可见,空气劈的厚度是不均匀变化的,离中心接触点(平凸透镜顶点 O)相同距离的地方空气劈的厚度相等。如果将这些空气劈厚度相等的地方连起来,轨迹将是一个以接触点 O 为圆心的圆,由于空气劈厚度从接触点 O 到边缘的增加是非线性的,依据厚度相同的地方形成同一条干涉条纹,牛顿环干涉图样将是一组以接触点 O 为圆心、里疏外密、明暗相间的同心圆环,这种干涉条纹叫做"牛顿环",如图 2.16.9(b)所示。同理,这些干涉条纹出现在 A、B 玻璃板之间的空气劈的上表面。干涉条纹形成过程与劈尖干涉类似,当波长为 λ 的单色光垂直照射牛顿环装置时,入射光会在空气劈上表面和下表面分别反射,形成满足相干条件的两束反射光,如图 2.16.9(a)右半部分所示。这两束反射光在空气劈的上表面相遇并发生干涉,形成明暗相间的牛顿环。

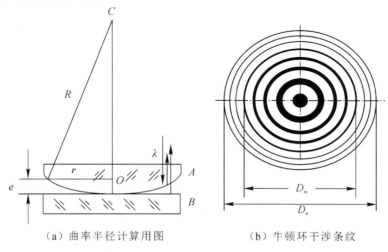

(a) 曲率半径计算用图　　　　　　　(b) 牛顿环干涉条纹

图 2.16.9　牛顿环测曲率半径示意图

接下来请同学们思考,如何借助牛顿环测量平凸透镜的曲率半径？从图 2.16.9(a)左半部分给出的几何关系,可知:

$$r^2 = R^2 - (R-e)^2$$

式中，R 是平凸透镜的曲率半径；r 是牛顿环某一级暗环的半径；e 是该级暗环对应的空气劈的厚度。化简后有，

$$r^2 = 2Re - e^2 \qquad (2-16-6)$$

由于这是一个 R 很大的平凸透镜，e 实际非常小，相对于 R 就更小（读者可以用自己做的实验数据测算一下 R/e 的值），所以，$R \gg e$，式(2-16-6)中的 e^2 可以略去，因此有，

$$e = \frac{r^2}{2R} \qquad (2-16-7)$$

将此值代入式(2-16-2)，化简后有

$$r^2 = \begin{cases} (2k-1)R\dfrac{\lambda}{2}, & k=1,2,3,\cdots \text{(明环)} \\ k\lambda R, & k=0,1,2,\cdots \text{(暗环)} \end{cases} \qquad (2-16-8)$$

式中，R 是平凸透镜的曲率半径；λ 是入射光的波长；k 是环的级数；r 是 k 级明环或 k 级暗环的半径。由式(2-16-8)可以看出，如果测出了第 k 级明环或第 k 级暗环的半径 r，就可以求出平凸透镜的曲率半径 R。在实际测量中，暗环比较容易对准，所以通常选择测量暗环。此外，考虑到在接触点处不干净以及玻璃的弹性形变，牛顿环的中心（影响 r 的准确测定）以及级数 k 都不易确定，所以，通常不直接用式(2-16-8)测定 R，而是取两个序数为 m 和 n 的暗环直径 D_m 和 D_n 来测定 R，R 计算式为

$$R = \frac{r_m^2 - r_n^2}{(m-n)\lambda} = \frac{D_m^2 - D_n^2}{4(m-n)\lambda} \qquad (2-16-9)$$

式中，D_m 是序数为 m 的暗环直径；D_n 是序数为 n 的暗环直径；λ 是入射光的波长。为了减小误差，可通过多次测量，并采用逐差法处理数据，具体测量及数据记录参考表 2.16.3。

实验内容与步骤

1. 读数显微镜的调整

(1) 调节读数显微镜的目镜调节旋钮，使其十字叉丝清晰，同时在水平和垂直两个方向上移动保证平行和正交。

(2) 开启钠光灯，调节显微镜镜筒下的半透半反镜 M 的角度约为 $45°$，如图 2.16.10 所示。那么钠光灯发出的光经 $45°$ 半透半反镜 M 将会反射到载物台上，这时放置在载物台上的光学元件（劈尖或者牛顿环装置）所出现的光学现象就可以通过竖直向下的显微镜观察到。

(3) 把劈尖置于载物台上，将显微镜镜筒下移，并调整载物台的 x，y 方向，使物镜中心与劈尖中心接近，然后慢慢上移显微镜镜筒，在目镜中就可以看到明暗相间的干涉条纹，再适当地调节 M，使光场最亮。反复调节调焦旋钮和目镜调节旋钮，使干涉条纹无视差。

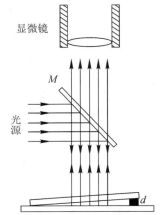

图 2.16.10 实验装置侧面图

2. 金属薄片厚度 d 的测量

采用两种方法求金属薄片的厚度 d。

(1) 数条纹法。

① 数出从劈棱到金属薄片之间(长度为 L,见图 2.16.11)的暗条纹总数 N。

② 采用式(2-16-3)求金属薄片的厚度 d。

(2) 逐差法。

① 记录劈棱的位置(即第 0 级暗条纹的位置,见图 2.16.11)。

② 从劈棱开始,每隔 10 条暗条纹记录一次位置,直到第 60 条暗条纹的位置。

③ 记录金属薄片靠近劈棱边的位置(即图 2.16.11 中金属薄片的左侧边缘位置),以上 8 个数据填入表 2.16.1。

④ 计算干涉区域总长度 L,并采用逐差法求相邻两暗条纹间距,将数据填入表 2.16.2。

⑤ 采用式(2-16-5)求金属薄片的厚度 d。

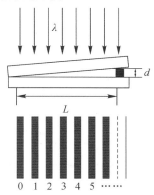

图 2.16.11 劈尖干涉测金属薄片厚度示意图

3. 透镜曲率半径 R 的测量

(1) 检查牛顿环装置,调整 3 个紧固螺丝,使得曲面刚好接触到平板面。注意此时螺丝不要旋得太紧,以免损坏玻璃元件。

(2) 将劈尖换成牛顿环,重复显微镜调整步骤,直到清晰地看清牛顿环。

(3) 移动载物台使目镜叉丝正对环心。然后缓慢转动测微鼓轮手柄,一直向左数到第 20 级暗环,然后反转测微鼓轮使叉丝右移,并使叉丝竖线与第 15 级暗环外侧相切,记录左 15,再继续右移记录左 14,直到左 6,然后右移经过中心暗斑。再继续右移使叉丝竖线与第 6 级暗环内侧相切,记录右 6,再继续右移记录右 7,直到右 15(注意测量中,手轮只能沿一个方向转动,不允许反转)。将数据填入表 2.16.3 和表 2.16.4。

(4) 采用式(2-16-9)求透镜的曲率半径 R。

实验数据记录及处理

1. 金属薄片厚度 d 的测量

(1) 采用数条纹法求金属薄片 d。

①记录从劈棱到金属薄片之间的暗条纹总数 N。
②采用式(2-16-3)求金属薄片的厚度 d。计算过程如下：
例如 $N=115.5$，则金属薄片的厚度

$$d = N \cdot \frac{\lambda}{2} = 115.5 \times \frac{589.3 \times 10^{-6}}{2} \text{ mm} = 0.03403 \text{ mm}$$

注意计算过程有4点：公式—数据代入—计算结果—单位，其中计算结果按照有效数字运算法则保留合适的位数。

(2)采用逐差法求金属薄片 d。
①记录第0条，第10条，第20条，…，第60条以及第 N 条暗条纹的位置，填入表2.16.1。

表 2.16.1 逐差法测量金属薄片厚度数据记录表($\lambda = 589.3$ nm)

暗条纹级数 k	0	10	20	30	40	50	60	N
暗条纹位置 X_k/mm								

②计算干涉区域总长度 L，计算过程参考：$L = X_N - X_0 = $ _____ mm。
③采用逐差法求相邻两暗条纹间距，将结果填入表2.16.2。

表 2.16.2 逐差法求相邻两暗条纹间距表($\lambda = 589.3$ nm)   单位：mm

$\Delta l_1 = X_{40} - X_{10}$	$\Delta l_2 = X_{50} - X_{20}$	$\Delta l_3 = X_{60} - X_{30}$	平均值 $\overline{\Delta l}$ $\overline{\Delta l} = \dfrac{\Delta l_1 + \Delta l_2 + \Delta l_3}{3}$	相邻两暗条纹间距 S $S = \overline{\Delta l} \times \dfrac{1}{30}$

④采用式(2-16-5)求金属薄片的厚度 d，计算过程参考：$d = \dfrac{L}{S} \times \dfrac{\lambda}{2} = \cdots = \cdots$ mm。

2. 牛顿环曲率半径 R 的测量

(1)记录牛顿环暗环直径读数，计算序数为6～15的暗环直径及暗环直径的平方值，填入表2.16.3。

表 2.16.3 牛顿环数据表($\lambda = 589.3$ nm)

暗环序数 n	暗环直径 D_n 测量读数/mm			D_n^2/mm²
	左读数 x'	右读数 x''	$D_n = x' - x''$	
15				
14				
13				
12				
11				
10				
9				
8				

续表

暗环序数 n	暗环直径 D_n 测量读数/mm			D_n^2/mm²
	左读数 x'	右读数 x''	$D_n = x' - x''$	
7				
6				

（2）采用逐差法进行数据处理，将结果填入表 2.16.4。

表 2.16.4　逐差法数据处理表（$\lambda = 589.3$ nm）　　　　　　　　单位：mm²

$\Delta D_1^2 = D_{15}^2 - D_{10}^2$	$\Delta D_2^2 = D_{14}^2 - D_9^2$	$\Delta D_3^2 = D_{13}^2 - D_8^2$	$\Delta D_4^2 = D_{12}^2 - D_7^2$	$\Delta D_5^2 = D_{11}^2 - D_6^2$	平均值 $\overline{\Delta D^2}$ $\overline{\Delta D^2} = \dfrac{\sum_{i=1}^{5} \Delta D_i^2}{5}$

（3）计算透镜的曲率半径 R。计算过程参考：$R = \dfrac{\overline{\Delta D^2}}{4 \times 5\lambda} = \dfrac{\overline{\Delta D^2}}{20\lambda} = $ _____ mm。

实验注意事项

（1）桌面要平稳，不能振动，显微镜调焦时必须自下而上进行。
（2）取拿牛顿环、劈尖装置时，切忌用手触摸光学表面。
（3）测量牛顿环直径的过程中，测微鼓轮只能向一个方向旋转，不得中途倒转，否则应从头开始测量，以消除回程误差。
（4）钠光灯使用说明。
钠蒸气放电时，发出的光在可见范围内有两条强谱线 589.0 nm 和 589.6 nm，通常称为钠线。因两条谱线很接近，实验中可以认为是较好的单色光源，通常取平均值作为该单色光源波长。使用钠光灯时应注意：
①钠光灯必须与扼流圈串联起来使用，否则会被烧毁。
②点燃后，需等待一段时间才能正常使用，又因为忽燃忽熄容易损坏，故点燃后也不能马上熄灭。
③在点燃时不得撞击或震动，否则灼热的灯丝容易震坏。

实验拓展

光的干涉的应用

首先我们来解释薄膜干涉现象。本节引言中提到的肥皂泡在阳光下呈现出五彩斑斓的颜色，这是因为肥皂薄膜很薄，阳光在肥皂薄膜正反两面分别反射时，这两束反射光在肥皂薄膜正面相遇并发生干涉。由于阳光是复色光，如果在肥皂薄膜的某一处恰好使得两束反射回来的红光相互抵消，那么在这个地方看到的就是失去了红光的阳光，也就是蓝绿色，而在另一部分，某种颜色的光得到了加强，呈现出来的就是另一种颜色。肥皂泡就是这样把阳光分解，呈现色彩斑斓的图案。

其次,干涉现象还有以下应用:

(1)利用劈尖干涉,可以制成干涉膨胀仪,每移动一个条纹对应变化量为半个波长,如图 2.16.12(a)所示;可以测 Si 基底上生长膜 SiO_2 的厚度,如图 2.16.12(b)所示,而且膜厚公式与式(2-16-5)相同;也可以检验光学元件的表面平整度,如果待检验平面是一理想平面,干涉条纹将为互相平行的直线。如果光学元件表面有一个凸起,那么该凸起处的空气膜厚度将变小,对应的干涉条纹将和前面(靠近劈棱)条纹形成同一条干涉条纹,即变成往右弯曲的形状,如图 2.16.12(c)所示。

(2)牛顿环法除了可以求透镜的曲率半径,还可以检验产品表面曲率,检验光学元件表面质量,测定液体折射率,同学们可以尝试用牛顿环测量水的折射率。

(3)利用干涉条纹检验光学元件表面形状。

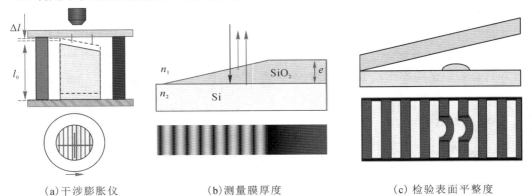

(a)干涉膨胀仪　　　　　　(b)测量膜厚度　　　　　　(c)检验表面平整度

图 2.16.12　劈尖干涉应用

根据等厚干涉条纹可以判断一个表面的几何形状,即用一块光学平晶与待测表面叠在一起,由两个表面间的空气劈所产生的干涉图案的形状以及变化规律,可以判断待测表面的几何形状。如果待测表面是平面,则产生直的干涉条纹。如图 2.16.13 所示,平面间的楔角愈小,条纹愈粗愈稀。

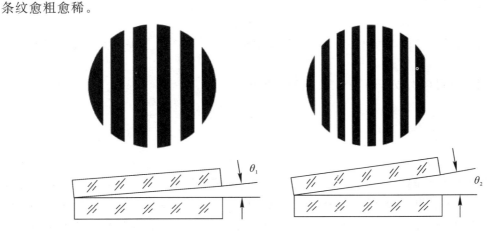

图 2.16.13　两平面间产生干涉条纹

如果待测表面是凸球面或凹球面,则产生圆的干涉条纹。如图 2.16.14 所示,在边缘加压时,圆环中心趋向加压力点(接触点)者为凸面,背离加压力点者为凹面。

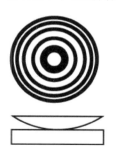  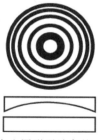 

图 2.16.14　平面和球面间产生圆形干涉条纹

(4)增透膜和增反膜。在光学器件上镀上一层薄膜,利用薄膜干涉,可以提高光学器件的透射率或反射率。增加透射率的薄膜叫增透膜,增加反射率的薄膜叫增反膜。

依据干涉明暗纹条件,如果我们将一束单色平行光垂直照射到厚度均匀(薄膜各处厚度相同)的平面薄膜上,那么膜的整个表面会对应于同一条纹。如果该薄膜的厚度恰使薄膜两表面的反射光干涉相消,反射光能量最小,透射光能量最大,则这种膜称为增透膜;如果该薄膜的厚度恰使薄膜两表面的反射光干涉增强,反射光能量最大,透射光的能量最小,则这种膜称为增反膜。如果要对某种波长的单色光完全反射,就可采用针对这种波长光的增反膜。例如,分光仪的调整望远镜聚焦无穷远时用的、对绿光的全反射镜,就是在平面平晶的两个面镀有针对绿光的增反膜。增反膜对其他波长的光线并不完全反射,白光就可部分通过它,因此增反膜看起来是半透明的。小轿车的窗玻璃上也可贴增反膜,防止强光进入车内。增透膜在减少透镜、棱镜、平面镜等光学表面的反射光,增加透光量上起着很大的作用。例如,望远镜、照相机的镜头上就镀有增透膜,此膜对人眼最敏感的波长为 550 nm 的黄绿光增透,而对红光、紫光增反,在自然光下看到的镜头如图 2.16.15 所示。

图 2.16.15　涂有增透膜的相机镜头

实验 2.17　光栅衍射及光栅常量的测量

实验预习题

1. 什么是光栅，这个"栅"字如何理解，什么是光栅常数？
2. 什么是光栅衍射？请写出光栅方程，并解释汞灯的光栅衍射光谱。
3. 如何通过汞灯的光栅衍射光谱测光栅常数？
4. 请参考实验 2.4 简述分光计主要调节步骤。
5. 若分光计调整不到位，如平台不平、望远镜与平行光管未同轴等高、狭缝不正等三种情况，会对观测和测量结果产生什么影响？
6. 平行光管的狭缝太宽或太窄，会出现什么现象，为什么？
7. 对于同一光源，光栅分光和棱镜分光有哪些不同？
8. 用光栅观察自然光，会看到什么现象？

结合身边的常用物体，你会发现一些有意思的现象，比如，用激光笔垂直照射两根相距约 0.1 mm 的牙签缝时，会在后面的背景上出现明暗相间的条纹，这种现象与光的衍射有关。用一束白光照射 DVD 光盘表面，可以看到彩虹色，用激光照射其表面，可以看到不同级次的亮纹，这种现象与光栅衍射有关，因为 DVD 光盘的数据轨道周期性排列，可以看作一种反射光栅。用激光照射家里厨房筛面粉的筛网，可以看到很漂亮的二维网格，出现这种现象是因为筛网的网格周期性分布，筛网可以被看作一种二维透射光栅。所以，光只要照射到结构周期性排列且周期尺寸比较小的物体上，都可以发生光栅衍射现象。同学们可以思考还有哪些有关光栅衍射的例子。

实验目的

1. 观察光栅衍射现象，了解光栅的衍射原理。
2. 进一步熟悉分光计的结构、调整与使用。
3. 掌握用分光计测量光栅常数的实验方法。

实验仪器

JJY1 型分光计（见图 2.17.1），透射光栅（见图 2.17.2），双面平面镜（见图 2.17.3），GP20Hg 型汞灯（见图 2.17.4）。

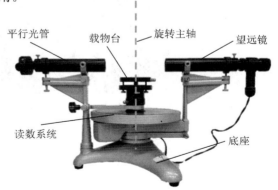

图 2.17.1　JJY1 型分光计

图 2.17.2　透射光栅实物图　　图 2.17.3　双面平面镜　　图 2.17.4　GP20Hg 汞灯

 实验原理

1.光栅

光栅是一种什么样的光学元件？最早的光栅是 1821 年德国科学家夫琅禾费用细金属丝紧密缠绕在两平行细螺丝上制成的，因形如栅栏，故名为"光栅"。现代光栅是用精密的刻划机在玻璃或金属片上刻划出大量相互平行、等宽、等间距的狭缝或刻痕的分光元件。光栅在结构上可分为平面光栅、阶梯光栅和凹面光栅等几种，根据光的传播过程又可分为透射式光栅和反射式光栅两种。我们在实验中所用的是平面透射光栅，如图 2.17.2 所示，是在平面玻璃片上刻上许多很细的刻痕，形成不透光的区域，而没有刻的地方仍然可以透光，这就相当于一个光的栅栏，只不过间距很小。描述光栅的一个主要参数是光栅常数 d，如图 2.17.5 所示，$d=a+b$，a 为透光部分宽度，b 为不透光部分的宽度，d 反映了光栅结构的周期性。

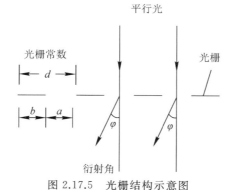

图 2.17.5　光栅结构示意图

当一束平行光照射在光栅表面时，会观测到什么现象？这里既涉及了光栅衍射，也涉及了缝间干涉，二者共同作用形成了光栅衍射图样。

2.光栅衍射

光在传播过程中遇到尺寸接近于光波长的障碍物时，发生偏离直线路径的现象，称为光的衍射。光的衍射现象通常分为两类，一类是菲涅耳衍射，一类是夫琅禾费衍射。夫琅禾费衍射指障碍物与光源和衍射图样的距离均为无限远的情况，亦即入射光和衍射光都是平行光束，也称平行光束的衍射。根据夫琅禾费衍射理论，当一束波长为 λ 的平行光垂直入射到光栅平面时，光波将在每个狭缝处发生衍射，经过所有狭缝衍射的光波又彼此发生干涉，这种由衍射光形成的干涉条纹是成像在无穷远处的，若在光栅后面放置一个会聚透镜，则各个方向上的衍射光经过会聚透镜后都会聚在它的焦平面上，这样就能在焦平面上观测到光栅衍射图样（光谱）了。

光栅衍射光谱中明条纹所对应的衍射角由下式决定：

$$d\sin\theta = k\lambda \quad (k=0,\pm1,\pm2,\pm3) \qquad (2-17-1)$$

式(2-17-1)被称为光栅方程，式中，d 为光栅常量，λ 为入射光波长，k 为光谱线的级数，θ 为 k 级明条纹的衍射角，在衍射角方向上的光干涉加强，其他方向上的光干涉相消。

如果入射光不是单色光，而是包含几种不同波长的复色光，会观测到什么现象？由式(2-17-1)可以看出，光的波长 λ 不同，其衍射角 θ 也各不相同，于是复色光被分解，在中央 $k=0$，$\theta\approx0$ 处，各色光仍重叠在一起，组成中央明条纹，称为零级谱线，在零级谱线的两侧对称分布着 $k=1,2\cdots$ 级谱线（级数 k，代表重复看到谱线的次数是 k），且同一级谱线按不同波长，依次从短波向长波散开（即衍射角逐渐增大），形成光栅光谱。对于汞灯而言，它的光栅衍射光谱如图 2.17.6 所示，从中央亮纹开始向左转，随着衍射角的增大，第一次看到（对应 $k=-1$）偏折的谱线是紫光的（波长最短）谱线，然后依次是蓝光、蓝绿光、绿光、黄光的（波长较长）谱线，继续左转，将第二次看到（对应 $k=-2$）偏折的谱线，依次是紫光、蓝光……直至黄光。总之，复合光经光栅后，除了中央明条纹以外，其他条纹将因波长的差异以不同的级次及一定的角度向两侧衍射形成衍射光谱。光栅不仅适用于可见光，也适用于红外和紫外光波，因此在光谱

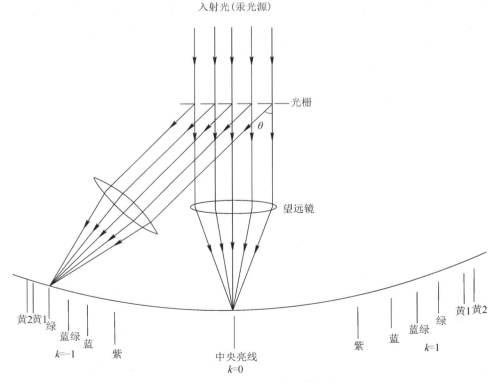

图 2.17.6　汞灯的光栅衍射光谱示意图

学、光通信、信息处理等方面被广泛应用。

了解了光栅衍射和光栅方程,请同学们思考,如何测量光栅常量?

3.光栅常量的测量

由光栅方程(2-17-1)可看出,若已知光的波长 λ,测出 k 级衍射明条纹的衍射角 θ,即可求出光栅常量 d,公式如下

$$d = \frac{k\lambda}{\sin\theta} \tag{2-17-2}$$

同理,若已知 d,亦可求出光的波长 λ。

实验内容与步骤

本实验是在进一步熟悉分光计的调整和使用的基础上,通过分光计观察光栅的衍射光谱,理解光栅衍射的基本规律,并测定光栅常量,所以,实验内容包含两部分。

1.调整分光计,使其处于正常使用状态

参考实验2.4 分光计的调节和使用。

(1)目测粗调:使望远镜、平行光管、载物台均与刻度盘平行。

(2)旋转目镜调节手轮,使分划板刻线清晰;调节分划板十字叉丝成水平、垂直状态,注意消除望远镜的视差。

(3)用自准直法将望远镜调焦于无穷远,将平面镜置于载物台上,在望远镜中找出绿十字的反射像,并调节清晰。

(4)用分别调节法调节载物台 ab 螺钉和望远镜仰俯角螺钉,使载物台 ab 连线与望远镜轴线平行,正反两个绿十字的反射像均在十字分划板上十字线处。

(5)将平面镜旋转90°(平行于 ab),只调节载物台 c 螺钉使正反两个绿十字的反射像均在上十字线,至此望远镜与平台调整结束。

(6)复查核准,若上述调整正确无误,则将平面镜放置在载物台的任意位置(当然应平整且垂直),旋转载物台,一定可以看到绿十字的反射像,虽然不一定能和上十字重合,但上下应相差不大。(一般上下差一个绿十字的高度是许可的)

(7)调节平行光管。打开汞灯,让平行光管正对光源小窗口,先前后移动狭缝,使得望远镜中有狭缝清晰的像,再调节狭缝至适当宽度(在看清楚的条件下,狭缝细一点好)。

(8)让狭缝在望远镜视场的中心位置,旋转狭缝,它应以望远镜分划板中心为轴旋转,不应该有上下、左右的漂移,如果有上下漂移,则应调节平行光管仰俯角螺钉,千万不能再动望远镜及平台的任何部件,若有左右偏移,则可以同时调节望远镜水平调节螺钉和平行光管水平调节螺钉,直至同轴旋转时狭缝没有水平或竖直移动为止。

2.光栅常量的测定

(1)正确放置光栅。如图 2.17.7 所示,将平面光栅放到载物台上,使其正对望远镜。正常情况下,应能看到光栅表面反射回来的绿十字像(比较淡),若没有,可适当调整载物台下、光栅前后的2个螺钉,使平行光管产生的平行光垂直于光栅平面。调整载物台下第3个螺钉 c,使光栅刻痕与分光计的旋转主轴平行。

(2)将望远镜对准中央明条纹,然后将望远镜向左旋转,应能依次看到紫、蓝绿、绿、黄等各

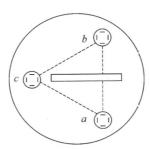

图 2.17.7 光栅的放置方法

色谱线,再向右旋转,也能看到谱线且在同一水平高度,无上下倾斜。

(3)从左(右)到右(左)依次将分划板竖直线对准黄 2、黄 1、绿色和紫色谱线,测定汞光源的 4 条标识波长的一级谱线的衍射角,将数据填入表 2.17.1。

实验数据记录及处理

(1)记录和计算汞光源的 4 条标识波长的一级谱线衍射角,并计算各光波对应的光栅常量,将数据及结果填入表 2.17.1。

表 2.17.1 测定光栅常量数据记录表

标识谱线的波长 λ/nm		黄 2 579.07	黄 1 576.96	绿 546.07	紫 435.83
$k=-1$	左游标 $\theta_{左}$/(°)				
	右游标 $\theta_{右}$/(°)				
$k=+1$	左游标 $\theta'_{左}$/(°)				
	右游标 $\theta'_{右}$/(°)				
$\theta=\dfrac{1}{4}(|\theta_{左}-\theta'_{左}|+|\theta_{右}-\theta'_{右}|)$/(°)					
$d=\dfrac{\lambda}{\sin\theta}$/mm					

(2)计算光栅常量的标准不确定度。

① 计算 d 的平均值 $\bar{d}$:$\bar{d}=\dfrac{1}{4}\sum_{1}^{4}d_i$。

② d 的 A 类标准不确定度 $u_A(d)$:$u_A(d)=\sqrt{\dfrac{\sum(d_i-\bar{d})^2}{4(4-1)}}$。

③ d 的 B 类标准不确定度 $u_B(d)$:$u_B(d)=\lambda\csc\theta\cdot\cot\theta\cdot u_B(\theta)=d\cdot\cot\theta\cdot u_B(\theta)$,式中的 $\cot\theta$ 可代 4 种波长中衍射角最小的紫光数据估算(其 $\cot\theta$ 最大,λ 可视为常量)。

$\Delta_m(\theta)=1'=2.909\times10^{-4}$ rad,于是 $u_B(\theta)=\dfrac{\Delta_m(\theta)}{\sqrt{3}}$(单位必须用 rad)。

④d 的合成标准不确定度：$u(d)=\sqrt{u_A^2(d)+u_B^2(d)}$（最后只取 1 位有效数字）。

⑤写出光栅常量的测量结果，例如 $d=\bar{d}\pm u(d)=(3.33\pm 0.05)\times 10^{-3}\,\mathrm{mm}$。

实验拓展

1. 光栅的"角色散率"和"分辨本领"

光栅的基本特性可以用它的"角色散率"和"分辨本领"来表示。

光栅角色散率 D 定义为同一级两条谱线的衍射角之差 $\Delta\theta$ 与波长差 $\Delta\lambda$ 之比

$$D=\frac{\Delta\theta}{\Delta\lambda} \qquad (2-17-3)$$

将式(2-17-1)两边微分，于是得

$$\Delta(d\sin\theta)=\Delta(k\lambda)$$
$$\Rightarrow d\cos\theta d\theta=kd\lambda$$
$$\Rightarrow \frac{d\theta}{d\lambda}=\frac{k}{d\cos\theta}$$

$$D=\frac{\Delta\theta}{\Delta\lambda}=\frac{d\theta}{d\lambda}=\frac{k}{d\cos\theta} \qquad (2-17-4)$$

由式(2-17-4)可知：高级数光谱线比低级数光谱线有较大的角色散；光栅常量 d 越小（即每毫米所含的光栅狭缝越多），则角色散率越大；在衍射角 θ 很小时，$\cos\theta\approx 1$，角色散率 D 可看作常数，此时 $\Delta\theta$ 与 $\Delta\lambda$ 成正比，故光谱随波长的分布均匀排列，所以光栅光谱又称匀排光谱。这和棱镜的不均匀色散有明显的不同。另外，式(2-17-4)只反映两条谱线中心的分开程度，并不能说明两条谱线是否重叠。为了更完整准确分辨两条谱线，引入光栅分辨本领 R。

光栅分辨本领 R 定义为两条刚好可被光栅分辨开的谱线的平均波长 λ 与它们的波长差 $\Delta\lambda=\lambda_2-\lambda_1$ 之比

$$R=\frac{\lambda}{\Delta\lambda} \qquad (2-17-5)$$

按照瑞利判据，规定两条刚好可被分开的谱线的极限为：一条谱线的极强刚好落在另一条谱线的极弱上。那么两条谱线的衍射角之差为半角宽度 $\Delta\theta=\frac{\lambda}{Nd\cos\theta}$，得

$$R=\frac{\lambda}{\Delta\lambda}=\lambda\frac{D}{\Delta\theta}=\lambda\frac{k}{d\cos\theta}\frac{Nd\cos\theta}{\lambda}=kN \qquad (2-17-6)$$

式中，N 是光栅有效使用面积内的狭缝总数。

由式(2-17-6)可见，光栅在使用面积一定的情况下，狭缝数越多，分辨率越高；对于光栅常量一定的光栅，有效使用面积越大，分辨率越高。

2. 本实验相关的应用

(1) 光的衍射的应用。

在现代光学乃至现代物理学和科学技术中，光的衍射得到了越来越广泛的应用。光的衍射应用大致可以概括为以下五个方面：

①衍射用于光谱分析，如衍射光栅光谱仪。

②衍射用于结构分析,衍射图样对精细结构有一种相当敏感的"放大"作用,故而可利用图样分析结构,如 X 射线结构学。

③衍射成像,在相干光成像系统中,引入两次衍射成像概念,由此发展出空间滤波技术和光学信息处理技术,光瞳衍射导出成像仪器的分辨本领。

④衍射再现波阵面,这是全息照相原理中的重要一步。

⑤X 光衍射可用于测定晶体的结构,这是确定晶体结构的重要方法。

(2)分光光度计。

分光光度计主要由光源、单色器、样品室、检测器、信号处理器和显示与存储系统组成,能将成分复杂的光,分解为光谱线,可以测量物质对某一波长光的吸收能力,对物质进行定性或定量分析。例如在光源和棱镜之间放上某种物质的溶液后,显示屏上所显示的光谱已不再是光源的光谱,它出现了几条暗线,即光源发射光谱中某些波长的光因溶液吸收而消失,这种被溶液吸收的光谱称为该溶液的吸收光谱,不同物质的吸收光谱是不同的,因此根据吸收光谱,可以鉴别溶液中所含的物质。常用的分光光度计有紫外分光光度计(波长范围为 200~380 nm 的紫外光区)、可见光分光光度计(或比色计,波长范围为 380~780 nm 的可见光区)、红外分光光度计(波长范围为 2.5~25 μm 的红外光区)。分光光度计是现代分子生物实验室常规仪器,常用于核酸、蛋白定量以及细菌生长浓度的定量。

(3)光栅传感器。

光栅传感器指利用光栅叠栅条纹原理测量位移的传感器。传感器由标尺光栅、指示光栅、光路系统和测量系统四部分组成。标尺光栅相对于指示光栅移动时,便形成大致按正弦规律分布的明暗相间的叠栅条纹。这些条纹以标尺光栅的相对运动速度移动,并直接照射到光电元件上,在它们的输出端得到一串电脉冲,通过放大、整形、辨向和计数系统产生数字信号输出,直接显示被测的位移量。传感器的光栅有两种:一种是透射式光栅,它的栅线刻在透明材料(如工业用白玻璃、光学玻璃等)上;另一种是反射式光栅,它的栅线刻在具有强反射的金属(不锈钢)或玻璃镀金属膜(铝膜)上,这种传感器的优点是量程大和精度高。光栅传感器应用在程控、数控机床和三坐标测量机构中,可测量静、动态的直线位移和整圆角位移,在机械振动测量、变形测量等领域也有应用。

3.常见光源的谱线波长

常见光源的谱线波长如表 2.17.2 所示,请同学们自己查阅汞灯的谱线波长。

表 2.17.2　常见光源的谱线波长　　　　　　　单位:nm

光源	谱线波长/nm	颜色	光源	谱线波长/nm	颜色
H(氢)	656.28	红	Ne(氖)	626.65	橙
	486.13	蓝绿		621.73	橙
	434.05	紫		614.31	橙
	410.17	紫		588.19	黄
	397.01	紫		585.25	黄

续表

光源	谱线波长/nm	颜色	光源	谱线波长/nm	颜色
He(氦)	706.53	红	Na(钠)	589.592(D_1)	黄
	667.83	红		588.995(D_2)	黄
	587.65(D_3)	黄	He-Ne（氦氖激光）	632.8	橙
	501.57	绿	Hg(汞)	623.44	橙
	492.19	蓝绿		579.07	黄$_2$
	471.31	蓝		576.96	黄$_1$
	447.15	紫		546.07	绿
	402.62	紫		491.60	蓝绿
	388.87	紫		435.83	紫$_2$
Ne(氖)	650.65	红		404.66	紫$_1$
	640.23	橙	Cd(镉)	643.847	红
	638.30	橙		508.582	绿

实验 2.18　霍尔效应与磁场的测量

实验预习题

1. 简述什么是霍尔效应。
2. 请举例说明霍尔效应在生产实际中有哪些应用。
3. 解释式（2-18-4）中，n、e、d、I_s、B、K_H 分别代表什么物理量。
4. 解释为什么霍尔效应在导体中不明显，而在半导体中比较显著。
5. 为什么本实验要不断改变 I_s、B 的方向进行测量。
6. 参考实验仪器图，解释本实验中磁场是如何产生的，电流方向改变是通过什么方式实现的。

随着社会的发展，汽车早已成为人们出行时最常用的交通工具之一，而技术的进步也使得汽车的性能和安全性不断得到提高。其中，速度作为汽车行驶过程中最基本的物理量之一，它的快速准确测量对改善驾驶体验和保证安全性意义十足。那么汽车的速度是如何测量的呢？其实速度测量的方法很多，利用霍尔效应制成的霍尔车速传感器测量车速就是常用的一种方法。霍尔车速传感器通过对磁通量变化的感知来得到车速变化，它具有结构简单、操作方便、工作可靠、抗干扰能力强、功耗低等优点。本实验中，我们将学习它背后的物理本质——霍尔效应。

实验目的

1. 了解霍尔效应原理及霍尔元件灵敏度的有关概念。
2. 学习利用霍尔效应测量磁感应强度 B 及磁场分布。

实验仪器

HL-1 霍尔效应实验仪（见图 2.18.1），HL-1 霍尔效应实验仪专用电源（见图 2.18.2）。

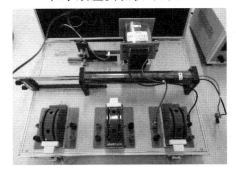

图 2.18.1　HL-1 霍尔效应实验仪

图 2.18.2　HL-1 霍尔效应实验仪专用电源

实验原理

1.霍尔效应

什么是霍尔效应？霍尔效应是磁电效应的一种，这一现象是美国物理学家霍尔于 1879 年发现并命名的。霍尔效应从本质上讲，就是材料中的载流子在外加磁场中运动时，由于受到洛仑兹力的作用，运动轨迹会发生偏转，并在材料的两侧产生电荷积累，形成垂直于电流方向的电场，最终载流子受到的洛仑兹力与电场力平衡，从而在两侧建立起一个稳定的电势差（霍尔电压）。

如图 2.18.3 所示，磁感应强度为 B 的均匀磁场（方向沿 z 轴正向）垂直穿过半导体薄片，电流 I_s（称为工作电流），假设载流子为电子（如 n 型半导体材料），它沿着与电流 I_s 相反的 x 轴负向运动。由于洛仑兹力 F_B 的作用，电子即向图中的 D 侧偏转，并使 D 侧形成电子积累，而相对的一侧形成正电荷积累。这样将在半导体薄片中形成一个与磁场方向垂直的内部电场。因此，运动的电子还受到这个电场所施加的电场力 F_E 的作用，其方向与 F_B 相反。随着半导体薄片两端 DD' 电荷的积累，电场的场强变大，F_E 也逐渐增大，当 $F_E=F_B$ 时，电子不再向 D 侧偏转，此时电子积累便达到动态平衡，这时 D'、D 两端面之间建立的电场称为霍尔电场 E_H，相应的电势差称为霍尔电压 U_H。

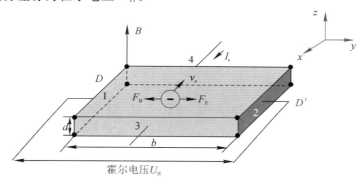

图 2.18.3　霍尔元件中载流子在外磁场下的运动情况（载流子为电子）

其中 F_E、E_H、U_H 三者关系为

电场力
$$F_E = eE_H = e\frac{U_H}{b} \tag{2-18-1}$$

洛仑兹力
$$F_B = ev_e B$$

当达到稳定状态时，

$$F_B = ev_e B = F_E = e\frac{U_H}{b} \tag{2-18-2}$$

式中，e 为电子电量，b 为半导体薄片的宽度；v_e 为电子的平均漂移速度，但 v_e 难以测量，因此将 v_e 变成与电流 I_s 有关的形式。根据欧姆定律，电流密度 $J = nev_e$，n 为载流子的浓度，得

$$I_s = Jbd = nev_e bd \tag{2-18-3}$$

式中，d 为半导体薄片的厚度，将其代入式（2-18-2）中，可得

$$U_H = \frac{1}{ne}\frac{I_s B}{d} = R_H \frac{I_s B}{d} = \frac{1}{ned} I_s B = K_H I_s B \tag{2-18-4}$$

式中，比例系数 $R_H = \dfrac{1}{ne}$ 称为霍尔系数，它是反映材料霍尔效应强弱的重要参数；比例系数 $K_H = \dfrac{R_H}{d}$ 称为霍尔元件的灵敏度，它表示霍尔元件在单位磁感应强度和单位工作电流下产生的霍尔电压大小，其单位是 mV/(mA·T)，一般要求 K_H 愈大愈好。

由于金属的电子浓度 n 很高，所以它的 R_H 或 K_H 都不大，因此不适宜作霍尔元件。此外元件厚度 d 愈薄，K_H 愈高，所以制作时，往往采用减少 d 的办法来增加灵敏度，但不能认为 d 愈薄愈好，因为此时元件的输入和输出电阻将会增加。

根据式（2-18-4），我们可以利用霍尔效应测量磁场磁感应强度、霍尔元件载流子的浓度、霍尔元件的电导率和迁移率等。

对于霍尔电压的测量，是不是直接用电压表测出 $D'D$ 之间的电压 $U_{D'D}$ 就是真实的霍尔电压呢？其实并不是，实际制作成的霍尔元件，除了霍尔效应外，还经常存在一些其他的效应（埃廷斯豪森效应、能斯特效应、里吉-勒迪克效应、不等势电压）带来的附加电势差 U_E、U_N、U_{RL} 和 U_0，附加效应的具体介绍可查阅实验拓展。

因此，在确定的磁场磁感应强度 B 和工作电流 I_s 下，实际测出的电压是 U_H、U_0、U_E、U_N 和 U_{RL} 这 5 种电势差的代数和。

$$U_{DD'} = U_H + U_0 + U_E + U_N + U_{RL} \tag{2-18-5}$$

当 $+I_M$，$+I_s$ 时
$$U_1 = U_H + U_0 + U_E + U_N + U_{RL} \tag{2-18-6}$$

当 $+I_M$，$-I_s$ 时
$$U_2 = -U_H - U_0 - U_E + U_N + U_{RL} \tag{2-18-7}$$

当 $-I_M$，$-I_s$ 时
$$U_3 = U_H - U_0 + U_E - U_N - U_{RL} \tag{2-18-8}$$

当 $-I_M$，$+I_s$ 时
$$U_4 = -U_H + U_0 - U_E - U_N - U_{RL} \tag{2-18-9}$$

对以上四式作如下运算：

$$U_H + U_E = \dfrac{(U_1 - U_2 + U_3 - U_4)}{4} \tag{2-18-10}$$

在非大电流、非强磁场下，由于 $U_H \gg U_E$，因而 U_E 可以忽略不计，故有：

$$U_H = \dfrac{(U_1 - U_2 + U_3 - U_4)}{4} \tag{2-18-11}$$

2. 利用霍尔效应测量长直螺线管的磁场分布

由电磁场理论可知，一个长度为 L，绕有 N 匝线圈的载有电流 I 的长直螺线管，如图 2.18.4 所示，其内部中心处的磁场近似均匀，磁感应强度为

$$B = \mu_0 \dfrac{N}{L} I \tag{2-18-12}$$

方向由右手螺旋定则确定，而在螺线管的端部，其磁感应强度的大小均为中心的一半，即

$$B = \dfrac{1}{2} \mu_0 \dfrac{N}{L} I \tag{2-18-13}$$

式中，μ_0 是真空中的磁导率，$\mu_0 = 4\pi \times 10^{-7}$ T·m·A^{-1}；B 的单位为 T；I 的单位为 A。

下面我们通过具体实验，研究霍尔电压 U_H 与工作电流 I_s、外加磁场 B 之间的关系，即通过实验对式（2-18-4）进行验证。

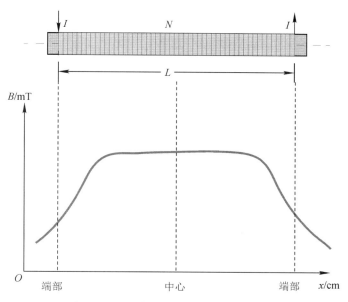

图 2.18.4　长直螺线管的磁场分布示意图

实验内容与步骤

1. 判断霍尔元件的类型（n 型或 p 型）

按原理图图 2.18.5 连接电路，调节励磁电流在 200 mA 左右，工作电流 4 mA 左右，测定此时的霍尔电压 U_H，根据 I_s、B 及 U_H 的方向，判断半导体霍尔片是 n 型半导体还是 p 型半导体。

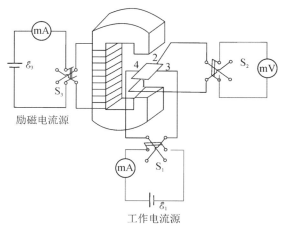

图 2.18.5　霍尔效应实验的原理接线图

2. 研究工作电流和霍尔电压之间的关系

霍尔片位于磁场中央，励磁电流 I_M 固定为 400 mA，工作电流 I_s 从 0 增加至 8.0 mA，并改变 I_s、I_M 的方向，将对应的 U_1、U_2、U_3、U_4 记录在表 2.18.1 中，计算相对应的霍尔电压 U_H，

研究 U_H 与 I_s 的关系。

3. 研究励磁电流和霍尔电压之间的关系

霍尔片位于磁场中央，工作电流 I_s 固定为 4.0 mA，励磁电流 I_M 从 0 增加至 800 mA，并改变 I_s、I_M 的方向，将对应的 U_1、U_2、U_3、U_4 记录在表 2.18.2 中，计算相对应的霍尔电压 U_H，研究 U_H 与 I_M 关系。注意：不测时应将 I_s、I_M 及时断开，I_s 最大不超过 10.0 mA，I_M 最大不超过 1000 mA，以防止霍尔元件、电磁铁过度发热。霍尔元件过度发热会改变霍尔系数甚至损坏霍尔元件。

4. 用霍尔元件测绘长直螺线管的轴向磁场分布

取 I_s = 4.0 mA，I_M = 400 mA，并在测试过程中保持不变。通过移动游标，改变霍尔片的位置，测出螺线管轴线上一系列位置的霍尔电压，将对应的 U_1、U_2、U_3、U_4 记录在表 2.18.3 中，并计算相对应的霍尔电压 U_H 和磁感应强度 B，进而验证螺线管端口的磁感应强度为中心位置磁感应强度的 1/2。

实验数据记录及处理

(1) 记录霍尔片的霍尔灵敏度 K_H = _____ mV/(mA·T)，实验用霍尔片属于 _____ 型半导体。

(2) 根据表 2.18.1 中的数据，测绘 U_H-I_s 曲线（I_M = 400 mA）。

表 2.18.1　霍尔电压 U_H 与工作电流 I_s 的关系（I_M = 400 mA）

I_s/mA	U_1/mV $+I_M +I_s$	U_2/mV $+I_M -I_s$	U_3/mV $-I_M -I_s$	U_4/mV $-I_M +I_s$	$U_H = \frac{1}{4}(U_1-U_2+U_3-U_4)$/mV
0					
1.0					
2.0					
3.0					
4.0					
5.0					
6.0					
7.0					
8.0					

利用作图法求 U_H-I_s 曲线的斜率 $\dfrac{U_H}{I_s}$ 的值。

(3) 根据表 2.18.2 中的数据，测绘 U_H-I_M 曲线（I_s = 4.0 mA）。

表 2.18.2 霍尔电压 U_H 与励磁电流 I_M 的关系($I_s=4.0$ mA)

I_B/mA	U_1/mV $+I_M+I_s$	U_2/mV $+I_M-I_s$	U_3/mV $-I_M-I_s$	U_4/mV $-I_M+I_s$	$U_H=\frac{1}{4}(U_1-U_2+U_3-U_4)$/mV
0					
10					
20					
30					
40					
50					
60					
70					
80					
90					
100					
200					
300					
400					
500					
600					

利用作图法作出 U_H-I_M 曲线。

(4)测量螺线管轴线上的磁感应强度分布($I_M=400$ mA,$I_s=4.0$ mA),将其记录于表 2.18.3 中。

记录霍尔片的霍尔灵敏度 $K_H=$ _____ mV/(mA·T)。

表 2.18.3 长直螺线管轴线内部磁感应强度 B 的分布($I_M=400$ mA, $I_s=4.00$ mA)

x/cm	U_1/mV $+I_M+I_s$	U_2/mV $+I_M-I_s$	U_3/mV $-I_M-I_s$	U_4/mV $-I_M+I_s$	$U_H=\frac{1}{4}(U_1-U_2-U_3-U_4)$/mV	B/mT
0						
1						
2						
3						
4						
5						
6						
7						
8						

续表

x/cm	U_1/mV $+I_M+I_s$	U_2/mV $+I_M-I_s$	U_3/mV $-I_M-I_s$	U_4/mV $-I_M+I_s$	$U_H=\frac{1}{4}(U_1-U_2+U_3-U_4)$/mV	B/mT
9						
10						
11						
12						
13						

利用作图法作出 B-x 曲线（x 表示测量点在长直螺线管上的位置）。

实验拓展

1.实验中的附加效应

（1）埃廷斯豪森效应。

1887 年埃廷斯豪森发现，由于霍尔元件内每个载流子实际的定向漂移速度是不同的，有的漂移速度 v' 大于平均漂移速度 v_e，有的漂移速度 v'' 小于平均漂移速度 v_e。在图 2.18.3 所示的条件下，霍尔电场建立以后，$v'>v_e$ 的自由电子所受洛仑兹力大于电场力，导致这些电子向下偏转，而 $v''<v_e$ 的自由电子所受洛仑兹力小于电场力，导致这些电子向上偏转。这样就会使霍尔元件的一侧高速载流子较多，载流子与晶格碰撞而使这一侧温度较高；另一侧低速载流子较多，使这一侧的温度较低，从而形成一个横向的温度梯度，这种现象被称为埃廷斯豪森效应。于是 1、2 两端产生了温差电动势 U_E，如图 2.18.6 所示。U_E 的正负、大小与工作电流 I_s、磁感应强度 B 的大小和方向有关。

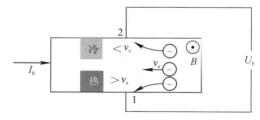

图 2.18.6 埃廷斯豪森效应

（2）能斯特效应。

由于输入电流两端 4、3 的焊接点电阻不相等，通电后发热程度不同，并因温度差而产生电流 I'，使 1、2 两端附加一个电压记为 U_N，如图 2.18.7 所示。U_N 的正负、大小与磁感应强度 B 的大小和方向有关。

（3）里吉-勒迪克效应。

由能斯特效应产生的电流 I' 也会产生埃廷斯豪森效应，由此而产生附加电压记为 U_s，如图 2.18.8 所示。U_s 的正负、大小与磁感应强度 B 的大小和方向有关。

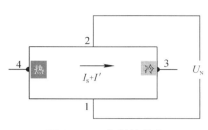 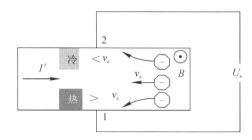

图 2.18.7 能斯特效应　　　　　图 2.18.8 里吉-勒迪克效应

(4)不等势电压。

由于材料的不均匀或几何尺寸的不对称使 D' 和 D 两个面上的电极不在同一等势面上,因此而形成的电压记为 U_0,如图 2.18.9 所示。U_0 的大小、正负只与工作电流 I_s 大小、正负有关,与磁感应强度 B 无关。

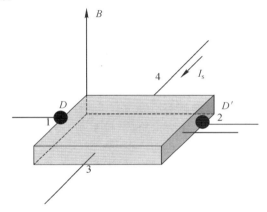

图 2.18.9 不等势电压

2.n 型半导体和 p 型半导体

以硅的本征半导体为例,它的最外层有 4 个电子,它们会与相邻硅原子上最外层的 4 个电子两两结合,形成共价键,这是稳定的结构,如图 2.8.10 所示。

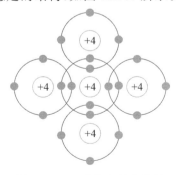

图 2.18.10 硅的本征半导体

第一种情况:如果把其中一个硅原子换成磷原子,磷最外层有 5 个电子,就会出现最外层的 5 个电子只有 4 个和周围的硅公用,这样就会多出 1 个自由电子,这就是 n 型半导体,它的多数载流子为电子,如图 2.18.11(a)所示。

第二种情况:如果把其中一个硅原子换成硼原子,硼最外层有 3 个电子,而硅最外层有 4 个电子,这样就会留出 1 个空位,我们把这个空位称为空穴,这就是 p 型半导体,它的多数载流子是空穴(带正电),如图 2.18.11(b)所示。

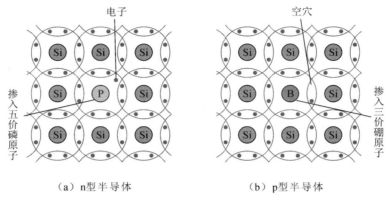

（a）n 型半导体　　　　　（b）p 型半导体

图 2.18.11　半导体材料

3. 霍尔效应的应用简介

霍尔效应的一个重要应用——测磁感应强度。高斯计正是利用霍尔效应测量磁性材料表面磁感应强度的仪器,见图 2.18.12。其结构简单、探头小、测量快、精度高,能测量某点或缝隙中的磁感应强度等。

霍尔效应的另一个重要应用是制备成霍尔传感器,广泛应用于非电量测量、自动控制和信息处理等,见图 2.18.13。

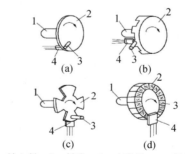

1—输入轴；2—转盘；3—小磁铁；4—霍尔传感器。

图 2.18.12　手持式高斯计　　　　图 2.18.13　霍尔传感器测转速

实验 2.19　微安表的改装与校准

实验预习题

1. 参考本实验拓展,回答微安表的两个主要参数是什么。
2. 将微安表改装成大量程的电流表时,应该并联还是串联一个电阻,这个电阻与微安表内阻有什么关系? 请写出推导过程。
3. 将微安表改装成大量程的电压表时,应该并联还是串联一个电阻,这个电阻与微安表内阻、微安表满偏电流之间有什么关系? 请写出推导过程。
4. 测微安表内阻时,微安表的示值大小对测量的准确度有无影响?
5. 电表改装完后需要校准。现将微安表改成电流表,请写出校准电流表的过程,画出相应的校准电路图。
6. 校准电流表时,如果发现改装表的读数相对标准表的读数偏高,要达到标准表的读数,此时改装表的分流电阻的阻值是要调大还是调小?
7. 校准电表时,为什么需要将电流(电压)从小到大测一遍,又从大到小测一遍? 两者完全一致或不一致,分别说明什么?

电表常指欧姆表、交直流电流表及电压表,是电学测量中经常用到的仪器。观察图 2.19.1 所示的直流电压表和直流电流表,同学们会发现其明显特征是有多个量程。那么,这种多量程电表的结构是什么,又是如何实现多量程的? 其实多量程电表的核心是磁电系的微安电流表,由于构造的原因(参见本实验拓展),微安表中一般只能通过微安级电流,其两端电压也只是微伏级,因此要测量较大的电流或电压,就必须对微安表进行改装,以扩大量程。磁电系多量程电表都是由微安表改装而来,本实验第一个内容就是将微安表改装成大量程的电流表和电压表。

经过改装后的电表可以用来测量较大的电流、电压,然而这种电表测量的准确度又如何? 因此还需要对改装后的电表进行准确度等级的校验,以确定改装表读数的可靠程度。这是本实验要完成的第二个内容。

实验目的

1. 熟悉微安表的结构和工作原理。
2. 掌握微安表改装成大量程电流表或电压表的原理和方法。
3. 掌握用不同方法测量微安表的内阻 R_g。
4. 将 1.5 级量程 50 μA 的微安表改装成 1.5 级量程 100 mA 的毫安表和 1.5 级量程 10 V 的电压表。
5. 作出改装表的校正曲线,定出改装的毫安表和电压表的准确度等级。

实验仪器

C75 型 0.5 级直流电流表和电压表(见图 2.19.1),磁电系微安表(1.5 级,量程 50 μA,内阻约为 4 kΩ～6 kΩ,见图 2.19.2),BX7 型滑动变阻器(见图 2.19.3),ZX21 型电阻箱(见图 2.19.4),MPS3003 型直流稳压电源(见图 2.19.5),以及作为标准表的微安表(0.5 级,量程 50 μA),QJ23 型直流单臂电桥,大于 100 kΩ 的电阻,单刀双掷开关,导线等。

(a)电流表

(b)电压表

图 2.19.1　C75 型 0.5 级直流电流表和电压表

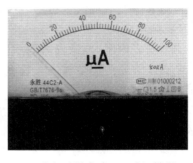

图 2.19.2　磁电系微安表(1.5 级,量程 50 μA)

图 2.19.3　BX7 型滑动变阻器

图 2.19.4　ZX21 型电阻箱

图 2.19.5　MPS3003 型直流稳压电源

实验原理

如前所述,微安表只能通过微安级的电流,那么怎样改装微安表,才能使其测量较大的电流或电压? 改装原理如下。

1.改装微安表为电流表

要将微安表改成测量大电流的电表,就必须扩大它的量程,方法就是在微安表两端并联一个阻值小于微安表内阻的电阻 R_f。根据电阻并联规律,超过微安表量程的电流将从 R_f 上流过,R_f 称为分流电阻,这种由微安表和并联电阻 R_f 组成的整体(如图 2.19.6 中虚线框住的部分)就是改装后的电流表。选用大小不同的 R_f,就可以得到不同量程的电流表。

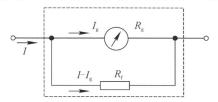

图 2.19.6 并联分流电阻改装成大量程电流表

例如,微安表允许通过的最大电流为 I_g,现在要把量程扩大 n 倍,即改装后的电流表的量程为 $I=nI_g$。在图 2.19.6 所示的电路中,微安表两端的电压与分流电阻 R_f 两端电压相等,因此

$$I_g \cdot R_g = (nI_g - I_g) \cdot R_f = (I - I_g)R_f$$

那么,所需并联的电阻 R_f 为

$$R_f = \frac{R_g}{n-1} = \frac{I_g}{I-I_g}R_g \tag{2-19-1}$$

因此,要将微安表的量程扩大 n 倍,只需在该微安表上并联一个电阻值为 $\frac{R_g}{n-1}$ 的分流电阻即可。

2. 改装微安表为电压表

微安表也可以改装为电压表,由于微安表本身只能用来测量非常小的电压,要测量大电压,就需要在微安表上串联一个大于微安表内阻的电阻 R_V。因为根据电阻串联规律,这样将使超过微安表所能承受的电压降落在电阻 R_V 上,而微安表上的电压仍然保持原来的量值($I_g R_g$),串联电阻 R_V 也称为分压电阻。这种由微安表和串联电阻 R_V 构成的整体(如图 2.19.7 中用虚线框住的部分)就是改装后的电压表。选用大小不同的 R_V,就可以得到不同量程的电压表。

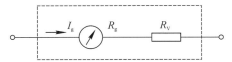

图 2.19.7 串联分压电阻改装成电压表

例如,要将微安表改装成量程为 U 的电压表,现在计算所需串联的电阻 R_V。由于通过微安表的电流与通过分压电阻的电流相同,因此有

$$I_g = \frac{U - I_g R_g}{R_V}$$

$$R_V = \frac{U}{I_g} - R_g \tag{2-19-2}$$

可见要将微安表改成量程为 U 的电压表,只需在微安表上串联一个阻值为 $\frac{U}{I_g} - R_g$ 的附加电

阻即可。

3. 测量微安表内阻 R_g

从式(2-19-1)和式(2-19-2)可以看到,将微安表改成电流表和电压表,都需要知道微安表的满偏电流 I_g 和内阻值 R_g。I_g 为微安表的量程,可从微安表上直接读出,因此微安表内阻 R_g 的测量成为关键。测量微安表内阻的方法有很多,如替代法、中值(半偏)法、伏安法、电桥法等,下面主要介绍替代法和电桥法这两种常用的方法。

(1)替代法。

如图 2.19.8 所示,将待测微安表接在电路中,单刀双掷开关 S_1 拨向上方,调节滑动变阻器,使标准表达到一个电流值;然后用电阻箱代替微安表位置,单刀双掷开关 S_1 拨向下方,调节电阻箱的阻值,使标准表达到同样的电流值,则此时电阻箱的阻值就是微安表的内阻,这就是替代法测微安表内阻。

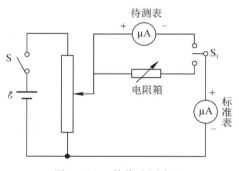

图 2.19.8　替代法测内阻

替代法是物理实验中非常巧妙的一种方法。我国古代曹冲称象的故事中也用到了类似方法,用石块替代大象,使船再次达到同一刻度线,则石块质量就是大象的质量。

(2)单臂电桥法。

单臂电桥法也是测量电阻的常用方法。电桥是一种利用电位比较法进行测量的仪器,即将被测电阻与标准电阻进行比较来确定被测电阻值,单臂电桥的具体使用方法请参考实验 2.9。用单臂电桥测量微安表内阻时,将微安表接在电桥的待测电阻端。为了保护微安表,测量时通过降低电桥电源电压的办法使微安表不致过载,此外也可以用分压电路或者限流电路使微安表不过载。这么做的原因是由于单臂电桥所用电源约为 3 V,微安表的内阻约 5 kΩ,如果直接将微安表接在电桥的待测电阻端,通过微安表的电流将远超其满偏电流,造成微安表损坏。因此必须降低微安表上的电压,或者再串联一个大电阻以降低经过微安表的电流。以采用限流电路为例,如图 2.19.9 所示,实验中用电阻箱作为大电阻。接线时注意微安表接入时电桥接线柱的正负,电桥面板上已标记。

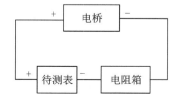

图 2.19.9　电桥法测微安表内阻

那么，对电阻箱的阻值有什么要求？现在我们粗略计算电阻箱的阻值，设通过待测表的电流 I 为 45.0 μA，微安表的内阻 R_g 约为 5 kΩ，电桥电源电压 U 为 3 V，暂不考虑电路中的其他电阻，则电阻箱阻值

$$R = \frac{U}{I} - R_g = \frac{3}{45 \times 10^{-6}} - 5000 = 61666.7 \ \Omega$$

也就是说电阻箱阻值不应低于 61666.7 Ω。

4. 校准电表，确定电表的准确度等级

经过改装后的微安表，还不能直接用来测量电流和电压，因为我们还不知道改装后的电表准确度如何，因此需要对电表进行校准。将改装好的电表与量程相同的标准表进行比较的过程称为电表的校准。对电流表，可将待校验表与标准电流表（本实验中为 C75 型 0.5 级直流毫安表）串联在一个电路中，如图 2.19.10 所示；对于电压表，可将待校验表与标准电压表（本实验中为 C75 型 0.5 级直流电压表）并联在一个电路中，如图 2.19.11 所示。

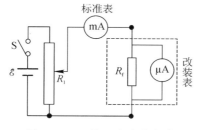

图 2.19.10 校正电流表电路

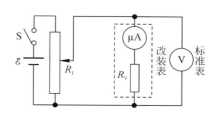

图 2.19.11 校正电压表电路

连接好电路后，就开始在整个量程范围内逐点（量程中的各个刻度）比较标准表与改装表的读数。以电流表的校准为例，使改装表中的电流由小逐渐增大（上升），记录标准毫安表的读数，然后使改装表中的电流由大逐渐变小（下降），再记录标准毫安表的读数，在每个测量点计算得出改装表和标准表读数差值（平均值），如表 2.19.1 所示。然后以改装表的读数为横坐标，以差值为纵坐标，将相邻两点用直线连接，整个图形呈折线状，即为校正曲线（如图 2.19.12 是电流表校正曲线）。以后使用该电表时，就可以根据校准曲线对各读数值进行校准，从而获得较高的准确度。例如图 2.19.12 中，$I = 10.0$ mA 时，$\delta I = -0.1$ mA，则改装表的修正值应为 $I + \delta I = 9.9$ mA。

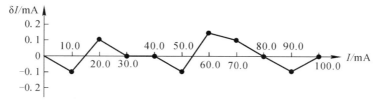

图 2.19.12 电流表校正曲线

选取校正曲线图中最大的绝对误差除以量程，可以计算改装表的最大相对误差，即可定出该表的准确度等级 a。

$$\text{最大相对误差} = \frac{\text{最大绝对误差}}{\text{量程}} \times 100\% = a\%$$

一般情况下，选用的标准表和微安表相差 2 个级别，改装表的级别和微安表相同，计算出

的改装表的准确度等级小于等于微安表的级别,则为合格。例如:标准表级别 a 为 0.5 级,微安表级别为 1.5 级,改装表的准确度等级 $a<1.5$,此时改装表的级别 a 应定为 1.5 级,该表是合格的。根据国家现行标准中电气检定规格的条文,要得出电表合格与否的结论,对最大相对误差的计算还有一些更复杂的程序要求,还要对其他一些指标进行严格的检测。作为教学实验,只作初步训练,就不严格按校准程序进行。根据国家现行标准《直接作用模拟指示电测量仪表及其附件》(GB/T 7676—2017),电流表和电压表的准确度等级分为 11 级,即 0.05、0.1、0.2、0.3、0.5、1、1.5、2、2.5、3、5,等级指数单位为%。

实验内容与步骤

1. 用替代法测量微安表的内阻 R_g

(1) 按图 2.19.8 接线,先将稳压电源和滑动变阻器的滑块都置于输出电压为 0 的位置(重要),单刀双掷开关 S_1 拨向上方,使微安表与标准表串联。然后接通电源,调节稳压电源,使输出电压保持在 1.0 V 以下,再调节滑动变阻器的滑块,使通过标准表的电流为 45.0 μA。

(2) 保持稳压电源的输出和滑动变阻器滑块的位置与第一步相同,将单刀双掷开关 S_1 拨向下方,使电阻箱与标准表串联,然后调节电阻箱的阻值使通过标准表的电流仍为 45.0 μA,此时电阻箱的示值就等于微安表的内阻 R_g。

微安表内阻只测 1 次。特别注意稳压电源的输出电压和滑动变阻器滑块的位置,不能使微安表的示值超过满偏刻度。

2. 用单臂电桥法测微安表的内阻 R_g

(1) 按图 2.19.9 电路接线,注意:为了保护微安表,串联的电阻箱阻值设为 70 kΩ,接线时注意微安表正负极的接法(电桥面板上已标记"+")。

(2) 复习本书实验 2.9 中有关单臂电桥使用的内容,调节单臂单桥到使用状态。

(3) 调节电阻箱的阻值,使通过微安表的电流为 45.0 μA,然后调节电桥测量微安表内阻。测量完毕后,改变电阻箱的阻值,在微安表电流 40.0 μA、35.0 μA 下再测量 2 次微安表内阻。将 3 次测量值平均后与替代法测得的结果进行比较。

3. 将微安表改装成量程为 100 mA 的电流表

(1) 按式(2-19-1)计算出分流电阻理论值 R_{f1}。

(2) 校准改装后的电流表。根据图 2.19.10 接线,先将电阻箱调到理论值 R_{f1},注意为了保护仪表,电路连接时,滑动变阻器滑块首先要置于输出电压为 0 的位置。然后打开电源,调节电源电压为 1.0 V,调节滑动变阻器 R_1、代表分流电阻 R_f 的电阻箱,使标准表为 100.0 mA、改装表为满偏,记录此时分流电阻的数值 R_{f2},并分析与理论值 R_{f1} 不同的原因。

(3) 保持分流电阻 R_{f2} 不变,调节滑动变阻器 R_1,当改装电流表读数每减小 10.0 mA 直至 0.0 mA 时,记录标准表相应的示值;再将改装电流表读数每增加 10.0 mA 直至 100.0 mA 时,记录标准表相应的示值,填入表 2.19.1。

(4) 画出与图 2.19.12 类似的电流表校准图线,定出改装电流表的准确度等级指数。

4. 将微安表改装成量程为 10 V 的电压表

(1) 按式(2-19-2)计算出分压电阻理论值 R_{V1}。

(2)校准改装表。按图 2.19.11 接线,分压电阻 R_V 由大于 100 kΩ 的电阻和电阻箱串联构成。调节电源电压为 10.5 V,调节滑动变阻器 R_1,使标准表指示 10.00 V,调节电阻箱阻值使改装表为满偏,记录此时分压电阻的数值 R_{V2},并分析与分压电阻理论值 R_{V1} 不同的原因。

(3)保持分压电阻 R_{V2} 不变,改变 R_1,当改装电压表读数每减小 1.00 V 直至 0.00 V 时,记录标准表相应的示值;再将改装电压表读数每增加 1.00 V 直至 10.00 V 时,记录标准表相应的示值,填入表 2.19.2。

(4)画出与图 2.19.12 类似的电压表校准图线,定出改装电压表的准确度等级指数。

实验数据记录及处理

(1)替代法测量微安表的内阻 $R_g = $ _____ Ω。

(2)单臂电桥法测微安表的内阻,请同学们自拟表格,记录数据。

(3)完成表 2.19.1。

表 2.19.1　改装电流表数据表

改装表读数/mA	标准表读数/mA			示值误差 ΔI/mA
	增大时	减小时	平均值	
0.0				
10.0				
20.0				
30.0				
40.0				
50.0				
60.0				
70.0				
80.0				
90.0				
100.0				

(4)完成表 2.19.2。

表 2.19.2　改装电压表数据表

改装表读数/V	标准表读数/V			示值误差 ΔU/V
	增大时	减小时	平均值	
0.00				
1.00				
2.00				
3.00				
4.00				

续表

改装表读数/V	标准表读数/V			示值误差ΔU/V
	增大时	减小时	平均值	
5.00				
6.00				
7.00				
8.00				
9.00				
10.00				

实验拓展

本实验中使用的直流电流表、电压表及微安表都是磁电系仪表。作为物理实验中常用的仪表，磁电系仪表的工作原理以永久磁铁气隙中的磁场与其中的载流线圈（称动圈）相互作用为基础，以电表指针的偏转角位移来表示被测量的电流。磁电系仪表的测量机构如图 2.19.13 所示，主要由固定的永久磁铁和活动的线圈构成，指示被测电流大小的指针和可动的线圈装在同一个轴上。

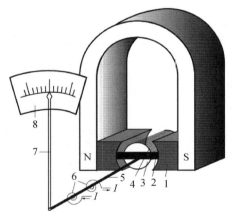

1—有均匀辐射磁场的永久磁铁；2—圆柱形软铁芯；3—可转动线圈；
4—铝框；5—转动轴；6—螺旋弹簧游丝；7—指针；8—刻度盘。

图 2.19.13　磁电系电表的测量机构

测量机构有三个功能。第一个功能为产生偏转力矩。当电流表接入电路，动圈中有电流流过时，动圈在永久磁铁磁场中受到偏转力矩的作用，带动指针随之偏转，其偏转力矩的大小为

$$M = BINA$$

式中，B 为磁铁空气隙中的磁感应强度；N 为动圈匝数；I 为通过动圈的电流；A 为动圈的有效面积。

测量机构的第二个功能是产生反作用力矩。为了获得特定的指示，当偏转力矩作用在电表的活动部分使它发生偏转时，活动部分还必须受反作用力矩作用，并且这个反作用力矩还必

须随偏转角的增大而增大。当偏转力矩和反作用力矩大小相等时,指针就停下来,指示出被测电流的数值。反作用力矩可以用游丝产生,其大小为

$$M' = C\theta$$

式中,C 为反作用力矩系数,它取决于游丝的材料、几何形状;θ 为指针偏转角度。偏转力矩与反作用力矩平衡,即其大小相等,$M = M'$,则有

$$\theta = \frac{BNA}{C} \cdot I$$

可见电表动圈(即指针)偏转角与动圈面积 A、匝数 N、磁感应强度 B 和电流 I 成正比,与游丝的反作用力矩系数 C 成反比。电表一经制成,B、A、N 和 C 都是定值。又因为磁铁极掌与圆柱形铁芯之间的气隙中的磁场是均匀辐射的,如图 2.19.14 所示,因此动圈的偏转角仅与动圈中所通过的电流成正比,这样,刻度标尺是均匀的,这就是磁电系电表的基本原理。如用 S_L 代替 $\frac{BNA}{C}$,则

$$\theta = S_L I \tag{2-19-3}$$

一般把 S_L 叫做电流灵敏度,表示每单位电流的偏转角度。

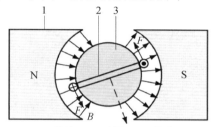

1—磁铁;2—动圈;3—铁芯。

图 2.19.14 均匀辐射磁场

测量机构的第三个功能是产生阻尼力矩。实际上,因为电表活动部分有转动惯量 J,所以当偏转量变化时,将产生加速力矩 $J \cdot \frac{d^2\theta}{dt}$,导致指针在平衡位置左右摆动,不能很快停下来。为了防止输入电流变化引起过度振荡,必须提供阻尼力矩 $\frac{D d\theta}{dt}$,让它在活动部分运动时,发挥阻尼作用,D 为阻尼系数。一般利用绕制线圈的铝框架形成涡流来产生阻尼力矩。

当电流通过线圈时,通电线圈在磁场中偏转,产生磁力矩,当它转动时又产生感应电流,因此线圈受到制动作用(有游丝的反抗力矩、电磁阻尼力矩,以及空气阻尼力矩等),在磁力矩 $M_{磁}$ 和制动力矩 $M_{制}$ 的作用下线圈平衡在某个位置上。线圈偏转角度的大小与通过的电流大小成正比,也与加在电流表两端的电势差成正比,而线圈偏转的角度,通过指针的偏转可以直接指示出来,所以上述电流或电势差的大小均可由指针的偏转直接指示出来。

电流表允许通过的最大电流称为电流表的量程,用 I_g 表示,这个电流越小,电流表灵敏度越高。电流表的线圈有一定的内阻,用 R_g 表示。I_g、R_g 是表征电流表特性的两个重要参数。

第3章 综合物理实验

经过第 2 章基础物理实验的学习,学生受到了基本的实验技能、实验思想方法、实验仪器使用、数据处理、报告撰写等方面的训练。在此基础上,我们继续学习综合物理实验。所谓综合物理实验,顾名思义,是指每个实验需要综合使用多种实验技能、方法、仪器及数据处理方法去完成,因此相比基础物理实验,综合物理实验在难度上有所增加,同时对学生观察问题、分析问题、解决问题的综合能力的培养大有裨益。

本章选择了 5 项综合物理实验,在这些实验中,一方面,进一步加强学生对基础实验仪器(如示波器)、基本实验技能(如同轴等高)的掌握,加强同一物理量的多种测量方法(如多种方法测声速)的学习,加强多种数据处理方法(如作图法)的练习;另一方面,使学生了解一些新知识和现代技术(如太阳能电池、燃料电池),从而提高综合实验的能力。

实验 3.1　动态法测杨氏模量

实验预习题

1. 什么是杨氏模量？
2. 简述动态法测杨氏模量的原理，说明动态法和静态法（参考实验 2.11 金属弹性模量的测量）测量杨氏模量有什么不同。
3. 物体的固有频率和共振频率有什么区别和联系？实验中怎样确定测试棒的固有频率？
4. 测试共振频率时，如果悬挂点刚好在节点处，可能产生什么情况，如何确定测试棒节点处的共振频率？
5. 参考本实验拓展，简述电子天平的使用方法。
6. 测试棒的长度 L、直径 d、质量 m、共振频率 f 应该分别采用什么规格的仪器测量，为什么？
7. 该实验有哪些地方可以改进？

1807 年英国物理学家托马斯·杨提出了条状物体沿轴向弹性形变的弹性模量，也叫杨氏模量（Young modulus）。杨氏模量只是弹性模量中最常见的一种，是表征固体材料力学性质的重要物理量，反映了固体材料抵抗外力时产生拉伸（或压缩）形变的难易程度，是工程技术中机械构件选材时的重要依据。对于材料杨氏模量的测量方法，实验 2.11 中采用了"静态拉伸法"，本实验采用动态悬挂法。动态悬挂法也是我国国家技术标准《金属材料　弹性模量和泊松比试验方法》（GB/T 22315-2008）所推荐的方法，能准确反映材料在微小形变时的物理性能，测得值精确稳定，对脆性材料（如石墨、陶瓷）也能测定，且适用的温度范围极广，在 -196~2600 ℃ 内均可测量。

什么是动态悬挂法，如何理解"动态"，实验中需要配置什么样的仪器设备才能实现动态法测杨氏模量？请同学们带着这些问题仔细阅读实验原理。

实验目的

1. 学会用动态悬挂法测量材料的杨氏模量。
2. 了解换能器的功能，熟悉测试仪器及示波器的使用。
3. 掌握电子天平、游标卡尺、螺旋测微器的使用。
4. 学习用外延法处理实验数据。

实验仪器

DH0803 型振动力学通用信号源（见图 3.1.1）、DHY－2 型动态杨氏模量测试台（见图 3.1.2）、MOS－620CH 型示波器（见图 3.1.3）、50 分度游标卡尺（见图 3.1.4）、螺旋测微器（见图 3.1.5）、JJ224BC 型电子天平（见图 3.1.6）、待测试样（见图 3.1.7）。

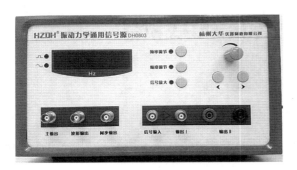
图 3.1.1　DH0803 型振动力学通用信号源

图 3.1.2　DHY-2 型动态杨氏模量测试台

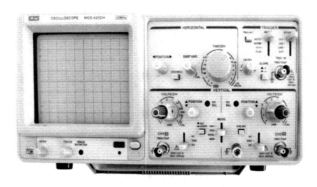
图 3.1.3　MOS-620CH 型示波器

图 3.1.4　50 分度游标卡尺

图 3.1.5　螺旋测微器

图 3.1.6　JJ224BC 型电子天平

图 3.1.7　待测试样

实验原理

1. 动态悬挂法

什么是动态悬挂法？在一定条件下，测试棒振动的固有频率取决于它的几何形状、尺寸、质量及杨氏模量。实验中用两根悬线将测试棒（圆棒或矩形棒）悬挂起来并激发它做横向振动，测出测试棒在室温下的固有频率，就可以计算出测试棒在室温下的杨氏模量。这种把测试棒悬挂起来，通过测定其固有频率进而求杨氏模量的方法叫做动态悬挂法。

测试棒的横向振动方程为

$$\frac{\partial^4 y}{\partial x^4} + \frac{\rho S}{EJ}\frac{\partial^2 y}{\partial t^2} = 0 \tag{3-1-1}$$

式中，ρ 为棒的密度；S 为棒的截面积；$J = \int_S y^2 dS$ 为惯性矩（取决于截面的形状）；E 为杨氏模量，在国际单位制中杨氏模量 E 的单位为 $N \cdot m^{-2}$。

求解该方程，对于长度远大于直径的圆形棒得

$$E = 1.6067 \frac{l^3 m}{d^4} f^2 \tag{3-1-2}$$

式中，l 为棒长；d 为棒的直径；m 为棒的质量；f 为测试棒固有频率。

2. 测试棒固有频率的测量

由式 (3-1-2) 可见，实验中只要测出测试棒的棒长 l、直径 d、质量 m、固有频率 f，即可求得测试棒的杨氏模量。在这些待测量中，核心是测量在一定温度下测试棒的固有频率 f。而实验中只能测出棒的共振频率，需要明确的是，物体的固有频率 $f_{固}$ 和共振频率 $f_{共}$ 是两个不同的概念，它们之间的关系为

$$f_{固} = f_{共} \sqrt{1 + \frac{1}{4Q^2}} \tag{3-1-3}$$

式中，Q 为测试棒的力学品质因数。对于悬挂法测量，一般 Q 的最小值约为 50，共振频率和固有频率相比只偏低 0.005%，由于两者相差很小。因此本实验中固有频率可用共振频率代替。

测试棒共振时存在两个节点（振幅始终为 0 的位置），它们分别处在距离金属圆棒端面的 $0.224l$ 处。理论上两根悬线应悬挂在节点处，但是这种悬挂状态下，测试棒将很难被激振，所以实验中通常在节点两旁选取不同的点对称悬挂，然后测量棒在这些点的共振频率，再用外延法找出节点处的共振频率。

所谓外延法，就是当所需要的数据在测量数据范围之外，又很难测量时，采用作图外推求值的方法。通常先根据已测数据绘制出曲线，再将曲线按原规律延长到待求值范围，在延长线部分求出所要的值（参考实验 2.2 液体黏滞系数的测量中收尾速度的测量方式）。本实验中就是以不同的悬挂点位置为横坐标，以相对应的共振频率为纵坐标作出 $f - \frac{x}{l}$ 关系曲线，求得曲线节点 $\frac{x}{l} = 0.224$ 处所对应的频率即为测试棒的基频共振频率 f。

实验中采用如图 3.1.8 所示装置，由频率连续可调的信号发生器输出等幅正弦波信号，并加在换能器 I 上。通过换能器把电信号转变成同频率的机械振动，再由悬线把机械振动传给

测试棒,使测试棒做横向振动。测试棒另一端的悬线把机械振动传给换能器Ⅱ,使机械振动又转变成电信号。该信号经放大后送到示波器中显示。而数字频率计则用于测定信号发生器的信号频率。

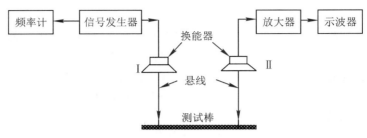

图 3.1.8 动态测量杨氏模量装置图

当信号发生器的频率不等于测试棒的固有频率时,测试棒不发生共振,示波器上几乎没有波形或者波形很小。当信号发生器的频率等于测试棒的固有频率时,测试棒发生共振,示波器的波形突然增大,这时频率计上读出的数值就是测试棒在该温度下的共振频率 f。将此 f 值代入式(3-1-2),即可计算出该温度下的杨氏模量。

实验内容与步骤

1.测量测试棒的参数

测量测试棒的质量 m、长度 l、直径 d,为提高测量精度,要求在不同的部位和不同的方向多次测量长度和直径,填入表 3.1.1。

2.测量测试棒在室温时的共振频率 f

(1)安装测试棒:如图 3.1.8 所示,将测试棒用两悬线悬挂起来,要求测试棒横向水平,悬线与测试棒轴向垂直,两悬线挂点到测试棒两端点的距离 x 均为 20 mm,测试棒处于静止状态。

(2)连机:按图 3.1.9 将测试台、测试仪器、示波器之间用专用导线连接起来。

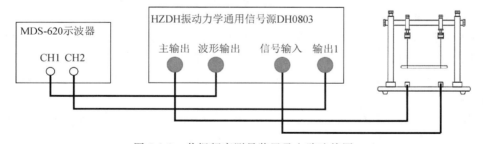

图 3.1.9 共振频率测量装置及电路连接图

(3)开机:依次打开示波器、测试仪的电源开关,调整示波器处于正常工作状态。

(4)鉴频与测量:待测试棒稳定后,调节"频率调节"粗、细旋钮,寻找测试棒的共振频率 f。当出现共振现象时,即示波器荧光屏上正弦波振幅突然变大,再十分缓慢地微调频率调节细调旋钮,使波形振幅达到极大值。鉴频就是对测试共振模式及振动级次的鉴别,它是测量操作中的重要一步。在做频率扫描时,我们会发现测试棒不只在一个频率处发生共振现象,而所用公式(3-1-2)只适用于基频(自由振荡系统的最低振荡频率)共振的情况,那么如何判断测试棒是否在基频频率下共振呢？可用阻尼法来鉴别：沿测试棒长度的方向轻触棒的不同部位，同时观察示波器，若在波节处波幅不变化，而在波腹处，波幅会变小，并发现在测试棒上有两个波节时，这时的共振就是在基频频率下的共振，此时频率显示屏上显示的频率值 f 为基频。

在测量好 $x=20$ mm 时测试棒的共振频率 f 后，再分别按 $x=25$ mm、$x=30$ mm、$x=35$ mm、$x=45$ mm、$x=50$ mm、$x=55$ mm、$x=60$ mm 进行测量，将数据填入表 3.1.2 中。

3. 外延法确定节点处频率 f

由于悬线对测试棒振动的阻尼，所以检测到的共振频率大小是随悬挂点的位置而变化的，由于换能器接收到的是悬挂点的加速度共振信号，而不是振幅共振信号，所以所检测到的共振频率应随悬挂点到节点的距离增大而增大。若要测量测试棒的基频共振频率，则只有将悬挂点与振动节点重合，即只能将悬线挂在 $0.224l$ 和 $0.776l$ 节点处，但该节点处的振动幅度几乎为零，很难激振和检测，故采用外延法测量。本实验中，就是以支点（悬挂点）位置作横坐标，以所对应的共振频率为纵坐标作出关系曲线，求得曲线最低点（即节点）所对应的共振频率作为测试棒的基频共振频率。

实验数据记录及处理

(1) 利用表 3.1.1 和表 3.1.2 作 $f=f(\frac{x}{l})$ 关系曲线，通过外延法找到节点 $\frac{x}{l}=0.224$ 处的共振频率。

表 3.1.1　测试棒参数测量数据记录表

次数	1	2	3	4	5	平均值
长度 l/mm						
直径 d/mm						
质量 $m=$_____g，实验温度 $t=$_____℃，测试棒种类：_____。						

表 3.1.2　测试棒共振频率测量数据记录表（$l=$_____mm）

序号	1	2	3	4	5	6	7	8
悬挂点位置 x/mm	20	25	30	35	45	50	55	60
x/l								
共振频率 f_1/Hz								

(2) 求测试棒的杨氏模量 E。

① 将所测各物理量的数值代入式（3-1-2），计算出该测试棒的杨氏模量 E。

② 计算相对合成标准不确定度 $u_{cr}(E)$ 和合成标准不确定度 $u_c(E)$，写出结果表达式：$E=\overline{E}\pm u_c(E)$。（选做）

例如，20 ℃时，铁棒的杨氏模量值为 $(1.95\pm 0.03)\times 10^{11}$ N/m^2。

实验注意事项

(1)测试棒不可随处乱放,保持清洁,拿放时应特别小心。

(2)安装测试棒时,应先移动支架到既定位置,再悬挂测试棒,保证测试棒在竖直方向上振动,保持每次左右两个悬点位置对称,两根悬线保持平行和竖直。

(3)因换能器是由厚度 0.1~0.3 mm 的压电晶体粘在 0.1 mm 左右的黄铜片上制成,极其脆弱,因此放置测试棒时一定要细心,轻拿轻放,不能用力,避免损坏激振共振传感器。

(4)实验时,需测试棒稳定之后才可以进行测量。

(5)信号源、换能器(放大器)、示波器均应共"地"。

(6)电子天平比较精密,必须按操作规程进行,使用前应首先进行水平调节。

实验拓展

1.实验方法总结和归纳

(1)思想方法上,外延测量法很巧妙。该实验不能直接测量节点处的基频共振频率,所以,利用 $f-\dfrac{x}{l}$ 关系曲线,通过外延找到了节点 $\dfrac{x}{l}=0.224$ 处的共振频率。类似地,实验 2.2 液体黏滞系数的测量,要测量无限广延液体中,小球下落同样距离所用的时间,我们采用多管落球法—作图—外延,得到了实验室中不可能测到的数据。大家要仔细体会这个实验方法。

(2)处理数据误差时,可以训练不确定度的计算。例如,可以有直接测量量(直径)不确定度的计算,有不同物理量单次、多次测量量不确定度的计算,有间接测量量(金属棒杨氏模量)相对合成标准不确定度以及合成标准不确定度的计算。

2.部分实验仪器说明

1)DHY-2 型动态杨氏模量测试台

DHY-2 型动态杨氏模量测试台的实物如图 3.1.2 所示,结构如图 3.1.10 所示。

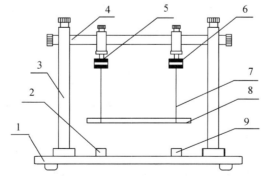

1—底板;2—输入插口;3—立柱;4—横杆;5—激振器;
6—共振器;7—悬线;8—测试棒;9—输出插口。

图 3.1.10　DHY-2 型动态杨氏模量测试台结构图

2)JJ224BC 型电子天平

电子天平的实物如图 3.1.6 所示,其工作原理和使用方法如下:

(1)工作原理。电子天平采用了现代电子控制技术,利用电磁力平衡原理实现称重。即测量物体时采用电磁力与被测物体重力相平衡的原理实现测量,当称盘上加上或除去被称物时,天平则处于不平衡状态,此时可以通过位置检测器检测到线圈在磁钢中的瞬间位移,经过电磁力自动补偿电路使其根据电流变化以数字方式显示出被测物体质量。

(2)校准。电子天平在使用的过程中会受到所处环境温度、气流、振动、电磁干扰等因素影响,因此在测量之前,需要对电子天平进行校准。

校准方法如下:轻按"CAL"键,当显示器出现"CAL -"时松手,显示器就出现 CAL - 100,其中"100"为闪烁码,表示校准砝码需用 100 g 的标准砝码。此时就把准备好的"100 g"校准砝码放上称盘,显示器即出现等待状态,经较长时间后显示器出现 100.0000 g,取下校准砝码,显示器应出现 0.0000 g,若没有出现 0.0000 g,则再清零,重复以上校准操作。为了得到准确的测量结果,至少重复以上校准操作步骤两次。注意:电子天平开机显示零点,不能说明天平称量的数据准确度符合测试标准,只能说明天平零位稳定性合格。

(3)使用步骤。

①调水平。天平置于稳定的工作台上,避免振动、气流及阳光照射。称量前观察天平是否水平。观察天平后部水平仪内的气泡是否位于圆环中央,如果不在圆环中央,则通过天平的底脚螺栓调节,左旋升高,右旋下降,使气泡位于水平仪中心。

②开启显示器。轻按电源键,显示器全亮,约 2 s 后显示称量模式 0.0000 g。注意读数时应关上天平门。

③称量。按"TARE"键,LED 显示器显示为 0.0000 g 时,打开天平侧门,将被测物小心置于秤盘上,关闭天平门,待数字不再变动及显示器左下角的"0"标志消失后即可读出称量物的质量值。打开天平门,取出被测物,关闭天平门。

④去皮称量。将容器至于秤盘上,关闭天平门,待天平稳定后按"TARE"键清零,LED 显示器显示质量为 0.0000 g,即去皮称重。取出容器,置称量物于容器中,将容器放回托盘,不关闭天平门粗略读数,看质量变动是否达到要求,若在所需范围之内,则关闭天平门,待显示器左下角"0"消失,这时显示的是称量物的净质量。

⑤复原。使用完天平后,按"OFF"键关闭天平,取下称量物和容器。检查天平上下是否清洁,若有脏物,用毛刷清扫干净,将天平还原,罩好防尘布罩。

(4)天平使用的注意事项。

①天平在初次接通电源或长时间断电后开机时,至少需要 30 min 的预热时间。因此,实验室电子天平在通常情况下,不要经常切断电源。

②称量易挥发和具有腐蚀性药品时,必须将其置于一定的洁净干燥容器(如烧杯、表面皿、称量瓶等)中进行称量,以免污染腐蚀天平。

③对于过热或过冷的称量物,应使其达到室温后方可称量。

④不要手压天平秤盘和剧烈振动秤盘。

⑤在开关门、放取称量物时,尽可能放在秤盘的中央并要求轻放,切不可用力过猛或过快,以免造成天平损坏。

⑥被称的物品不要超过天平的上限,称量较重的物品,待读数稳定后,最好不要超过 1 min,否则会使传感系统疲劳,影响天平的灵敏度。

⑦每次称完后,请将天平内外以及实验台打扫干净,以免影响下一次的使用。

实验 3.2　多普勒效应与声速的测量

实验预习题

1. 本实验介绍了 4 种方法测量声速,请简述这 4 种方法的原理和公式。
2. 如何判断实验仪器系统的共振频率？
3. 共振干涉法测量声速中,如何通过示波器判断波节的位置？相位比较法测量声速中,如何判断相位差为零的位置？
4. 20 分度游标卡尺如何读数？
5. 参考本实验拓展,回答什么是声波的多普勒效应,什么是光波的多普勒效应。

当救护车鸣叫着由远及近驶来的时候,我们会发现救护车的声调逐渐由尖锐变低沉,这种现象就是"多普勒效应"。医院使用的彩色多普勒超声检查(简称彩超)原理也涉及了多普勒效应,科学家埃德温·哈勃(Edwin Hubble)得出宇宙正在膨胀的结论也是利用了多普勒效应(见图 3.2.1)。什么是多普勒效应？多普勒效应有什么用？本实验将通过多普勒效应测声速,带你一探多普勒效应的究竟。请同学们思考还有什么方法可以测量声速,哪一种方法测量声速更准确？

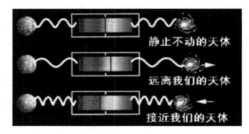

图 3.2.1　光波的多普勒效应

实验目的

1. 用共振干涉法、相位比较法测量超声波在空气中的传播速度。
2. 用多普勒效应测声速。
3. 用逐差法进行数据处理。

实验仪器

MDS-620 型示波器(见图 3.2.2),DH-DPL1 型多普勒效应及声速综合测试仪(见图 3.2.3、图 3.2.4),DH-DPL1 型智能运动控制系统(见图 3.2.5)。

· 第3章 综合物理实验 ·

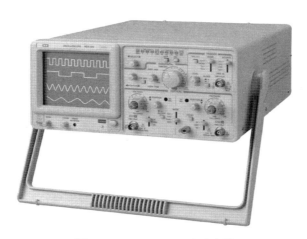

图 3.2.2 　 MDS-620 型示波器

图 3.2.3 　 DH-DPL1 型多普勒效应及声速综合实验仪

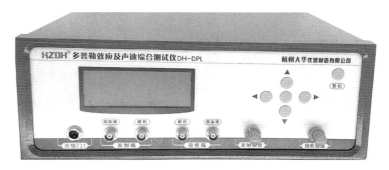

图 3.2.4 　 DH-DPL1 型多普勒效应及声速综合测试仪

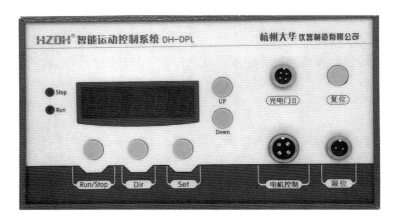

图 3.2.5 　 DH-DPL1 型智能运动控制系统

 **实验原理**

1. 多普勒效应

什么是多普勒效应？对于机械波、声波、光波和电磁波而言，当波源和观察者（或接收器）之间发生相对运动，或者波源、观察者不动而传播介质运动时，或者波源、观察者、传播介质都在运动时，观察者接收到的波的频率和波源发出的波的频率不相同的现象，称为多普勒效应。

多普勒效应有什么用？多普勒效应在核物理、天文学、工程技术、交通管理、医疗诊断等方面有十分广泛的应用。如用于卫星测速、光谱仪、雷达测速仪，彩色多普勒超声诊断仪等（参考本实验拓展）。

2. 多普勒效应测声速

如何利用多普勒效应测声速？

声波是一种在弹性介质中传播的机械纵波。频率在 20~20000 Hz 的声波为人耳可听声波。低于 20 Hz 的声波为次声波，高于 20000 Hz 的声波为超声波，这两类声波不能被人耳听到，但与可听声波性质相同。

设声源振动频率为 f，声波在空气介质中的传播速度为 v_0。当声源、空气介质静止不动，接收器以速度 v_r 靠近声源时，则接收器接收到的频率 f_r 为

$$f_r = \left(1 + \frac{v_r}{v_0}\right) f \tag{3-2-1}$$

当声源、空气介质静止不动，接收器以速度 v_r 远离声源时，则接收器接收到的频率 f_r' 为

$$f_r' = \left(1 - \frac{v_r}{v_0}\right) f \tag{3-2-2}$$

根据式（3-2-1）可知，若已知 v_r、f，并测出 f_r，则可算出声速 v_0。另外依据式（3-2-1），还可以改变 v_r，得到不同的 f_r 以及不同的 $\Delta f = f_r - f$，从而验证多普勒效应。

还有什么方法可以测声速？

从最基本的速度定义出发，声波的传播速度等于声波传播所经过的距离 s 除以传播时间 t，即

$$v = \frac{s}{t} \tag{3-2-3}$$

由式（3-2-3）可知，测得声波传播所经过的距离 s 和传播时间 t，就可得到声速。同样，传播速度亦可用

$$v = \frac{\lambda}{T} = \lambda \cdot f \tag{3-2-4}$$

表示。式中，λ 为波长；T 为周期；f 为频率。若测得声波的波长和频率，也可获得声速。在实验 2.13 声速测量中，我们分别采用了共振干涉法、相位比较法、时差法测声速。在本实验中，这些方法都可以用，原理都是相通的。同学们要思考的重点是，怎样将这些方法通过多普勒效应及声速综合实验仪实现。

3. 共振干涉法测声速

多普勒效应及声速综合实验仪主要控件实物图如图 3.2.3 所示，示意图如图 3.2.6 所示，

图 3.2.6 中①和②分别为压电晶体发射和接收换能器(压电陶瓷制成的换能器即"探头",这种压电陶瓷的压电效应和逆压电效应可以在机械振动与交流电压之间双向换能)。①作为声波源,它被信号发生器输出的正弦交流电信号激励后,由于逆压电效应发生受迫振动,并向空气中定向发出一近似的平面声波;②为超声波接收器,声波传至它的接收面上时,可被反射(关于超声波的产生和接收的详细介绍,请参考实验 2.13 声速测量中实验原理部分)。当①和②的表面互相平行时,声波就在两个表面之间来回反射,①表面发射的超声波和②表面垂直反射的超声波相遇时,两列波进行叠加。按照波的干涉理论,当两个平面间距 L 为半波长 $\frac{\lambda}{2}$ 的整倍数时,即

$$L = n\frac{\lambda}{2}, n = 1, 2, \cdots \qquad (3-2-5)$$

叠加后的波在①和②表面之间的空间(即声波谐振腔)就会产生稳定的驻波(即共振干涉),且②表面处于波节。由于波节两侧质点的振动反相,所以在纵波产生的驻波中,波节处介质的疏密变化最大,声压最大、转变为电信号时,将会有幅值最大的电信号。因此,可以根据②上输出电压的大小确定波节位置,进而求波长。本实验中固定①,连续移动②,增大①与②的间距 L,每当 L 满足式(3-2-5)时,示波器将显示出幅值最大的电压信号,记录这些波节的位置,则两个相邻波节位置之差即为半波长,由此可得波长 λ。如果此时信号发生器的输出频率 f,则由式(3-2-4)即可算出声速 v。

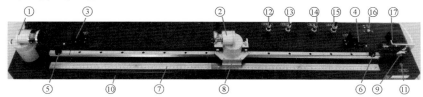

①—发射换能器;②—接收换能器;③,④—左右限位保护光电门;⑤—左行程开关;
⑥—右行程开关;⑦—标尺;⑧—游标;⑨—滚花帽;⑩—底座;⑪—复位开关;
⑫—光电门Ⅰ;⑬—光电门Ⅱ;⑭—限位;⑮—电机控制;⑯—电机开关;⑰—步进电机。

图 3.2.6 多普勒效应及声速综合实验仪主要控件实物图

4.相位比较法测声速

如图 3.2.6 所示,①发出的超声波经空气传播到达接收器②,任一时刻,②接收的信号与①发射的信号之间有一相位差 $\Delta\varphi$,设①和②间距为 x,则

$$\Delta\varphi = \frac{2\pi}{\lambda}x \qquad (3-2-6)$$

本实验中,把①发出的正弦信号直接引入示波器的水平输入,并将②接收的正弦信号引入示波器垂直输入。这样,对于确定的间距 x,示波器上将有两个同频率、振动方向相互垂直、相位差恒定的振动进行合成,从而形成李萨如图形。其图形变化与相位差 $\Delta\varphi$ 的关系,如图 3.2.7 所示。

因此,当相位差从 $\Delta\varphi=0$ 变化到 $\Delta\varphi=\pi$ 时,李萨如图形从"/"变化到"\",相应的间距 x 的改变量为 $\Delta x = \frac{\lambda}{2}$;同理,当相位差从 $\Delta\varphi=\pi$ 变化到 $\Delta\varphi=2\pi$ 时,李萨如图形从"\"变化到

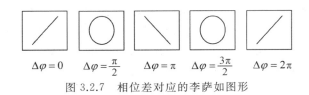

图 3.2.7 相位差对应的李萨如图形

"/",相应的间距改变量也是 $\Delta x = \dfrac{\lambda}{2}$,由此可测得波长。实验时可选择"/"作为测量起点,当再次出现同样的图形"/"时,相应的间距改变量为 $\Delta x = \lambda$,读出一系列图形为"/"时②的位置,用逐差法测得波长 λ,超声波频率 f 从信号发生器读出,则由式(3-2-4)即可算出声速 v。

5. 时差法测声速

连续波经脉冲调制后由①发出,经过 t 时间后到达距离 s 处的②。通过测量①、②两换能器发射接收平面之间距离 s 和时间 t,利用式(3-2-3)就可以计算出当前介质下的声波传播速度。

实验内容与步骤

1. 测量实验系统谐振频率

(1) 按图 3.2.8 接线。

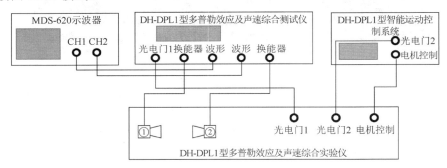

图 3.2.8 线路连接示意图

(2) 调节示波器到使用状态。移动②,使①②间距约为 50 mm,调节①和②的平面相互平行。

(3) 将 DH-DPL1 型多普勒效应及声速综合测试仪开机,调节其发射强度旋钮和接收增益旋钮至最大。在如图 3.2.9(a)所示的开机页面"欢迎使用多普勒效应及声速综合测试仪"下按"确认"键(即中心键),进入如图 3.2.9(b)所示的主菜单,通过"▲"及"▼"键选择"多普勒效

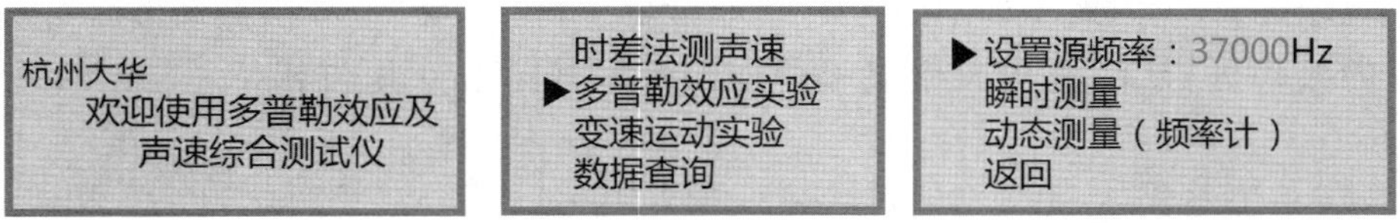

图 3.2.9 DH-DPL1 型多普勒效应及声速综合测试仪界面图

应实验",按"确认"键进入"多普勒效应实验"子菜单(见图 3.2.9(c),通过"▶"及"◀"键增减信号源频率,从最小开始调起,一次变化 10 Hz,同时用示波器观察**接收换能器波形的幅度是否达到最大值**,最大值对应的超声波频率即为换能器的谐振频率 f。

2. 共振干涉法测声速

(1)将 DH-DPL1 型多普勒效应及声速综合测试仪切换到"多普勒效应实验"界面进行实验。

(2)由近至远缓慢移动②,当示波器上出现接收波振幅最大的波形时,记录②的位置 x_1。

(3)沿同一方向,继续移动②,逐个记录振幅最大时②的位置 $x_2,\cdots,x_8$,共 8 个(注意:当波形振幅减小时,可适当调整"CH2"通道的"VOLTS/DIV"旋钮)。

(4)将数据填入表 3.2.1,并记录实验时的室温 t,用逐差法处理数据,得出波长及声速。

3. 相位比较法测声速

(1)将 DH-DPL1 型多普勒效应及声速综合测试仪切换到"多普勒效应实验"界面进行实验。

(2)将示波器的"TIME/DIV"旋钮置于"X-Y"方式。观察示波器显示的李萨如图形,如果李萨如图形有畸变或者大小不合适,应调整图 3.2.4 中测试仪面板上的"发射强度"旋钮、"接收增益"旋钮以及示波器的"VOLTS/DIV"旋钮。

(3)由近至远缓慢移动②,观察示波器屏幕上是否周期性出现斜线→椭圆→斜线的图形变化。

(4)从约 50 mm 间距开始,由近至远缓慢移动②,使波器上出现"/"型斜线,记录②的位置 x_1。沿同一方向,继续移动②,依次记录示波器屏幕上周期性出现斜线"\"和"/"时②的位置 $x_2,x_3,\cdots,x_8$,共 8 个。

(5)将数据记入表 3.2.2,并记录实验时的室温 t,用逐差法处理数据,得出波长及声速。

4. 用时差法测声速(选做)

(1)将 DH-DPL1 型多普勒效应及声速综合测试仪切换到"时差法测声速"界面进行实验。这时超声发射换能器发出脉冲波。

(2)从约 50 mm 间距开始,由近至远缓慢移动②,观察②的位置 x 和对应显示的时间 t。若此时时间显示窗口数字变化较大,可通过调节接收增益来调整,当时间显示均匀变化时,记录 3 次②的位置 x 和对应显示的时间 t,利用 $v=\dfrac{\Delta s}{\Delta t}$ 计算声速 v。

5. 用多普勒效应测声速(选做)

(1)将 DH-DPL1 型多普勒效应及声速综合测试仪切换到"瞬时测量"界面进行实验(见图 3.2.9(c))。

(2)将②移到两限位光电门之间后,开启智能运动控制系统电源,设置②匀速运动的速度 v_r,使②以速度 v_r 靠近发射端,当②经过光电门时,可测得②接收到的频率 f_r,测量 6 次,利用式(3-2-1)计算声速 v。

6. 验证多普勒效应(选做)

(1)将 DH-DPL1 型多普勒效应及声速综合测试仪切换到"瞬时测量"界面进行实验。

(2)将②移到两限位光电门之间后,开启智能运动控制系统电源,设置②匀速运动的速度v_r,使②以速度v_r靠近发射端,当②经过光电门时,可测得②接收到的频率f_r。

(3)改变②速度v_r,得到相应的f_r,每一速度下测量3次求$\overline{f_r}$。测量6组$\overline{f_r}$与$\overline{v_r}$相对应的数据,作出$\overline{f_r}$与$\overline{v_r}$的关系曲线或者$\Delta\overline{f_r}$与$\overline{v_r}$的关系曲线。

(4)改变②的运动方向,重复步骤(3)。

实验数据记录及处理

1. 超声波在空气中的理论传播速度

声波在理想气体中的传播速度为

$$v = \sqrt{\frac{\gamma RT}{M}} \tag{3-2-7}$$

式中,γ为比热容比($\gamma = \frac{C_p}{C_v}$);R为普适气体常数;M为气体的摩尔质量;T是热力学温度。由式(3-2-7)可见,温度是影响空气中声速的主要因素。如果忽略空气中的水蒸气和其他杂质的影响,在0 ℃($T_0 = 273.15$ K)时的声速

$$v_0 = \sqrt{\frac{\gamma RT}{M}} = 331.45 \text{ m/s}$$

在t ℃时空气中的声速

$$v_t = v_0\sqrt{1 + \frac{t}{273.15}} = 331.45\sqrt{\frac{273.15 + t}{273.15}} \tag{3-2-8}$$

式中,t为室温。由式(3-2-8)可计算出声速,该结果可作为空气中声速的理论值$v_{理}$。

2. 超声波在空气中的实验传播速度

(1)完成实验内容和步骤中的2和3,用逐差法处理共振干涉法测声速以及相位比较法测声速的数据,分别填入表3.2.1及表3.2.2中,计算波长的平均值

$$\overline{\lambda} = \frac{1}{2} \times \frac{1}{4}\sum_{n=1}^{4} l_n \tag{3-2-9}$$

以及声速的实验值

$$v_{实} = f\overline{\lambda} \tag{3-2-10}$$

并与声速的理论值进行比较

$$\Delta v = v_{实} - v_{理} \tag{3-2-11}$$

$$E_v = \frac{\Delta v}{v_{理}} \times 100\% \tag{3-2-12}$$

表 3.2.1 共振干涉法测声速($t =$ _____ ℃ $f =$ _____ kHz)

次数	1	2	3	4	5	6	7	8
x_n/mm								
($l_n = x_{n+4} - x_n$)/mm								

表 3.2.2 相位比较法测声速($t=$_____℃ $f=$_____kHz)

次数	1	2	3	4	5	6	7	8
x_n/mm								
$(l_n=x_{n+4}-x_n)$/mm								

(2) 用时差法和用多普勒效应测声速的实验值,并与声速的理论值进行比较。
(3) 用作图法验证多普勒效应。

实验注意事项

(1) 使用综合测试仪时,应避免信号源的功率输出端短路。
(2) 注意仪器部件的正确安装、线路正确连接。
(3) 仪器的运动部分是由步进电机驱动的精密系统,严禁运行中人为阻碍小车的运动。
(4) 注意避免传动系统的同步带受外力拉伸或人为损坏。
(5) 接收换能器部分不允许在导轨两侧的限位位置外侧运行,意外触发行程开关后要先切断测试架上的电机开关,接着把小车移动到导轨中央位置,然后接通电机开关,最后按复位键复原。

实验拓展

1. 多普勒效应的发现

1842 年的一天,奥地利一位名叫多普勒的数学家、物理学家路过铁路交叉处,恰逢一列火车从他身旁驰过,他发现火车从远及近时汽笛声变大,但音调变尖锐,而火车从近至远时汽笛声变小,但音调变低沉。他对这个物理现象非常感兴趣,因此进行了深入研究。最终,他发现这是由于振源与观察者之间存在相对运动,使观察者听到的声音频率不同于振源频率,这就是频移现象。声源相对于观察者运动时,观察者所听到的声音会发生变化。当声源离观察者而去时,声波的波长增加,音调变得低沉;当声源接近观察者时,声波的波长减小,音调就变尖锐。音调的变化同声源与观测者间的相对速度和声速的比值有关。这一比值越大,改变就越显著,后人把这一现象称为"多普勒效应"。人耳听到的火车汽笛声音调的改变属于声波的多普勒效应。

后来,法国物理学家菲佐于 1848 年独立地对来自恒星的频率偏移作了解释,并指出了利用这种效应测量恒星相对速度的方法。光波与声波的不同之处在于,光波频率的变化使人感觉到的是颜色的变化。如果恒星远离地球而去,则光的谱线就向红光方向移动,称为红移;如果恒星朝向地球运动,光的谱线就向紫光方向移动,称为蓝移。这属于光波的多普勒效应,又被称为多普勒-菲佐效应。

2. 多普勒效应在生活中的应用

(1) 发现宇宙膨胀。
科学家埃德温·哈勃使用多普勒效应得出宇宙正在膨胀的结论。他发现远离银河系的天体发射的光线频率变低(红移),即移向光谱的红端,天体离开银河系的速度越快红移越大,这说明这些天体在远离银河系。

(2)医学应用——彩超。

为了检查心脏、血管的结构和功能,了解血液流动速度,可以通过发射超声波来实现。由于血管内的血液是流动的物体,所以超声波振源与相对运动的血液间就产生多普勒效应。血液向着超声源运动时,反射波的波长被压缩,因而频率增加。血液离开声源运动时,反射波的波长变长,频率减少。反射波频率增加或减少的量,与血液流动速度成正比,因此就可根据超声波的频移量,测定血液的流速。彩超一般就是用自相关技术进行多普勒信号处理,把自相关技术获得的血流信号经彩色编码后实时地叠加在二维图像上,从而形成彩色多普勒超声血流图像。

(3)交通应用。

向行进中的车辆发射频率已知的超声波同时测量反射波的频率,根据反射波频率变化的多少就能知道车辆的速度。目前装有多普勒测速仪的监视器一般装在道路的上方,在测速的同时也可以把车辆号牌拍摄下来,并把测得的速度自动上传到服务器,非常方便。

实验 3.3　旋光仪测糖溶液浓度

实验预习题

1. 什么是偏振光,自然光与偏振光有什么区别?
2. 如何获得偏振光,如何检验偏振光,起偏器和检偏器可以是同一个光学元件吗?
3. 什么是旋光现象,什么是旋光度,旋光度与哪些因素有关?
4. 如何用旋光法测糖溶液的浓度,式(3-3-4)中各物理量的含义是什么?
5. 参考本实验拓展回答:旋光仪如何使用,旋光仪最小分度值是多少,旋光仪读数时能否估读,为什么要从左右两个读数窗读数。
6. 参考本实验拓展思考:光的偏振有哪些应用,使用偏振片观看立体电影的原理是什么?如果不用偏振片,直接看到的图像是什么样的。(选做)
7. 参考本实验拓展思考:用半荫法测定旋光度比只用起偏镜和检偏镜测旋光度更准确吗,为什么。(选做)
8. 参考本实验拓展思考:半荫法中,我们采用的是三分视场,若用二分视场,会有什么区别和联系。(选做)

　　拍摄橱窗内的展览品时,常在照相机镜头前装偏振镜头使景象清晰(见图 3.3.1),其中原理和光的偏振有关。夜晚,汽车前灯发出的强光将对面的汽车驾驶员照射得睁不开眼睛,严重影响行车安全。若将汽车前照明灯玻璃改用偏振玻璃,则射出的灯光变为偏振光,同时汽车前挡风玻璃也采用偏振玻璃,其透振方向恰好与灯光的振动方向垂直,这样不仅可以使驾驶员免受对方汽车强光的刺激,也能使其看清自己车灯发出的光所照亮的物体。到电影院看 3D 电影时,工作人员会先给你发一个眼镜,这个眼镜就是偏振眼镜,3D 电影的制作与观看也离不开

（a）未加偏光镜　　　　　　　（b）加了偏光镜

图 3.3.1　利用偏振镜拍摄橱窗模特

光的偏振。那么什么是光的偏振,光的偏振是如何产生的,光的偏振有什么应用,如何利用光的偏振测量糖溶液的浓度？学习了本实验,即可解答以上问题。

实验目的

1. 观察光的偏振现象和偏振光通过旋光物质后的旋光现象。
2. 了解旋光仪的结构、工作原理。
3. 学习旋光仪的使用方法。
4. 学会用旋光仪测定糖溶液的浓度。

实验仪器

WXG-4型圆盘旋光仪（见图3.3.2),装液玻璃管（泡式,长度200 mm,直径27 mm,见图3.3.3)、标准溶液（5%葡萄糖溶液）,待测溶液（浓度未知的葡萄糖溶液）。

图3.3.2　WXG-4型圆盘旋光仪

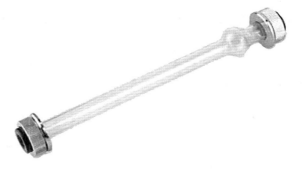

图3.3.3　装液玻璃管（泡式,长度200 mm,直径27 mm）

实验原理

1. 偏振光

什么是偏振光？我们都知道,光是一种电磁波。根据电磁波理论,光的电场强度 E、磁场强度 H 和光的传播方向三者相互垂直,所以光是横波。由于引起视觉和光化学反应的是 E,所以矢量 E 又称为光矢量,E 的振动又称为光振动,E 与光波传播方向之间组成的平面称为光的振动面。在传播过程中,光振动始终在某一确定方向的光称为线偏振光,简称偏振光,如图3.3.4(a)所示。太阳、普通光源（除激光）发射的光是由大量原子或分子辐射而产生,单个原子或分子辐射的光是偏振的,但由于热运动和辐射的随机性,大量原子或分子所发射的光的光

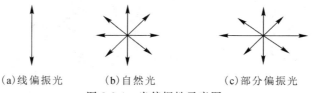

(a)线偏振光　　　(b)自然光　　　(c)部分偏振光

图3.3.4　光偏振性示意图

矢量出现在各个方向的概率是相同的,没有哪个方向的光振动占优势,这种光源发射的光不显现偏振的性质,称为自然光,如图 3.3.4(b)所示。还有一种光线,光矢量在某个特定方向上出现的概率比较大,也就是光振动在某一方向上较强,这样的光称为部分偏振光,如图 3.3.4(c)所示。

了解了偏振光的概念,请同学们思考,如何获得偏振光?

2. 偏振光的获得和检测

一般太阳光及各种热辐射光源发出的光都是自然光,要想获得偏振光,可以通过一定的装置和一些物理方法将自然光变成偏振光。比如让自然光在玻璃、水面或者木质桌面等表面反射,反射光和折射光大部分是偏振光。那如何获得偏振方向可知的偏振光,偏振光的获得和检测需要偏振片。偏振片(polaroid sheet)是指可以使自然光变成偏振光的光学元件,具体来看,偏振片由特定材料制成,此种材料使得沿某个特定方向振动的光波才能通过偏振片,这个方向叫做"透振方向"。偏振片特殊的结构使其对入射光具有遮蔽和透过的功能,可使纵向光或横向光一种透过、一种遮蔽。如图 3.3.5 所示,自然光通过偏振片 P 之后,只有振动方向与偏振片的透振方向一致的光才能顺利通过,通过偏振片 P 的偏振光,再通过偏振片 Q,如果两个偏振片的透振方向平行,则光线可以通过;如果两个偏振片的透振方向垂直,则光线不能通过 Q,图 3.3.5 和图 3.3.6 所示的就是两偏振片透振方向垂直,光无法通过的现象。

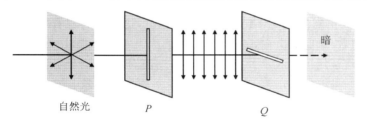

图 3.3.5 光的偏振示意图

图 3.3.6 光的偏振现象
(两偏振片透振方向垂直)

利用偏振片的特性,我们也可以获得偏振光。利用偏振片将自然光变成偏振光的过程称为起偏,此时偏振片被称为起偏器,所形成偏振光的光矢量方向与偏振片的偏振化方向(或称透光轴)一致。在偏振片上用符号"↕"表示其偏振化方向。同理,利用偏振片鉴别光的偏振状态的过程称为检偏,此时偏振片被称为检偏器。自然光通过起偏器以后,变成光强为 E_0 的偏振光,该偏振光通过检偏器后,其光强 E 可根据马吕斯定律确定

$$E = E_0 \cos^2 \theta \quad (3-3-1)$$

式中,θ 为起偏器和检偏器偏振化方向之间的夹角。显然,当以光线传播方向为轴转动检偏器时,光强将发生周期性变化。当 $\theta = 0°$ 时,光强最大;当 $\theta = 90°$ 时,光强为极小值(消光状态),接近全暗;当 $0° < \theta < 90°$ 时,光强介于最大值和最小值之间。但同样对自然光转动检偏器时,就不会发生上述现象,光强不变。对部分偏振光转动检偏器时,光强有变化但没有消光状态。因此根据光强的变化,就可以区分偏振光、自然光和部分偏振光。

3. 旋光现象

如图 3.3.7 所示,偏振光通过某些晶体或某些物质的溶液以后,偏振光的振动面将旋转一定的角度,这种现象即为旋光现象。图中 5 所对应的角就是旋光度,一般用 φ 表示。旋光度

的测定对于确定某些化合物的分子结构具有重要的作用(见本实验拓展)。旋光度 φ 与哪些因素有关呢?它与偏振光通过溶液的长度 L 和溶液中旋光性物质的浓度 c 成正比,即

$$\varphi = \alpha c L \tag{3-3-2}$$

式中,α 称为该物质的旋光率。如果 L 的单位用 dm,浓度 c 定义为在 1 mL 溶液内溶质的克数,单位用 g/mL,则旋光率 α 在数值上等于偏振光通过单位长度(1 dm)、单位浓度(1 g/mL)的溶液后旋转的角度,单位为 °mL/(dm·g)。

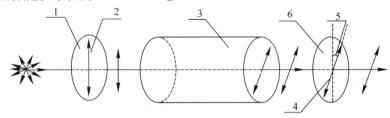

1—起偏器;2—起偏器偏振化方向;3—旋光物质;4—检偏器偏振化方向;5—旋光度;6—检偏器。

图 3.3.7 旋光现象示意图

实验表明,同一旋光物质对不同波长的光有不同的旋光率 α。因此,通常采用钠黄光(589.44 nm)来测定旋光率 α。旋光率 α 还与旋光物质的温度有关,比如对于蔗糖水溶液,在室温条件下温度每升高(或降低)1 ℃,其旋光率 α 约减小(或增加)0.024 °mL/(dm·g)。因此对于所测的旋光率 α,必须说明测量时的温度。旋光率 α 还有正负,这是因为迎着射来的光线看去,如果旋光现象使振动面向右(顺时针方向)旋转,这种溶液称为右旋溶液,如葡萄糖、麦芽糖、蔗糖的水溶液,它们的旋光率 α 用正值表示。反之,如果振动面向左(逆时针方向)旋转,这种溶液称为左旋溶液,如转化糖、果糖的水溶液,它们的旋光率 α 用负值表示。严格来讲旋光率 α 还与溶液浓度有关,在要求不高的情况下,此项影响可以忽略。

4.糖溶液浓度的测量

本实验要求用旋光仪测糖溶液的浓度,测量的思路是控制变量法。首先用已知旋光性溶液的浓度 c(标准溶液)和液柱的长度 L,测出旋光度 φ,就可以依据式(3-3-2)算出旋光率 α,即

$$\alpha = \frac{\varphi}{cL} \tag{3-3-3}$$

然后,在液柱长 L 不变的条件下,测出未知浓度糖溶液的旋光度 φ',就可以依据式(3-3-2)算出浓度 c',即

$$c' = \frac{\varphi'}{\alpha L} \tag{3-3-4}$$

之前提到旋光率 α 与很多因素有关,那么如何减小误差、准确测量?通常采用图解法,首先,在液柱长 L 不变的条件下,依次改变浓度 c,测出相应的旋光度 φ。然后,画出 φ 与 c 的关系图线(称为旋光曲线),它基本是条直线,直线的斜率为 αL。最后,由直线的斜率求出旋光率 α。另外,有了旋光曲线,这时只要测量出同类溶液的旋光度,就可以从旋光曲线上查出对应的浓度。

实验内容与步骤

1.调整旋光仪至正常使用状态

(1)接通旋光仪电源,约 10 min 后待钠光灯发光正常,开始实验。

(2)校验零点位置。在没有放测试管时,调节望远镜调焦手轮,使三分视场清晰。调节度盘转动手轮,观察并熟悉视场明暗变化规律,当三分视场刚消失并且整个视场变为较暗的黄色时,观察零点视场的位置与零点是否一致,并记录下左、右两游标的读数 φ_0、φ_0'。要求反复测 3 次,并求其平均值 $\overline{\varphi_0}$、$\overline{\varphi_0'}$,记录数据填入表 3.3.1。

(3)将装有蒸馏水的测试管放入旋光仪的试管筒内,调节望远镜的调焦手轮和度盘转动手轮,观察是否有旋光现象。

2.测定旋光性溶液的旋光率和浓度

(1)将盛有标准溶液的试管放入旋光仪的试管槽内,注意试管的凸起部分朝上。调节望远镜调焦手轮,使三分视场清晰。转动度盘,再次观察到零点视场(即三分视场刚消失并且整个视场变为较暗的黄色)时,读取左、右两游标的读数 φ_s、φ_s'。重复三次求出平均值 $\overline{\varphi_s}$、$\overline{\varphi_s'}$。计算出旋光度 $\varphi = \frac{1}{2}((\overline{\varphi_s} - \overline{\varphi_0}) + (\overline{\varphi_s'} - \overline{\varphi_0'}))$,记录数据填入表 3.3.2。

(2)将 φ、L、c 代入式(3-3-3),计算出标准溶液的旋光率 $[\alpha]_\lambda^t$(注意标明测量时的温度和所用光的波长)。

(3)另一种方法求旋光率 α(选做)。在液柱长 L 不变的条件下,依次改变浓度 c,测出相应的旋光度 φ,画出 φ 与 c 的关系图线(称为旋光曲线),该线的斜率为 αL,根据斜率计算旋光率 α。请同学们自己设计具体步骤和测量表格。

(4)将长度已知、性质和标准溶液相同、而溶液浓度未知的溶液试管,放入旋光仪中,测量其旋光度 φ_x、φ_x',计算出旋光度 $\varphi = \frac{1}{2}((\overline{\varphi_x} - \overline{\varphi_0}) + (\overline{\varphi_x'} - \overline{\varphi_0'}))$。将测得的旋光度 φ、溶液试管长度 L 和前面测出的旋光率 $[\alpha]_\lambda^t$ 代入式(3-3-4),求出该溶液的浓度 c,记录数据填入表 3.3.3。

实验数据记录及处理

(1)记录并计算零点读数填入表 3.3.1。

表 3.3.1 测定零位误差数据记录表

序号		1	2	3	平均值 $\overline{\varphi_0}/(°)$
零点读数	$\varphi_0/(°)$				
	$\varphi_0'/(°)$				

(2)测出标准葡萄糖溶液($c = 0.05$ g/mL,$L = 2$ dm)的旋光度 φ,并计算出其旋光率 α,填入表 3.3.2。

表 3.3.2　测定标准溶液旋光率数据表格($t =$ _____ ℃)

序号		1	2	3	平均值 $\bar{\varphi}$	旋光度 φ	旋光率 $[\alpha]_\lambda^t$·(°mL·(dm·g)$^{-1}$)
左右游标读数	$\varphi_s/(°)$						
	$\varphi_s'/(°)$						
入射光波长 $\lambda = 589.44$ nm,试管长度 $L = 2.00$ dm,标准溶液浓度 $c = 0.05$ g/mL							

(3) 测出浓度未知的葡萄糖溶液的旋光度 φ,利用求出的旋光率 α,计算该溶液中葡萄糖的浓度 c,填入表 3.3.3。

表 3.3.3　测定糖溶液浓度数据表格($t =$ _____ ℃)

序号		1	2	3	平均值 $\bar{\varphi}/(°)$	旋光度 $\varphi/(°)$	未知溶液浓度 $c/(g·mL^{-1})$
左右游标读数	$\varphi_x/(°)$						
	$\varphi_x'/(°)$						
入射光波长 $\lambda = 589.44$ nm,试管长度 $L = 2.00$ dm,表 3.3.2 计算出的旋光率 $[\alpha]_\lambda^t = $ _____ °mL/(dm·g)							

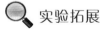

实验注意事项

(1) 测试管应装满溶液,不能有气泡,安放时,将测试管有圆泡凸起的一端朝上。测试管中如果有气泡,应使气泡存于测试管凸起处,以便观察与测量。

(2) 测试管应用双手轻拿轻放,以免打碎。

(3) 只能在同一方向转动度盘手轮时读取始、末示值,决定旋光度,不能来回转动度盘手轮读取示值,以免产生回程误差。

(4) 所有镜片,包括测试管两头的护片玻璃都不能用手直接揩拭,应用柔软的绒布或镜头纸揩拭。

(5) 钠光灯需预热 10 min,至发光稳定后才能使用。若钠光灯熄灭,需等待 5 min 后再开启。

实验拓展

1. 光的偏振在生活中的应用

(1) 在镜头前加上偏振镜消除反光。

自然光在玻璃、水面、木质桌面等表面反射时,反射光和折射光都是偏振光,而且入射角变化时,偏振的程度也有变化。在拍摄表面光滑的物体,如玻璃器皿、水面、陈列橱柜、油漆表面、塑料表面等,常常会出现耀斑或反光,这是由于反射光波的干扰而引起的。如果在拍摄时加用偏振镜,并适当地旋转偏振镜片,让它的透振方向与反射光的透振方向垂直,就可以减弱反射光而使水下或玻璃后的影像清晰。比如,拍摄蓝天白云相片时,由于蓝天中存在大量的偏振光,所以可以加用偏振镜片调节天空的亮度,通常加用偏振镜以后,蓝天会变暗,这样就突出了蓝天中的白云,照片效果更好。日落时分,拍摄橱窗里的陈列物或者水面下的景物,在照相机镜头前装上偏振滤光片,使偏振片的透振方向与反射光的振动方向垂直,这样反射光不能进入镜头,可以使景物更清晰(见图 3.3.1 和图 3.3.8)。

图 3.3.8　利用偏振镜拍摄盆底景物

(2)汽车前照灯和前挡风玻璃用偏振玻璃防止强光。

前面提到,夜晚汽车前照灯发出的强光将迎面驶来的汽车驾驶员照射得睁不开眼睛,严重影响行车安全。所以,汽车夜间在公路上行驶与对面的车辆相遇时,为了避免双方车灯的眩目,驾驶员都必须关闭远光灯,只开近光灯,放慢车速,以免发生车祸。但是如果驾驶室的前挡风玻璃玻璃和车灯的玻璃罩都装有偏振片,而且规定它们的偏振化方向都沿同一方向并与水平面成 45°角,那么,驾驶员从前挡风玻璃只能看到自己的车灯发出的光,而看不到对面车灯的光,这样,汽车在夜间行驶时也比较安全。

请同学们思考:为什么所有的汽车前挡风玻璃和车灯玻璃的偏振化都沿同一方向并与水平面成 45°角? 因为,首先,驾驶员要能够看清楚自己车灯发出的经对面物体反射回来的光线,所以他自己车灯的偏振片的透振方向和前挡风玻璃的透振方向一定要平行;其次,他不能看到对面车灯发出的强光,所以他自己前挡风玻璃的透振方向一定要与对面车灯玻璃的透振方向垂直。例如前挡风玻璃和车灯玻璃的透振方向都是斜向右上 45°就刚好可以满足要求。

(3)利用偏振光的旋光特性测量相关物理量。

因为旋光度与介质的浓度、长度、折射率等因素有关,所以可以通过测量旋光度的大小判断介质相关物理量的变化。比如,"假奶粉事件"中,可以用"旋光法"来测量糖溶液的浓度,从而鉴定含糖量,判断奶粉是真是假。另外,光纤温度传感器测量温度的工作原理也运用了光的偏振特性:一束偏振光射入光纤,由于温度的变化,光纤的长度、芯径、折射率均发生变化,从而使偏振光的透振方向发生变化,光接收器接收到的光的强度就会变化。如果待测物体的温度越高,那么偏振光通过光纤后的旋光度越大,通过检偏器后光的强度就会越小。反之,如果待测物体的温度越低,那么偏振光通过光纤后的旋光度越小,通过检偏器后光的强度就会越大。

(4)糖度计。

由式(3-3-2)可以看出,某溶液的旋光度与其浓度成正比。由此可制成糖度计。测量时,开始先不放入装有旋光性物质的旋光测定管,转动检偏器使其与起偏器振动方向互相垂直,则偏振光不通过检偏器,视野全黑,此时即为仪器的零点。随后放入装有旋光性物质的旋光测定管,再旋转检偏器,使目镜视野再次呈现全黑。此时读数,就是溶液中糖的浓度。市面上常用的手持糖度计一般是圆柱形的,将待测的糖液放入后面可打开的槽中,涂抹均匀,关上盖子,然后将糖度计对着光,从前面的孔中看,就可读取数据。

糖度计用于快速测定含糖溶液以及其他非糖溶液的浓度,广泛应用于制糖、食品、饮料等工业部门及农业生产和科研中。比如通过测定果蔬可溶性固形物含量(含糖量),可了解果蔬的品质,估计果实的成熟度,确定准确的收采时期。通过测定果酱、糖稀、液糖等含糖分较多产品的含糖量,确定准确的甜度分级分类。通过测定果汁、饮料、酱油、番茄酱等各种产品的浓度,做好品质检验和管理等。

(5)使用偏振片观看立体电影。

立体电影是用两个镜头如人眼那样从两个不同方向同时拍摄下景物的像,制成电影胶片,在放映时,通过两个放映机,把两个摄影机拍的两组胶片同步放映,使略有差别的两幅图像重叠在银幕上,如图 3.3.9 所示。这时如果用眼睛直接观看,看到的画面是模糊不清的,要看到立体影像,就要在每架放映机前装一块偏振片,它的作用相当于起偏器。从两架放映机射出的光,通过偏振片后,就成了偏振光。左右两架放映机前的偏振片的偏振化方向互相垂直,因而产生的两束偏振光的偏振方向也互相垂直。这两束偏振光投射到银幕上再反射到观众处,偏振光方向不改变。观众戴上透振方向互相垂直的偏振眼镜观看,每只眼睛只看到相应的偏振光图像,即左眼只能看到左机映出的画面,右眼只能看到右机映出的画面,这样就会产生立体感觉。

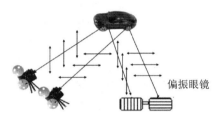

图 3.3.9 立体电影观看原理

2.WXG-4 型旋光仪介绍

(1)旋光仪作用。

旋光仪是利用光的偏振特性来测量旋光物质对振动面旋转角度的仪器,它在制药、制糖、香料、石油、食品等工业上具有广泛的应用,另外还可用于临床医学化验。因为旋光仪经常被用来测量糖溶液的浓度,故有时也把这种仪器称作糖量计。

(2)旋光仪结构。

WXG-4 型圆盘旋光仪的实物图如图 3.3.2 所示,结构如图 3.3.10 所示。目镜安装在棱镜座的目镜套管内,目镜筒止动螺钉可以固定目镜的位置。棱镜座能够转动,并可用止动螺钉止动。物镜直接旋在镜筒上,组成显微镜。转动调焦手轮可使显微镜的物镜上下升降,进行调焦。反射镜装在底座上,根据光源方向可以四面转动,以得到明亮的视场。

(3)旋光仪读数。

为了准确地测定旋光度 φ,仪器的读数装置采用双游标读数,以消除度盘的偏心差,如图 3.3.13 所示。度盘等分 360 格,分度值 $\varphi=1°$,角游标的分度数 $n=20$,因此,角游标的分度值 $i=\dfrac{\varphi}{n}=0.05°$,与 20 分游标卡尺的读数方法相似,图 3.3.11 中示数为 9.30°。度盘和检偏镜联结成一体,利用度盘转动手轮进行粗(小轮)、细(大轮)调节。游标窗前装有放大镜,以便准确读取游标值。

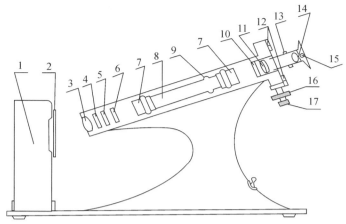

1—钠光灯光源；2—毛玻璃片；3—会聚透镜；4—滤色镜；5—起偏镜；6—石英片；7—测试管端螺帽；8—测试管；9—测试管凸起部分；10—检偏镜；11—望远镜物镜；12—度盘和游标；13—望远镜调焦手轮；14—望远镜目镜；15—游标读数放大镜；16—度盘转动粗调手轮；17—度盘转动细调手轮。

图 3.3.10　旋光仪构造示意图

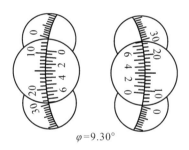

图 3.3.11　双游标读数示意图

(4) 旋光仪使用原理和方法。

仪器在视场中采用半荫法比较两束光的亮度,其原理是在起偏镜后面加一块石英晶体片,石英片和起偏镜的中部在视场中重叠,如图 3.3.12 所示,将视场分为三部分。并在石英片旁边装上一定厚度的玻璃片,以补偿由于石英片的吸收而发生的光亮度变化,石英片的光轴平行

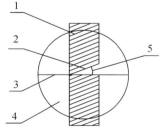

1—石英片；2—石英片光轴；3—起偏镜偏振化方向；4—起偏镜；
5—起偏镜偏振化方向与石英片光轴的夹角。

图 3.3.12　石英片与起偏镜组成三分视场

于自身表面并与起偏镜的偏振化方向有一夹角 θ(称影荫角)。由光源发出的光经过起偏镜后变成偏振光,其中一部分再经过石英片,石英是各向异性晶体,光线通过它将发生双折射。可以证明,厚度适当的石英片会使穿过它的偏振光的振动面转过 2θ 角,这样进入测试管的光是振动面间的夹角为 2θ 的两束偏振光。

在图 3.3.13 中,**OP** 表示通过起偏镜后的光矢量,而 **OP′** 则表示通过起偏镜与石英片后的偏振光的光矢量,**OA** 表示检偏镜的偏振化方向,**OP** 和 **OP′** 与 **OA** 的夹角分别为 β 和 β',**OP** 和 **OP′** 在 **OA** 轴上的分量分别为 OP_A 和 OP'_A。转动检偏镜时,OP_A 和 OP'_A 的大小将发生变化,于是从目镜中所看到的三分视场的明暗也将发生变化(见图 3.3.13 的下半部分)。图 3.3.13 画出了四种不同的情形:

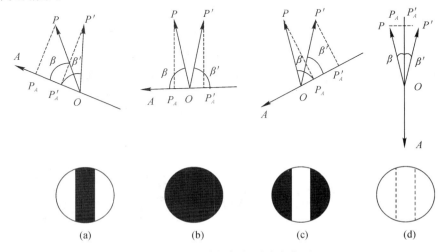

图 3.3.13　三分视场的明暗变化图

①图 3.3.13(a)中 $\beta'>\beta$,$OP_A>OP'_A$。从目镜观察到三分视场中与石英片对应的中部为暗区,与起偏镜直接对应的两侧为亮区,三分视场很清晰。当 $\beta'=\dfrac{\pi}{2}$ 时,亮区与暗区的反差最大。

②图 3.3.13(b)中 $\beta'=\beta$,$OP_A=OP'_A$。三分视场消失,整个视场为较暗的黄色。

③图 3.3.13(c)中 $\beta'<\beta$,$OP_A<OP'_A$。视场又分为三部分,与石英片对应的中部为亮区,与起偏镜直接对应的两侧为暗区。当 $\beta=\dfrac{\pi}{2}$ 时,亮区与暗区的反差最大。

④图 3.3.13(d)中 $\beta'=\beta$,$OP_A=OP'_A$。三分视场消失。由于此时 OP 和 OP' 在 OA 轴上的分量比第二种情形时大,因此整个视场为较亮的黄色。

由于在亮度较弱的情况下,人眼辨别亮度微小变化的能力较强,所以取图 3.3.15(b)情形的视场为参考视场,并将此时检偏镜偏振化方向所在的位置取作度盘的零点,故称该视场为零点视场。

实验时,将旋光性糖溶液注入长度 L 已知的测试管中,把测试管放入旋光仪的试管筒内,这时 OP 和 OP' 两束线偏振光均通过测试管,它们的振动面都转过相同的角度 φ,并保持两振动面间的夹角为 2θ 不变。转动检偏镜使视场再次回到图 3.3.15(b)所示的状态,则检偏镜所转过的角度就是被测溶液的旋光度 φ,它的数值可以从刻度盘和游标上读出来。

实验 3.4　新能源电池(太阳能电池、燃料电池)特性研究

实验预习题

1. 请简要回答太阳能电池原理是什么？
2. 请简述太阳能电池的伏安特性。
3. 什么是太阳能电池的填充因子 FF？填充因子计算式中各个物理量含义是什么？填充因子计算时，如何确定 P_m(功率最大值)？
4. 什么是燃料电池？其能量转化效率公式是什么？效率公式中各个物理量含义是什么？转化效率计算时，如何确定 P_m(功率最大值)？
5. 燃料电池伏安特性实验中，为什么要先电解水约 10 min 后，才开始采集数据？
6. 参考本实验拓展，思考太阳能电池的填充因子可以较高(一般在 0.6～0.85)，但是转换效率却不高(单晶硅太阳能电池约 17%～20%)，这是为什么？(选做)

能源是产生机械能、热能、光能、电磁能、化学能等各种能量的自然资源。按形成原因，可分为一次能源和二次能源；按能否再生，可分为可再生能源和不可再生能源；按使用情况，可分为常规能源和新能源。能源是人类赖以生存和发展工业、农业、国防、科学技术，改善人民生活所必需的动力来源。其中新能源是新开发的、不同于常规使用的能源，亦称为"非常规能源"。新能源是一个相对的概念，在中国，泛指核能、太阳能、地热能、风能、海洋能和生物质能等。由于常规能源的储量有限，人们致力于各种新能源(见图 3.4.1)的开发利用，以发展生产和提高人民的生活水平。图 3.4.1(f)所示的是太阳能电池板，目前太阳能电池除应用于人造卫星和

(a) 可燃冰

(b) 燃料乙醇

(c) 生物柴油

(d) 地热

(e) 风能

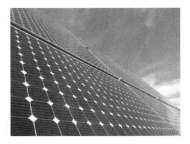
(f) 太阳能

图 3.4.1　新能源

宇宙飞船外,已大量用于民用领域,如太阳能汽车、太阳能游艇、太阳能计算机、太阳能乡村电站等。太阳能是一种清洁能源,另一种清洁能源是氢能。氢能主要利用的是氢气中包含的化学能,可用以建立氢能电站、制造燃料电池用作发电以及多种机动车和飞行器的燃料等。那什么是太阳能电池,什么是燃料电池,它们是如何实现能量转换的?本实验就来介绍一下太阳能电池和燃料电池。

实验目的

1. 了解太阳能电池和燃料电池的工作原理。
2. 测绘太阳能电池在光照时的输出伏安特性曲线图。
3. 测绘氢氧燃料电池的输出伏安特性曲线图。
4. 从伏安特性曲线图中求得太阳能电池、氢氧燃料电池的短路电流 I_{SC}、开路电压 U_{OC}。
5. 计算太阳能电池、氢氧燃料电池的最大输出功率 P_m。
6. 计算太阳能电池的填充因子 FF。
7. 计算燃料电池的转换效率 η。
8. 观察从太阳能到燃料电池的能量转换过程。(选做)
9. 尝试设计完成太阳能充放电和逆变实验。(选做)

实验仪器

DHSC-1 型太阳能控制系统(见图 3.4.2),DH-FUC 型新能源电池综合特性测试仪(见图 3.4.3),燃料电池测试架(见图 3.4.4),太阳能电池测试架(见图 3.4.5),负载电阻(ZX21s 型

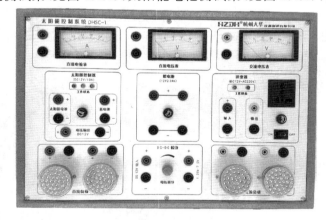

图 3.4.2　DHSC-1 型太阳能控制系统

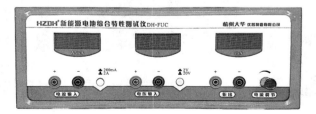

图 3.4.3　DH-FUC 型新能源电池综合特性测试仪

电阻箱,见图 3.4.6),C65 型 0.5 级电流表(见图 3.4.7(a)),C65 型 0.5 级电压表(见图 3.4.7(b))。

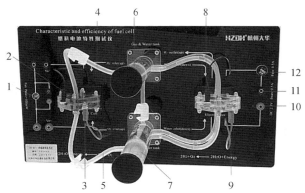

1—电动机；2—燃料电池负极；3—燃料电池正极；4—氢气连接管；
5—氧气连接管；6—储水氢气罐；7—储水氧气罐；8—电解池负极；
9—电解池正极；10—电解池电源输入正极；11—电解池电源输入负极；12—保险丝座。

图 3.4.4 燃料电池测试架

图 3.4.5 太阳能电池测试架

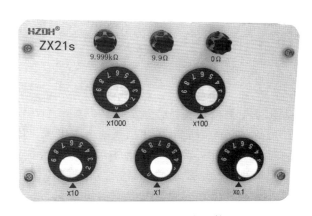

图 3.4.6 ZX21s 型电阻箱

(a) 电流表　　(b) 表压表

图 3.4.7 C65 型 0.5 级直流电流表和电压表

实验原理

1. 太阳能电池原理及性质

太阳能电池可以将光能转化为电能,其原理应该和光电效应(光和电之间的转化,参考实验 2.7 光电效应)有关,确切地说,是光生伏打效应,简称光伏效应。

(1) 光伏效应。

太阳能电池的基本结构是一个大面积平面 pn 结,如图 3.4.8 所示。n 型半导体中自由电子数量非常多,几乎没有空穴,而 p 型半导体中空穴数量非常多,几乎没有自由电子。当两种半导体结合在一起形成 pn 结时,n 区的电子(带负电)向 p 区扩散,p 区的空穴(带正电)向 n 区扩散,在 pn 结附近形成空间电荷区与势垒电场。势垒电场会使载流子向扩散的反方向漂移,最终扩散与漂移达到平衡,使流过 pn 结的净电流为零。在空间电荷区内,p 区的空穴被来自 n 区的电子复合,n 区的电子被来自 p 区的空穴复合,使该区内几乎没有能导电的载流子,因此又被称为结区或耗尽区。

当太阳能电池受光照射时,部分电子被激发而产生电子-空穴对,在结区激发的电子和空穴分别被势垒电场推向 n 区和 p 区,使 n 区有过量的电子而带负电,p 区有过量的空穴而带正电,pn 结两端形成电压,这就是光伏效应,若将 pn 结两端接入外电路,就可向负载输出电能。

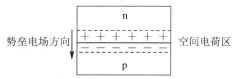

图 3.4.8 半导体 pn 结示意图

(2) 太阳能电池的伏安特性。

当没有光照时,太阳能电池相当于一个二极管,可以自行设计测量此时太阳能电池伏安特性(电路设计可以参考实验 2.8 非线性元件伏安特性的研究)的方案。当有光照且光照恒定时,太阳能电池相当于一个电源(光伏效应)。改变太阳能电池负载电阻的大小,测量其输出电压与输出电流,即可得到太阳能电池的输出伏安特性,电路图如图 3.4.9 所示,太阳能电池的输出伏安特性曲线如图 3.4.10 所示。图 3.4.9 中,负载电阻为零时测得的最大电流 I_{sc} 称为短路电流,负载断开时测得的最大电压 U_{oc} 称为开路电压。我们在图 3.4.10 中也可以通过坐标轴截距得到 I_{sc}、U_{oc} 以及输出功率的最大值 P_m(阴影面积)。P_m 对应的最佳工作电压为 U_m,最佳工作电流为 I_m。

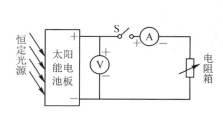

图 3.4.9 太阳能电池伏安特性电路图

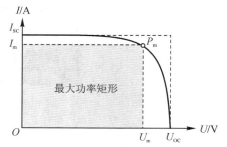

图 3.4.10 太阳能电池伏安特性曲线

(3) 太阳能电池的填充因子。

通过 I_{SC}、U_{OC}、P_m、U_m 和 I_m 可以计算出太阳能电池的填充因子 FF

$$FF = \frac{P_m}{U_{OC}I_{SC}} = \frac{U_m I_m}{U_{OC}I_{SC}} \tag{3-4-1}$$

填充因子是表征太阳电池性能优劣的重要参数,其值越大,电池的光电转换效率越高,一般的硅光电池 FF 值在 0.75~0.8 之间。

(4) 太阳能电池的光电转换效率。

太阳能电池本质上是一个能量转换器件,它把光能转换为电能。请思考太阳能电池的**光电转换效率和哪些因素有关,如何提高太阳能电池的光电转换效率**?

太阳能电池的光电转换效率 η 与输出功率 P_m 和入射光能 P_{IN} 有关。它们的关系应该满足:同样的入射光能下,输出功率越大,光电转换效率越高;同样的输出功率下,入射光能越小,光电转换效率越高。所以,太阳能电池的光电转换效率 η 定义为输出电能 P_m 和入射光能 P_{IN} 的比值,即

$$\eta = \frac{P_m}{P_{IN}} \times 100\% = \frac{I_m U_m}{P_{IN}} \times 100\% \tag{3-4-2}$$

式中,P_{IN} 等于日照强度乘以太阳能电池板收光面积。单晶硅太阳能电池的光电转换效率 17%~20%。请思考为什么太阳能电池的填充因子远高于光电转换效率(可以参考本实验拓展)。

在本实验中,光照下产生的太阳能可以为燃料电池的电解池供电(阅读完原理后请自行设计电路),接下来,我们了解一下燃料电池的基本原理。

2. 燃料电池原理及性质

(1) 质子交换膜电解池(proton exchange membrane water electrolyzer,PEMWE)。

质子交换膜电解池的核心是一块涂覆了贵金属催化剂铂(Pt)的质子交换膜和两块钛网电极。电解池将水电解产生氢气和氧气,质子交换膜电解池原理图如图 3.4.11 所示。

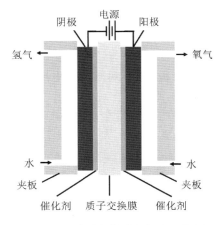

图 3.4.11 质子交换膜电解池工作原理

① 外加电源向电解池阳极施加直流电压,水在阳极发生电解,生成氢离子、电子和氧,氧从水分子中分离出来生成氧气,从氧气通道溢出。

$$2H_2O \longrightarrow O_2 + 4H^+ + 4e \tag{3-4-3}$$

②电子通过外电路从电解池阳极流动到电解池阴极,氢离子透过质子交换膜从电解池阳极转移到电解池阴极,在阴极还原成氢分子,从氢气通道中溢出,完成整个电解过程。

$$2H^+ + 2e \longrightarrow H_2 \tag{3-4-4}$$

总的反应方程式:

$$2H_2O == 2H_2 + O_2 \tag{3-4-5}$$

(2) 质子交换膜燃料电池(proton exchange membrane fuel cell, PEMFC)。

质子交换膜燃料电池的核心是一种三合一热压组合体,包括一块质子交换膜和两块涂覆了贵金属催化剂铂(Pt)的碳纤维纸。燃料电池的工作过程实际上是电解水的逆过程,其基本原理早在1839年由英国律师兼物理学家威廉·罗伯特·格鲁夫(William Robert Grove)提出,他是世界上第一位实现电解水逆反应并产生电流的科学家。近十几年来,随着环境保护、节约能源、保护有限自然资源的意识的加强,燃料电池越来越得到重视和发展。

燃料电池(质子交换膜燃料电池)工作原理如图 3.4.12 所示:

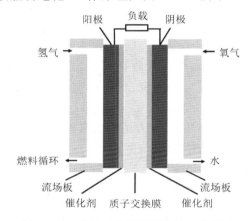

图 3.4.12　质子交换膜燃料电池工作原理

①氢气通过管道到达阳极,在阳极催化剂作用下,氢分子解离为带正电的氢离子(即质子)并释放出带负电的电子。

$$H_2 \longrightarrow 2H^+ + 2e \tag{3-4-6}$$

②氢离子穿过质子交换膜到达阴极;电子则通过外电路到达阴极。电子在外电路形成电流,通过适当连接可向负载输出电能。

③在电池另一端,氧气通过管道到达阴极;在阴极催化剂作用下,氧与氢离子及电子发生反应生成水。

$$O_2 + 4H^+ + 4e \longrightarrow 2H_2O \tag{3-4-7}$$

总的反应方程式:

$$2H_2 + O_2 == 2H_2O \tag{3-4-8}$$

燃料电池有多种,各种燃料电池之间的区别在于使用的电解质不同。

(3) 燃料电池的伏安特性。

在一定的温度与气体压力下,改变负载电阻的大小,测量燃料电池的输出电压与输出电流之间的关系,即 PEMFC 的伏安特性(静态特性),如图 3.4.13 所示。该特性曲线分为三个区域:活化极化区(又称电化学极化区)、欧姆极化区和浓差极化区,燃料电池正常工作在欧姆极化区。空载时,燃料电池输出电压为其平衡电势,在实际工作过程中,由于有电流流过,电极的电势会偏离平衡电势,实际电势与平衡电势的差称作过电势,燃料电池的过电势主要包括:活化过电势、欧姆过电势、浓差过电势。

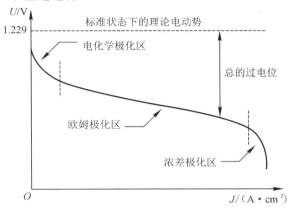

图 3.4.13　燃料电池伏安特性曲线

这样,PEMFC 的输出电压可以表示为

$$U = U_r - u_{act} - u_{ohm} - u_{com} \tag{3-4-9}$$

式中,U 为燃料电池输出电压;U_r 为燃料电池理论电动势;u_{act}、u_{ohm}、u_{com} 分别为活化过电势、欧姆过电势、浓差过电势。

① 理论电动势。理论电动势是指标准状态下燃料电池的可逆电动势,与外接负载无关,其公认理论值为 1.229 V。

② 活化过电势。活化过电势主要由电极表面的反应速度过慢导致。在驱动电子传输到或传输出电极的化学反应时,产生的部分电压会被损耗掉。活化过电势分为阴极活化过电势和阳极活化过电势。

③ 欧姆过电势。欧姆过电势主要是电极自身的电阻引起的,与电极的结构和材料等有关。

④ 浓差过电势。浓差过电势主要是由电极表面反应物的压强发生变化而导致的,而电极表面压强的变化主要是由电流的变化引起的。输出电流过大时,燃料供应不足,电极表面的反应物浓度下降,使输出电压迅速降低,而输出电流基本不再增加。

实验中,主要测量燃料电池欧姆极化区的输出伏安特性。

(4) 燃料电池系统效率。

电解池产生氢氧燃料的体积与输入电解电流大小成正比,而氢氧燃料进入燃料电池后将产生电压和电流,若不考虑电解池的能量损失,燃料电池效率可以定义为

$$\eta = \frac{I_{FUC} \times U_{FUC}}{I_{WE} \times 1.23} \times 100\% \tag{3-4-10}$$

式中:I_{FUC}、U_{FUC} 分别为燃料电池的输出电流和输出电压,I_{WE} 为水电解池电解电流。燃料电池的最大效率定义为

$$\eta_{max} = \frac{P_m}{I_{WE} \times 1.23} \times 100\% \tag{3-4-11}$$

式中:P_m 为燃料电池的最大输出功率,可以通过伏安特性数据或者伏安特性曲线得到。燃料电池的最大效率一般在 60%～70%。

电解池可以由恒流源或者恒压源提供能量,也可以由太阳能电池提供能量,请同学们自行设计电路,分析能量转换过程(光能→太阳能电池→电能→电解池→氢能→燃料电池→电能)。

实验内容与步骤

1.太阳能电池的特性测量

(1)按图 3.4.9 所示,连接电路。白光源(卤钨灯)到太阳能电池距离约为 20 cm,移动太阳能电池板,观察电流的变化。

(2)保持白光源到太阳能电池距离不变(光照条件不变),改变太阳能电池负载电阻 R 的大小,使太阳能电池的输出电压 U 整数变化,即 $\Delta U=1$ V,记录负载电阻 R 和输出电流 I,把测量结果填入表 3.4.1 中,并计算输出功率 P。

(3)根据表 3.4.1 数据,绘制太阳能电池的 I-U 特性曲线(U 是自变量),在图上用外推法求太阳能电池的短路电流 I_{sc} 和开路电压 U_{oc}。

(4)通过作 P-R 图,求太阳能电池的最大输出功率及最大输出功率时的负载电阻。

(5)参考式(3-4-1),计算太阳能电池的填充因子 FF。

2.燃料电池的特性测量

(1)自己设计电路图(参考电路图 3.4.9)。

(2)先把电阻箱的阻值调到最大,连接燃料电池、电压表、电流表以及电阻箱,测量燃料电池的输出特性。电压表量程选择 2 V,电流表量程选择 200 mA。

(3)把 DH-FUC 型新能源电池综合测试仪的恒流输出连接到电解池供电输入端,把恒流源电流调节旋钮旋到最左端(电流最小)。

(4)开启电源,缓慢调节电流调节旋钮,使恒流源输出约为 150 mA,预热 10 min。

(5)把电解池电解电流(恒流源电流)调到 300 mA,使电解池快速产生氢气和氧气,等待 10 min,确保电池中燃料的浓度达到平衡值,此时用电压表测量燃料电池的开路输出电压将会恒定不变。

(6)改变负载电阻箱,记录燃料电池的输出电压和输出电流;注意在负载调节过程中,依次减小电阻值,不可突变;当电阻较小时,每 0.1 Ω 测量一次,避免短路。将数据填入表3.4.2,并计算输出功率 P。

(7)根据表 3.4.2 数据,作出燃料电池伏安特性曲线。

(8)参考式(3-4-11),计算燃料电池最大转换效率 η_{max}。

3.观察能量转换过程(选做)

(1)确保燃料电池储水储气罐中有足量的去离子水。

(2)将太阳能电池、电流表以及电解池串联起来,确保正负极连接正确,开启光源。

(3)电流表上将显示电解电流大小,电解池中将有气泡产生(电解电流的大小与太阳能电池的输出电流有关,太阳能电池板离光源越近,电解电流越大)。

(4)用电压表测量燃料电池输出,观察输出电压变化。

(5)等待 15 min 左右,燃料电池的输出电压将会稳定不变(等待时间与太阳能电池的输出电流大小以及储水储气罐中是否有空气存在有关)。

(6)用短接插连接燃料电池输出和风扇电压输入,风扇将会转动(在燃料电池输出功率足够大时)。

4.太阳能充放电实验(参考本实验拓展选做)

(1)按照图 3.4.14 连线先将太阳能控制器与蓄电池连接起来,然后再连接太阳能控制器与太阳能电池板。

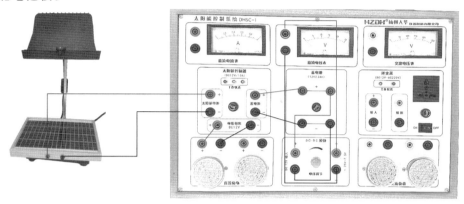

图 3.4.14　太阳能充放电实验电路连接图

(2)接着开启太阳能电池光源或把太阳能电池板放在阳光下,控制器指示绿灯常亮且"红黄灯亮—黄灯亮—红黄灯灭"循环,蓄电池正在充电或电池已有电输出。

(3)太阳能电池输出 DC12 V,可以用电压表检测,该 DC12 V 处可以接 DC12 V 的 LED 负载。

(4)将太阳能电池输出 DC12 V 或者蓄电池接太阳能控制系统 DC-DC 模块的输入端,DC-DC 的输出将会有电压,电压大小可以通过电压调节旋钮调节,调节范围为 1.25~7.5 V;该输出可以为质子交换膜电解池提供电解电源。

5.逆变实验(参考本实验拓展选做)

(1)按照图 3.4.15 接线,在实验内容 4 的连线基础上,将蓄电池与逆变器的输入端连接起来。

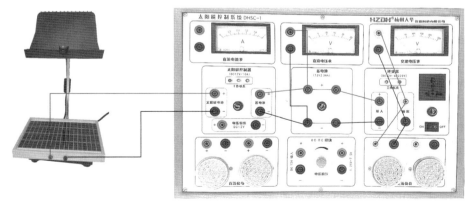

图 3.4.15　逆变实验电路图

(2)连接交流电压表与逆变器的输出,开启逆变器开关,将有 220 V 交流电压输出。

（3）将逆变器的输出与AC220 V LED负载相连，LED灯被点亮。

6.其他设计性实验（选做）

可以考虑设计相同参数的太阳能电池板并联供电进行充放电实验。

实验数据记录及处理

（1）参考表3.4.1测绘太阳能电池的I-U特性曲线和P-R曲线图，从图中得到太阳能电池的短路电流I_{SC}、开路电压U_{OC}、最大输出功率P_m及最大输出功率时的负载电阻R，并计算太阳能电池的填充因子FF。

表3.4.1　太阳能电池伏安特性（一定光照下）数据记录表

输出电压U/V	1.00	2.00	3.00	4.00	5.00	6.00	7.00	8.00	...	18.00
负载电阻R/Ω										
输出电流I/mA										
输出功率P/mW										

（2）参考表3.4.2测绘燃料电池的I-U特性曲线，计算燃料电池最大输出功率P_m及燃料电池最大转换效率η_{max}。

表3.4.2　燃料电池伏安特性数据记录表

负载电阻R/Ω	∞	9999.9	7999.9	5999.9	3999.9	1999.9	999.9	899.9
输出电压U/V								
输出电流I/mA								
输出功率P/mW								
负载电阻R/Ω	799.9	699.9	599.9	499.9	399.9	299.9	199.9	99.9
输出电压U/V								
输出电流I/mA								
输出功率P/mW								
负载电阻R/Ω	89.9	79.9	69.9	59.9	49.9	39.9	29.9	19.9
输出电压U/V								
输出电流I/mA								
输出功率P/mW								
负载电阻R/Ω	9.9	8.9	7.9	6.9	5.9	4.9	4.5	3.0
输出电压U/V								
输出电流I/mA								
输出功率P/mW								
负载电阻R/Ω	2.5	2.0	1.8	1.6	1.5	1.4	1.3	1.2
输出电压U/V								

续表

输出电流 I/mA							
输出功率 P/mW							
负载电阻 R/Ω	1.1	1.0	0.9	0.8	0.7	0.6	0.5	0.4
输出电压 U/V							
输出电流 I/mA							
输出功率 P/mW							

 实验注意事项

(1)禁止在储水储气罐中无水的情况下接通电解池电源,以免烧坏电解池。

(2)电解池用水必须为去离子水或者蒸馏水,否则将严重损坏电解池。

(3)电解池工作电压必须小于 7.5 V,电流小于 0.75 A,并且禁止正负极反接,以免烧坏电解池。

(4)禁止在燃料电池输出端外加直流电压,禁止燃料电池输出短路。

(5)光源和太阳能电池在工作时,表面温度会很高,禁止触摸;禁止用水打湿光源和太阳能电池防护玻璃,以免发生破裂。

(6)必须在标定的技术参数范围内使用电阻箱负载。

(7)每次使用完毕后不用将储水储气罐的水倒出,留待下次实验继续使用,注意水位低于电解池出气口上沿时,应补水至水位线。

(8)间隔使用期超过 2 周时,燃料电池的质子交换膜会比较干燥,影响发电效果;质子交换膜必须含有足够的水分,才能保证质子的传导。但水含量又不能过高,否则电极被水淹没,水阻塞气体通道,燃料不能传导到质子交换膜参与反应。

(9)实验完毕后,关闭电解池电源,让燃料电池自然停止工作,以便消耗掉已产生的氢气和氧气。

(10)实验时,保持室内通风,禁止任何明火。

(11)若蓄电池电压低于 11.5 V,请及时用配置的充电器进行充电;长期不用请定期进行充电,避免蓄电池损坏。

 实验拓展

1.实验原理补充

(1)太阳能控制器。

由于材料和光线所具有的属性和局限性,其生成的电流也具有波动性,如果将所生成的电流直接充入蓄电池内或直接给负载供电,则容易造成蓄电池和负载的损坏,严重减少它们的使用寿命,因此我们必须把电流先送入太阳能控制器,采用一系列专用芯片电路对其进行数字化调节,并加入多级充放电保护,同时采用独特的自适应控制技术,确保电池和负载的运行安全,增加其使用寿命。

对负载供电时，也是将蓄电池的电流先送入太阳能控制器，经过它的调节后，再把电流送入负载。这样做的目的：一是为了稳定放电电流；二是为了保证蓄电池不被过放电；三是可对负载和蓄电池进行一系列的监测保护。

(2) 逆变器。

如果我们想把太阳能电池给家用电器(电冰箱、洗衣机等，都需要 220 V 交流电)供电，需要什么装置？这个装置应该具有两个功能：第一，可以把直流电转换为交流电；第二，可以把低电压转换成需要的高电压。这个装置就是逆变器。

逆变器(inverter)是一种将直流电转化为交流电的装置。一般，逆变器是把直流电能(12 V 或 24 V 的电池、蓄电瓶)转变成定频定压或调频调压交流电(一般为 220 V，50 Hz 正弦波或方波)的转换器。

按输出波形划分，逆变器主要分两类，一类是正弦波逆变器，另一类是方波逆变器。正弦波逆变器输出的是同我们日常使用的电网一样甚至更好的正弦波交流电，因为它不存在电网中的电磁污染，而且能够带动任何种类的负载，但技术要求和成本较高。

方波逆变器输出的则是质量较差的方波交流电，其正向最大值到负向最大值几乎在同时产生，这样，对负载和逆变器本身造成剧烈的不稳定影响。同时，其负载能力差，仅为额定负载的 40%～60%，不能带感性负载(应用电磁感应原理制作的大功率电器产品，如电磁炉、电冰箱等)。如所带的负载过大，方波电流中包含的三次谐波成分将使流入负载中的容性电流增大，严重时会损坏负载的电源滤波电容。针对上述缺点，近年来出现了准正弦波(或称改良正弦波、修正正弦波、模拟正弦波等)逆变器，其输出波形从正向最大值到负向最大值之间有一个时间间隔，使用效果有所改善，但准正弦波的波形仍然是由折线组成，属于方波范畴，连续性不好。

使用逆变器时，怎样连接到电源和负载上？逆变器输入端通过导线直接接到蓄电池上，红线接蓄电池正极，黑线接蓄电池负极(不可接反，切记！)。如果用电地点离蓄电池较远，逆变器的连线原则是：逆变器同蓄电池的连线应尽可能短，而 220 V 交流电的输出线可以长一些。(想一想，这是为什么？)

由于在工作时逆变器本身也要消耗一部分电力，因此，逆变器也涉及效率问题。和众多机器效率公式类似，逆变器的效率定义为逆变器输入功率与输出功率之比。例如一台逆变器输入了 100 W 的直流电，输出了 90 W 的交流电，那么，它的效率就是 90%。

另外，在生活中，一些使用电动机的电器或工具，如电冰箱、洗衣机、电钻等，在启动的瞬间需要很大的电流来推动，一旦启动成功，则仅需较小的电流来维持其正常运转。因此，对逆变器来说，也有持续输出功率和峰值输出功率的概念。持续输出功率即额定输出功率，一般峰值输出功率为额定输出功率的 2 倍。必须强调，有些电器，如空调、电冰箱等其启动电流相当于正常工作电流的 3～7 倍。因此，只有能够满足电器启动峰值功率的逆变器才能正常工作。

(3) 太阳能电池效率较低的原因。

由于很多因素的影响，实际投射到太阳能电池整个光照面上的光能只有一小部分能变成电能。太阳能电池在转换过程中有很多损失，其损失可以概括为以下几点：

① 低能光子能量的损失。当太阳能板中光子能量小于半导体的带隙时，光子将直接穿透半导体材料，不被吸收也不产生电子空穴对，该部分光的能量约损失了 26%。

② 高能光子能量的损失。当光子能量大于或等于半导体的带隙时，光子将被半导体材料

吸收,而光子大于半导体带隙的能量将以热的形式释放出来,该部分光的能量约损失了40%。

③吸收效率与反射的损失。不同的半导体材料对光的吸收能力不同,光吸收系数较小的半导体材料吸收效率较低。另外,入射的太阳光也会因太阳能电池表面的反射造成反射损失,纯净的硅表面的反射率约为30%。

④光激发产生的少数载流子中有一部分以扩散方式流到pn结,这是对电流输出有贡献的一部分,而另外一部分则远离结位置并在太阳能电池表面和内部复合掉。

⑤开路电压的损失。太阳能电池的开路电压小于其禁带宽度,这部分电能无法取用,这项电压因素损失约为40%。

⑥太阳能电池的串联电阻、接触电阻和薄膜层电阻也造成损失。这里需要指出的是,在使用太阳能电池时,需要通过串联和并联的方法将多个太阳能电池组合起来,由于它们之间的电压和电流很难完全一致,不能达到最佳工作状态,因此太阳能电池组件要比单片太阳能电池效率低。

所以,太阳能电池的效率要比理论计算值低,实际生活中,商用硅太阳能电池的光电转换效率一般为12%~15%。

2.部分实验仪器说明

(1)图3.4.2所示测试仪由电流表、电压表以及恒流源组成,主要技术参数有:
①电流表:2 A和200 mA两挡,三位半数显。
②电压表:20 V和2 V两挡,三位半数显。
③恒流源:0~500 mA,三位半数显。

(2)图3.4.5所示太阳能电池测试架主要技术参数如下:
①太阳能电池参数:18 V/5 W,短路电流0.3 A。
②卤钨灯光源功率:300 W,位置上下可调,改变光强。

(3)图3.4.4所示燃料电池测试架主要技术参数如下:
①燃料电池功率:50~100 mW。
②燃料电池输出电压:500~1000 mV。
③电解池工作状态:电压<7.5 V,电流<500 mA。
④电机风扇负载:最大功率100 mW。

(4)太阳能控制系统主要技术参数。
①太阳能控制器主要技术参数如下:
a.额定充电电流:10 A(太阳能板180 W)以下。
b.额定负载电流:10 A(太阳能板180 W)以下。
c.系统电压:蓄电池电压DC12 V,太阳能板电压DC18 V,负载电压DC12 V。
d.超压保护电压:16 V;直充充电电压:14.4 V;浮充电压:13.2 V;充电返回电压:13.1 V;欠压电压:10.8 V±0.2 V;过放电压:10.8 V±0.2 V;过放返回电压:11.5 V。
e.注意事项:接线时,先接蓄电池,后接太阳能板,最后接负载(电池连接线长度保证在3 mm以上)。仅接太阳能板时,控制器在光线充足的地方会有"吱吱"声属正常现象,请勿在光线充足的地方长时间单接太阳能板。
f.指示灯工作状态说明:
(a)红灯闪黄绿灯亮,无光照正常工作状态。

(b)红黄灯齐闪,蓄电池电压过高,检查蓄电池是否为 12 V。

(c)红灯亮黄灯闪,蓄电池电压过低,请及时充电或检查蓄电池是否为 12 V。

(d)红黄灯亮,负载同电池不匹配,负载过大,电池容量太小,或电池电量不足,或蓄电池连接控制器的线太长过细等。

(e)红绿灯亮黄灯闪,蓄电池过充或浮充。

(f)红绿灯亮,蓄电池浮充或充满电。

(g)绿灯常亮且"红黄灯亮—黄灯亮—红黄灯灭"循环,蓄电池正在充电或电池已有电流输出。

(h)绿灯闪且"红黄灯亮—黄灯亮—红黄灯灭"循环,电池正在充电但是电池电量很少,此时请关闭负载,让蓄电池充满电后再开负载,这样有利于保护电池。

② 蓄电池主要技术参数如下:

a.电池型号:12 V/2.3 A·h。

b.额定电压:12 V。

c.额定容量:2.3 A·h。

d.电池类别:铅酸蓄电池。

③ 逆变器主要技术参数如下:

a.逆变器型号:DC12 V – AC220 V – 500 W。

b.输入电压:DC12 V。

c.输出电压:AC220 V。

d.最大输出功率:500 W(30 min 连续);持续输出功率:400 W。

e.输出波形:方波。

f.欠压报警:10.4~11.0 V。

g.低压关断:9.7~10.3 V。

h.过压关断:14.5~15.5 V。

i.指示灯状态:绿灯为电源指示,红灯为故障指示。

实验 3.5　全息照相

实验预习题

1. 什么是全息照相,如何理解"全息"这两个字的含义?全息照相和普通照相的区别是什么,它们各自拍摄的是物体的什么信息?
2. 请画出拍摄全息照片的实验光路图,并说明拍摄原理。
3. 为了拍出一张满意的全息照片,拍摄系统必须具备什么条件?本实验中如何快速调节各元件等高(各元件中心点在一个平面内)?
4. 什么是光的衍射,怎样依据光的衍射看到物体的实像和虚像?
5. 用直径约 1 cm 的圆孔板挡住大部分全息图以后,再用参考光照射全息图。透过圆孔来观察再现的虚像时,是否只能看到物体的一小部分,为什么?如果移动圆孔,再现的像有无变化?

生活中许多商标、证件卡、信用卡以及大面额钞票上都有防伪标识,其中许多防伪标识是应用全息照相原理识别真伪的(见图3.5.1)。因为每一次拍摄全息图的各种环境参数都不可能完全一样,对全息图来说,仿冒品和真品就大相径庭,因此,只要稍加对比就能区分。全息技术也可以用来防盗,目前一些珍贵的文物就是采用全息技术拍摄下来,展出时可以真实地立体再现文物,供参观者欣赏,而原物妥善保存,以防失窃。那么什么是全息,什么是全息照相,它和普通照相有什么区别,全息照相是如何拍摄的,又是如何再现的,这个实验就带大家一起来了解全息照相。

图 3.5.1　全息防伪标识

实验目的

1. 了解全息照相的基本原理。
2. 拍摄出一张漫反射三维全息照片。
3. 了解全息照相的特点,知道其再现的方法。

实验仪器

BGD-1型曝光定时器(见图3.5.2),LK-SS型无极调光三色灯(见图3.5.3),全息实验平台(GY-11型氦氖激光器、分束镜、扩束镜、全反射镜、被摄物、毛玻璃、二维调节架、磁力座、全息感光板(全息干板),见图3.5.4)。

图3.5.2 BGD-1型曝光定时器

图3.5.3 LK-SS型无极调光三色灯

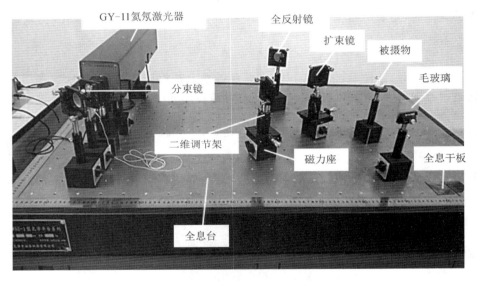

图3.5.4 全息照相实验部分仪器实物图

实验原理

1. 全息照相

全息照相是一种不用透镜成像,而用相干光干涉得到物体全部信息(振幅和相位)的成像技术,无论从原理还是实验技术上,都和普通照相有本质的区别。全息照相的基本思想是物理学家伽博(D.Gabor)在1948年提出的,但直到1960年,随着激光器的诞生,获得了单色性和相干性极好的光源,才使全息照相技术的研究和应用得到迅速发展。

全息照相技术有什么用? 全息照相的应用领域很广泛,现在全息技术在光学信息处理和储存、精密干涉计量、图像识别、无损探伤、商品的装潢和防伪、工艺品的制造等方面得到了广泛的应用。可以说,全息照相是信息储存和激光技术结合的产物。所以,全息照相也被称为激光全息照相,被人们誉为20世纪的一个奇迹。伽博也因全息照相方面的贡献获得了1971年的诺贝尔物理学奖。

全息照相技术与普通照相有什么区别呢？普通照相是根据透镜成像原理,把立体景物"投影"到底片(感光底板)上,利用底片上黑度的变化来记录曝光量。曝光量反映了被拍摄物体的发光强度,而发光强度与光波振幅的平方成正比,因此普通照相在底片上记录的只是被拍摄物体表面各点发出光波的振幅信息,并不能记录光波的相位信息。所得到的相片上的像没有视差和立体感,因此从各个视角看照片得到的像完全相同。全息照相不但记录了物光波的振幅信息,而且同时记录了物光波的相位信息,也就是说,当我们"看"这个物光波时,可以从各个视角观察到再现立体像的不同侧面,犹如看到逼真物体一样。一张全息图相当于从多角度拍摄、聚焦成的许多普通照片,从这个角度来看,一张全息图的信息量相当于 100 张或 1000 张普通照片。比如,拍摄并排的两辆汽车模型,当我们改变观察方向时,后一辆车被遮盖部分就会露出来,人们在展览会看见汽车的全息再现像时,会有好像一拉车门就可以坐上去的感觉。用高倍显微镜观看全息图表面,看到的是复杂的条纹,丝毫看不到物体的形象,这些条纹是利用激光照明的物体所发出的物光波与标准光波(参考光波)在干板(感光板)上干涉(这也要求光源相干性要好)形成的。一旦遇到类似于参考光波的照明光波照射,干板就像光栅(参考实验2.17 光栅衍射与光栅常量的测量)一样,会衍射出成像光波。为了便于同学们理解,我们将全息照相与普通照相的区别罗列在表 3.5.1 中,请同学们尝试自己罗列后再查阅。

表 3.5.1 全息照相与普通照相的区别

不同点	全息照相	普通照相
原理不同	分记录、再现两步,以干涉、衍射等波动光学的规律为基础	以几何光学的规律为基础
记录的信息不同	记录的是物体各点的全部光信息,包括振幅和相位	记录的仅是物体各点的光强(或振幅)
物体与底片之间的对应关系不同	物体与底片之间是点面对应的关系,即每个物点所发射的光束直接落在记录介质整个平面上;反过来说,全息图中每一个局部都包含了物体各点的光信息	物体与底片之间是点点对应的关系,即一个物点对应像平面中的一个像点
呈现的效果不同	完全再现原物的光信息,能观察到一幅非常逼真的立体图像	得到的只是二维的平面图像
对光源要求不同	光源的相干性要求很高,一般用激光光源	普通光源就可以

全息照相需要记录和再现物光波,首先在全息照相过程中,如何记录物体的振幅和相位信息? 因为感光乳剂只对光的振幅有响应,所以必须把光波波前的相位信息转化为振幅信息才能被记录,利用光的干涉现象就能实现这个转化。

2. 全息照相的记录——干涉(物光和参考光在感光板上的干涉)记录

什么是光的干涉现象,两束光发生干涉的条件是什么? 参考实验 2.16 等厚干涉,我们知道,当两列频率相同、振动方向相同、相位差恒定(3 个条件)的光波相遇时将会叠加,在光波重叠区域,合成光的光强会显示出明暗相间、稳定分布的光学现象,这就是光的干涉。要产生光的干涉,实验中总是把由同一光源发出的光分为两束或两束以上的相干光,使它们各经不同的路径后再次相遇而产生干涉。请同学们思考,在本实验中,是哪两束光在什么地方发生了干涉? 本实验采用相干性很好的激光作为光源。拍摄全息照片的仪器实物如图 3.5.4 所示,光路图如图 3.5.5 所示。图中 Q 为氦氖激光器,发出波长 $\lambda=632.8$ nm 的一束激光,经过光开关 J,由分束镜(一部分光被透射,一部分光被反射)S 分为两束(这两束光频率相同,振动方向相同):由 S 透射的一束激光,经过全反射镜 M_1 反射,通过扩束镜 L_1 后,激光束发散,再被物体 W 漫反射到干板(感光板)H 上,这束光称为物光;另一束由 S 反射的激光经过全反射镜 M_2 反射,再通过扩束镜 L_2 使激光束发散,最后投射到干板 H 上,这束光被称为参考光。这两束光形成一定的角度,在干板上相遇,光程差(即物光光程和参考光光程之差)可以调节到近似为零,这就满足了两束光发生干涉的条件,所以,物光和参考光就在干板处发生干涉,再经过显影、定影、水洗、晾干等处理,干板上就出现了明暗相间的条纹,其中,黑白反差是物体的振幅信息,条纹花样是物体的相位信息。用高倍数显微镜观察定影后的全息图,会看到在均匀的感光乳剂颗粒背影上叠加的不规则的、断续的、局部与光栅类似的、黑白相间的条纹。这种干涉条纹的图样(称为全息图)十分复杂,与被拍摄物体没有任何相似之处。

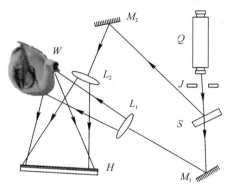

图 3.5.5 全息照相干涉记录的光路图

3. 全息照相的再现——衍射再现(再现光束被全息图衍射)

了解了物体振幅和相位信息的记录过程后,接下来就是物体信息的再现,那如何才能再现物光的信息呢? 全息图可以看成一张复杂的光栅,图像再现利用的是光栅衍射原理。当光照在光栅表面时,光波将在每个狭缝处发生衍射,经过所有狭缝衍射的光波又彼此发生干涉,除了中央零级,在零级两边不同位置分布着 ± 1 级、± 2 级……等不同级别(对应不同角度)的衍射光谱。不同级别间隔的大小和光栅疏密(或条纹多少)有关,条纹愈密,或者愈多,衍射光谱不同级别间隔愈大;反之,条纹愈疏,或者愈少,衍射光谱不同级别间隔愈小。全息干板再现也是一样,当用参考光照明时,我们看到的像是一级衍射虚像,在干板另一侧,靠近人体还有一个一级衍射的实像与虚像对称(见图 3.5.6)。在实验中,我们通过两种方法可以实现物光再现。

(1) 将冲洗好的全息图放到拍摄时的原来位置上,把原来被拍摄物取走,再以原来的参考光为再现光照射全息图。由于全息图相当于一个复杂的光栅,这时再现光由于衍射而会在一个特定方向上再现原来物光的信息。如果把感光板当作一个窗口,眼睛从某个角度向感光板里看时,就会看到一个与原物大小一样的虚像,如图 3.5.7 所示。这时再现的物光相当于光栅的 +1 级衍射光。如果再现光不是原来的参考光,虚像会有畸变。

(2) 如果再现光是原来参考光的逆向光束,如图 3.5.8 所示。衍射的结果会在原物的位

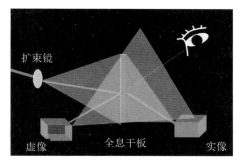

图 3.5.6 虚像和实像对比

置上生成一个实像,把白屏(或毛玻璃片)放在成像位置上,就会观察到三维的实像。这时的成像光束相当于光栅的 -1 级衍射光。如果再现光与逆向的参考光不同,产生的实像也会有畸变。

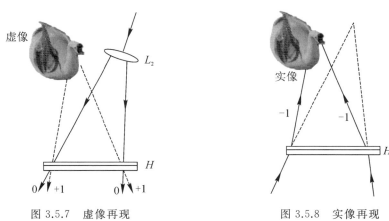

图 3.5.7 虚像再现　　　　　　　图 3.5.8 实像再现

4. 全息照相的特点

如果再现时,干板不小心摔碎了,那么只用一小部分干板,还能看到物光的信息吗? 可以的。全息照相有 5 个特点,可分割性就是全息照相的特点之一。

(1)可分割性:由于全息图的每一小块都完整储存着物光的全部信息,所以把全息片分成许多小片后,每一小片都能重现被拍摄物体的三维图像,只是块越小,衍射光越弱,再现像的清晰度越低。

(2)真实性:由于全息照片记录了物光的全部信息,所以再现的像是完整的三维像,看上去似乎实物就在眼前。

(3)重叠性:同一底片可以从不同角度多次拍照,记录多个物光的信息。再现时,可从相应的不同角度看到不同的三维物体。

(4)易于复制:由于全息照片记录的是干涉条纹,所以它与被拍摄物体本身毫无相像之处,可用接触法复制。用接触法复制出的全息照片,原来透明的部分变成不透明的,原来不透明的变成透明的,再现出来的像仍和原来照片的像完全一样。

(5)像可调:再现像的亮度和大小均可调。再现光越强,再现像越亮。用不同频率的激光照射全息图,再现像还会被放大或缩小。比如,用大于原参考光频率的激光照射全息照片,再现像被缩小,反之放大。

实验内容与步骤

1.拍摄漫反射全息图

(1)调整光路。

①按图3.5.5在全息台上布置并牢固装夹各光学元件,其中干板架上先固定一块毛玻璃屏(或者光屏),被拍摄物体需用橡皮泥粘固在物体座上。调节各光学元件的中心等高,使激光束大致与实验平台平行。

②移去扩束镜L_1、L_2(为什么),调整光路元件,使经过分束镜的两束光即物光和参考光都均匀照射到毛玻璃屏上。

③将物光光束与参考光光束的光程调至基本相等,光程差接近于0,并使两者的夹角在30°～40°之间。请同学们思考参考光与物光等光程调整的具体步骤,注意先后顺序。

④调整M_1的倾角,使物光光束照射在物的中间位置;调整M_2的倾角,使参考光光束照射在毛玻璃屏的中间。

⑤加入L_1,调节其上下、左右、前后位置,使物光刚好照全物体(扩束后的光斑不要太大,以免浪费光能,调节干板架的位置,使漫反射到毛玻璃屏上的物光最强);加入L_2,调节其上下、左右、前后位置,使参考光均匀地照射在毛玻璃屏的同一区域内,并使参考光与物光的光强比在(2∶1)～(10∶1)之间。

(2)曝光。

打开曝光定时器电源,根据实验室的要求,在定时器上选择好曝光时间。先使光开关遮光(图3.5.2中"正常"和"常态"按钮都弹起),然后关上照明灯,取下底片架上的毛玻璃屏,在暗绿灯下装上事先切割好的全息干板(激光器仍在正常发光,只是被挡住了),注意只能用手拿干板的边缘,将涂有感光乳剂的一面朝向光入射的方向,并将干板在底片架上夹紧。待稳定2～3 min后,按下曝光定时器的"定时"按钮,光开关打开,对干板进行曝光,曝光时间由实验室给出(具体时间与激光器输出功率有关)。曝光时切勿走动或高声讲话,待光开关自动关闭后,取下干板进行冲洗。

2.冲洗干板

全过程均在暗绿色灯下操作;冲洗过程中不能触摸干板上的乳胶面,以免脱层。具体步骤如下:

(1)显影:用D-19显影液。显影液温度为20 ℃左右,显影时间约1 min。显影过程中应不断地搅动显影液(但需注意不要划破乳胶面),同时观察曝光后的干板,当干板曝光部分出现灰色斑纹时即可停止显影,取出干板用水漂洗。

(2)停影:用冰醋酸停影液。停影液温度为20 ℃左右,停影时间约1～2 min,停影后的干板用水洗。

(3)定影:用F-5定影液。定影液温度为20 ℃左右,定影时间约5 min,定影过程中也需要不断搅动定影液。定影后的干板在20 ℃左右的水中漂洗10～20 min后晾干。

3.全息照相的再现和观察

(1)虚像的观察。

①把吹干后的全息照片按原来的方向夹持在干板架上,将物体 W 取走,使拍照时的参考光照明全息图。这时透过全息照片的玻璃面向原来被拍摄物体的方向看去,就会在原来位置上看到一个与原物完全相同的三维像,如图 3.5.7 所示。改变眼睛的位置,可以看到明显的视差特性。

②如果移去分束镜 S,调整反射镜 M_1 的位置,使全部光束作为参考光照射全息图,就可以看到较亮的像。

③平移全息底片,使其向光源靠近或远离,观察虚像的变化;把全息照片倒置、旋转、翻面,观察虚像的变化。

④用开有小孔(直径约为 1 cm)的黑纸板覆盖在全息照片上,通过小孔再观察虚像,移动小孔,观察虚像的变化。

(2)实像的观察(选做)。

将全息图翻转 180°,在底片位置不变的情况下使感光乳剂面朝向观察者。为了加大再现光强度,移去扩束镜,用未扩束的激光束照射全息照片的反面(乳胶面的背面)。在如图 3.5.8 所示的实像位置附近用一块白屏(或者毛玻璃片)来寻找、接收再现实像。改变激光束的入射点,观察实像的变化(大小、形状、清晰度等)。

观察时请勿用眼睛直接对着未扩束的激光束,以免损伤眼睛。

4.漂白处理(选做)

定影后的全息图上聚积了黑色银粒,再现光不易透过,衍射效率比较低。这种全息图以黑度变化(银粒越厚处越黑)为特征,因此称为振幅全息图。为了便于像的再现,将黑色不透明银粒转化为透明的银盐,厚度不同的银盐的折射率与感光乳剂不同,再现光透过以后由于光程(即相位)的变化,也会产生衍射现象,这种全息图称为相位全息图。把振幅全息图变成相位全息图的过程称为漂白。相位全息图上同样记录了物光的全部信息,但衍射效率大大提高了,便于观察再现的像,然而也带来一些畸变。

漂白前先将全息照片用清水浸湿,用夹子夹住边缘,放在漂白液中漂洗。看到黑色银粒变白就及时从漂白液中取出,在流水中清洗(水不要直接冲到感光乳剂面上)30 min 左右,以便洗掉剩余物使全息照片能保存,最后晾干。按实验内容 3 观察实像和虚像,对漂白前后再现的像进行比较。

实验数据记录及处理

(1)记录清楚物体曝光时间、冲洗时间、虚像再现情况和实像再现情况。
(2)对观察结果进行分析。

实验注意事项

(1)因为氦氖激光器输出功率比较小,因此只能选尺寸比较小而且反射性能好的物体为拍摄对象,曝光时间也比较长。

(2)感光材料的分辨率 η 定义为每单位长度上所能记录的条纹数。如果干涉条纹的平均间距为 d,那么 $\eta = \dfrac{1}{d}$(η 又称为空间频率)。全息图的分辨率一般在 300 mm^{-1} 以上,普通照相胶卷的分辨率一般在 100 mm^{-1} 左右，因此全息照相不能使用普通胶卷而必须使用分辨率较高的全息干板。全息干板有各种不同的型号，常用的天津I型全息干板，是用极细颗粒的卤化银明胶乳剂涂布在平整的玻璃板上制成，感色性的敏感峰值为 630 nm，适用于氦氖激光，暗绿灯为安全灯。

(3)在曝光时间长而且条纹又非常细密的情况下，要成功地拍摄到全息图，全息实验台必须非常稳定，台面与实验室地面之间隔振良好。

 实验拓展

1.干涉记录原理的波动光学知识

物光可看成是物体上各物点所发出的球面光波的总和。物体上第 i 个物点发出的球面光波可以表示成

$$\frac{A_i}{r_i}\cos\left(\omega t+\varphi_i-\frac{2\pi r_i}{\lambda}\right)$$

式中，r_i 为此点到感光板的矢径；ω 和 λ 是单色激光的圆频率和波长；φ_i 为初相位；A_i 为一常数。因此物光可表示成

$$O(r,t)=\sum_{i=1}^{n}\frac{A_i}{r_i}\cos\left(\omega t+\varphi_i-\frac{2\pi r_i}{\lambda}\right) \quad (3-5-1)$$

物光照射到感光板（置于 $z=0$ 平面）上时，物光的波前信息就是所有物点发出的同方向、同频率光振动的合成，合成后仍为频率不变的光振动。因此到达感光板上的物光波波前分布可以写为

$$O(x,y,t)=A_0\cos\left(\omega t+\varphi_0-\frac{2\pi r_0}{\lambda}\right) \quad (3-5-2)$$

式中，A_0、φ_0 和 r_0 都是 x、y 的函数，不同的物点到感光板的光程（即相位）不同，因此合成的 A_0、φ_0 和 r_0 中都包含了物光的相位信息。

同样到达感光板的参考光波波前分布也可以写为

$$R(x,y,t)=A_R\cos\left(\omega t+\varphi_R-\frac{2\pi r_R}{\lambda}\right) \quad (3-5-3)$$

式中，A_R、φ_R 和 r_R 一般也是 x、y 的函数（如果参考光是平行光，它们为常数）。物光和参考光干涉的结果，可用同方向、同频率谐振动的合成来处理，合振幅的平方

$$A^2=A_0^2+A_R^2+2A_0A_R\cos\left(\varphi_0-\varphi_R-\frac{2\pi}{\lambda}(r_0-r_R)\right) \quad (3-5-4)$$

感光板上虽然记录的还是光振动振幅的平方 A^2，但由式(3-5-4)可知，现在的 A^2 中包含了物光的振幅 A_0 和相位 φ_0 两方面的信息，所以物光和参考光的干涉实现了把物光波波前的相位信息向振幅信息的转换。

从以上的分析可得出以下结论：

(1)每个物点发出的物光和参考光必须都是相干光时才能实现式(3-5-4)的合成，因此全息照相只有用相干性好的激光为光源才能实现。

(2)由于式(3-5-4)是由被拍摄物体、感光板的位置等条件决定的复杂函数，因此干涉条纹的图样（称为全息图）也十分复杂，与被拍摄物体没有任何相似之处。

2.部分仪器元件介绍

(1)氦氖激光器。

氦氖激光器由激光管和电源组成,结构如图 3.5.9 所示。储气套是被抽成真空的玻璃管,管中按 7∶1 左右的比例充入光谱纯的氦、氖混合气体,气体的总压力为 4×10^2 Pa 左右。管的中轴线上有玻璃放电毛细管充当气体放电管。两端用镀有增反膜(增加反射的膜)的反射镜封固,增反膜使波长为 632.8 nm 的光反射时干涉加强,其中 M_1 是球面镜(平凹完全反射镜),M_2 是平面部分反射镜,即大约有 2% 的波长为 632.8 nm 的入射光可以透射输出。M_1、M_2 和毛细管构成了谐振腔,使波长为 632.8 nm 的光在两镜面之间多次反射,形成持续的振荡。钨棒"+"为放电管的阳极,钨棒"-"接阴极铝筒。氦氖激光电源的作用是给激光管的两极提供稳定的、可调的数千伏的直流电压,以维持放电管正常工作。

图 3.5.9 氦氖激光器结构图

氦和氖原子的能级如图 3.5.10 所示。当两电极放电时,高能电子与氦原子相碰撞,会使氦原子从基态跃迁到与氖原子的能级 E_d、E_c 很接近的两个亚稳态上,处于亚稳态的氦原子再与基态的氖原子碰撞,会使氖原子从基态激发到 E_d、E_c 能级上(氦原子失去能量再返回基态)。造成氖原子中处在 E_d、E_c 态的原子数多于处在低能态的原子数,这个过程称为粒子数反转。当氖原子从 E_d 态自发跃迁到 E_b 态时,就会发射出波长为 632.8 nm 的激光。当然,氖原子从 E_d、E_c 态跃迁到其他低能态时,也会发射出其他谱线,但这些谱线在谐振腔中受到抑制,而使波长为632.8 nm 的激光输出最大。跃迁到 E_b 态的氖原子还要自发回到基态。重复以上过程,激光器就可以把电能转换为光能输出。

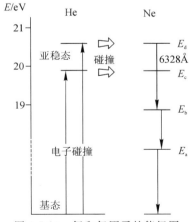

图 3.5.10 氦和氖原子的能级图

管长为 250 mm 的氦氖激光器的输出功率为 1.5 mW 左右,触发电压不小于 3.5 kV,正常工作时电压为 1.2 kV 左右、电流为 5 mA 左右。由于输出的激光单色性很好(频率宽度小于 20 Hz),所以是实验室常用的激光器。

(2)BGD-1型曝光定时器。

BGD-1型曝光定时器实物图如图3.5.2所示,作用相当于控制光路的开关(实质是个继电器),置于"常开"位置时,光开关中的继电器断电,使光开关常开,激光束通过光开关。置于"正常"位置时,光开关中的继电器通电,吸合衔铁,使光开关关闭,激光束不能通过光开关。拨盘开关用于设定曝光时间,M表示月,H表示小时,s表示秒。例如"20s00"表示曝光时间为20.00 s。一切准备就绪后,按下"定时"按钮,光开关中的继电器断电,光开关打开,激光束通过。曝光时间一到,光开关自动关闭,激光束被挡住,曝光结束。

(3)部分元件说明。

拍摄漫反射全息图的光学元件布置如图3.5.4所示,这些元件都放置在全息实验台上,拍摄和冲洗要在暗室条件下进行。对图3.5.4中有关元件的说明如下:

①光开关相当于照相机的快门,以控制光路的通断来控制曝光时间,光开关由放在实验台旁边的曝光定时器控制。因为激光管刚点燃时发出的激光频率和强度都不稳定,一般点燃十几分钟后,输出的激光才稳定,因此使用光开关而不频繁使用激光电源开关可以提高全息图的质量。

②最好用透光率90%以上的分束镜。这是因为被物体反射后的光强要损失90%左右,而射向感光板的参考光和物光的光强的比应为(2∶1)~(10∶1),确保物光和参考光的干涉条纹反差较大、干涉现象更明显。

③扩束镜就是短焦距凸透镜,能将细的平行光束变成发散的粗光束,以照明整个被拍摄物体及全息干板。

④被拍摄物放在载物台上,全息干板可夹在底片架上,底片架上也可以夹一块毛玻璃来观察物光和参考光的分布。分束镜、反射镜和扩束镜都可以进行三维调节,它们的底座和物体座、干板座一样,下面都带着磁钢,以便牢固地吸附在实验台面的钢板上。

⑤在同一间暗室内进行多组拍摄时,防止操作时碰动实验台。不同操作台之间要用黑色隔断隔开,以减少杂散光线和气流的干扰。

3.冲洗照片的药品配方

市面上一般不容易购买D-19型显影粉,同学们可以尝试自己配置显影液、停影液、定影液。D-19显影液配方如表3.5.2所示。

表3.5.2　D-19显影液配方

显影液型号	药　品	数　量
D-19显影液(全息用)	蒸馏水(50 ℃)	1000 mL
	4-甲氨基苯酚硫酸盐	2 g
	无水亚硫酸钠	90 g
	对苯二酚	8 g
	无水碳酸钠	48 g
	溴化钾	5 g

注:将药剂依次溶于少量蒸馏水后,加蒸馏水至1000 mL,静置6~12 h后再用。

停影液配方:冰醋酸13.5 mL加蒸馏水至1000 mL。

定影液(F-5酸性坚膜定影液)配方如表3.5.3所示。

表 3.5.3　F-5 酸性坚膜定影液（相纸、底片、全息干板通用）配方

定影液型号	药　品	数　量
F-5 定影液（通用）	蒸馏水（60~70℃）	1000 mL
	结晶硫代硫酸钠	240 g
	无水亚硫酸钠	15 g
	冰醋酸	13.5 mL
	硼酸	7.5 g
	硫酸铝钾矾	15 g

注：将药剂依次溶解于少量蒸馏水后，加蒸馏水至 1000 mL。

第4章　开放物理实验

　　为了进一步锻炼学生的实验动手能力,掌握各种实验方法,进一步理解实验思想,本书准备了一些开放性实验项目,供学生选择性学习。所谓开放物理实验,是指教师列出实验题目并提出要求,学生自行查找相关资料,团队成员之间相互讨论,明确实验中需要达到的目的,自行设计实验方案,选定实验所用的各类设备,再拟定具体的实验步骤,然后边实验边发现问题、分析问题并解决问题,最后根据实验数据分析结果,自行撰写实验报告,整个过程中教师只起引导作用。学生在开放实验中要充分发挥个人或团队的能动性,并且碰到问题不能退缩,面对挑战需坚韧不拔地解决问题。开放物理实验不仅能激发学生学习的主动性,培养其独立思考,分析、解决复杂问题的能力,而且能让学生初步体验完整的科学训练。

　　实验报告的撰写是提高学生科学素养的重要过程,开放物理实验报告应包含以下几部分。

　　(1)实验目的,即该实验要完成什么任务。

　　(2)实验方案,即为了完成实验任务,需首先分析实验任务中的难点及问题,然后确定哪种物理模型,再选择哪种实验方法,配备什么样的实验仪器,分析实验中存在的各类误差,该怎样消除或者减小误差等。

　　(3)实验步骤,需要根据实验方案仔细拟定实验步骤。

　　(4)数据处理及分析,需确定选择哪种数据处理方法,计算不确定度等。

　　(5)报告实验结果,需对实验进行总结,进一步提出实验改进方案等。

第4章 开放物理实验

实验 4.1 粉粒状食盐的密度测定

实验内容:请根据提供的实验仪器,设计实验过程,测量粉粒状食盐的密度,并撰写完整实验报告。

实验仪器:粉粒状食盐,物理天平,烧杯,水,量筒,小纸片。

实验要求:请思考还有什么方法可以测量粉粒状食盐密度。

实验 4.2 单摆研究

实验内容:请根据提供的仪器设计一个单摆装置,并考虑实验要求,测量实验室所在地的重力加速度 g,写出完整实验报告。

实验仪器:细线,小球,秒表,钢卷尺。

实验要求:(1)请思考如何消除实际测量中的主要系统误差,例如怎样才能满足单摆的摆角小于 5°,摆长需满足什么条件等,从而使实验测量结果更精确。

(2)对于测量结果 g,如果分别想得到三位、四位有效数字,单摆装置如何制作,需要什么仪器和条件?

实验 4.3 A4 纸厚度的测量

实验内容:根据提供的实验仪器,或者自己拟定其他方案,实验室提供仪器,测量单张 A4 纸的厚度,并写出完整实验报告。

实验仪器:标尺望远镜,光杠杆,弹性模量装置,游标卡尺,螺旋测微器,多张 A4 纸等。

实验要求:请用三种方法测量单张 A4 纸的厚度,并对这三种方法进行比较。

实验 4.4 自制驻波演示仪

实验内容:驻波现象的观测不仅是物理实验项目,也是大学物理课程的重要组成部分,如果能在课堂上演示驻波现象,将极大地提高教学效果。请根据所学知识拟定方案,选定元器件,自制驻波演示仪,用于大学物理课堂教学演示。

实验仪器:根据方案自行选定。

实验要求:驻波现象明显,能通过改变长度、频率、张力改变驻波的波段数目。

实验 4.5 组装简易望远镜及显微镜

实验内容:根据提供的光学元件及其他器件,画出光路图,设计实验步骤,在光学平台上组装简易望远镜(开普勒望远镜)及显微镜,报告放大倍数,并写出完整实验报告。

实验仪器:光学平台,透镜,光源,物屏,白屏,平面镜,标尺,直尺等。

实验要求:实验室提供的透镜焦距未知,请利用两种方法自行测定透镜焦距。

实验 4.6　头发丝直径的测量

实验内容：根据提供的实验仪器，或者自己拟定其他方案，实验室提供仪器，测量头发丝的直径，并写出完整实验报告。

实验仪器：测量显微镜，钠灯，多块平板玻璃，直尺等。

实验要求：请用三种方法测量头发丝的直径。

实验 4.7　三线悬摆实验的改进

实验内容：三线悬摆实验中，要求摆盘摆动幅度小于 5°，要求周期测量 50 次，这些操作目前都是手动完成的，存在较大的误差，有没有更好的办法或者仪器对这些操作进行改进，从而进行精确测量。

实验仪器：三线悬摆（实验室提供），其余仪器根据自行设计的方案，实验室提供元件。

实验要求：请给出完整的实验方案。

实验 4.8　分光计的改进

实验内容：分光计等高同轴调节中，一个难点是能在望远镜中看到平面镜的一面上反射回来的绿十字像，然而当平面镜转过 180°后，就看不到反射回来的绿十字像。请根据提供的仪器，拟定实验方案，解决这个难题。

实验仪器：分光计，双面平面镜，激光笔，白屏等。

实验要求：请思考该改进方案还可用在哪些实验中，写出完整的改进方案。

实验 4.9　液体黏滞系数测量实验的改进

实验内容：液体黏滞系数测量实验中，存在以下几个难点：①如何保证小球尽量从管子中心下落；②小球下落经过上下刻线时，人工观察、计时存在较大误差；③粗管中小球下落到管底时，磁铁不容易将其吸到管壁。针对这 3 个难点，请写出改进方案。

实验仪器：根据改进方案自行选择。

实验要求：请思考该改进方案还可用在哪些实验中，写出完整的改进方案。

实验 4.10　全息光栅的制作

实验内容：根据提供的实验仪器，设计一个拍摄全息光栅的光路图，并制作一块空间频率为 300/mm 的全息光栅。

实验仪器：光学平台，全息干板，激光器，扩束镜，分束镜，反射镜，透镜（焦距已知），冲洗设备及材料等。

实验要求：实验完毕后，请总结报告制作全息光栅的要点和注意事项。

实验 4.11　简易手机充电器的制作

实验内容：根据提供的电学元件及仪器，作出电路图，在电路板上焊接元件，制作简易手机充电器并进行测试。

实验仪器：示波器，电容，电阻，二极管。

实验要求：制作完成后用示波器在电路的不同节点上观察波形。

实验 4.12　自组装电桥测电阻

实验内容：根据提供的元器件，画出电桥电路图，连接电路，测量待测电阻阻值。

实验仪器：直流稳压电源，电阻箱，检流计，待测电阻，单刀单掷开关，导线等。

实验要求：注意电阻箱初始阻值的选取，避免检流计通过大电流。

附 录

附录1 我国法定计量单位*

1. 国际单位制（SI）的基本单位

量的名称	单位名称	单位符号
长度	米	m
质量	千克（公斤）	kg
时间	秒	s
电流	安[培]	A
热力学温度	开[尔文]	kg
物质的量	摩[尔]	mol
发光强度	坎[德拉]	cd

注：①圆括号中的名称，是它的前面的名称的同义词，下同。

②无方括号的量的名称与单位名称均为全称；方括号中的字，在不致引起混淆、误解的情况下，可以省略；去掉方括号中的字即为其名称的简称；下同。*

2. 包括SI辅助单位在内的具有专门名称的SI导出单位

量的名称	SI导出单位		
	名　称	符　号	用SI基本单位和SI导出单位表示
[平面]角	弧度	rad	$1\ \text{rad} = 1\ \text{m/m} = 1$
立体角	球面度	sr	$1\ \text{sr} = 1\ \text{m}^2/\text{m}^2 = 1$
频率	赫[兹]	Hz	$1\ \text{Hz} = 1\ \text{s}^{-1}$
力	牛[顿]	N	$1\ \text{N} = 1\ \text{kg} \cdot \text{m/s}^2$
压力,压强,应力	帕[斯卡]	Pa	$1\ \text{Pa} = 1\ \text{N/m}^2$
能[量],功,热量	焦[耳]	J	$1\ \text{J} = 1\ \text{N} \cdot \text{m}$
功率,辐[射能]通量	瓦[特]	W	$1\ \text{W} = 1\ \text{J/s}$
电荷[量]	库[仑]	C	$1\ \text{C} = 1\ \text{A} \cdot \text{s}$
电位,电压,电动势,电势	伏[特]	V	$1\ \text{V} = 1\ \text{W/A}$

---

* 摘自《国际单位制及其应用》（GB 3100—93）。

续表

量的名称	SI 导出单位		
	名　称	符　号	用 SI 基本单位和 SI 导出单位表示
电容	法[拉]	F	1 F=1 C/V
电阻	欧[姆]	Ω	1 Ω=1 V/A
电导	西[门子]	S	1 S=1 Ω^{-1}
磁通[量]	韦[伯]	Wb	1 Wb=1 V·s
磁通[量]密度,磁感应强度	特[斯拉]	T	1 T=1 Wb/m^2
电感	亨[利]	H	1 H=1 Wb/A
摄氏温度	摄氏度	°C	1 °C=1 K
光通量	流[明]	lm	1 lm=1 cd·sr
光照度	勒[克斯]	lx	1 lx=1 lm/m^2
[放射性]活度	贝可[勒尔]	Bq	1 Bq=1 s^{-1}
吸收剂量	戈[瑞]	Gy	1 G$_Y$=1 J/kg
剂量当量	希[沃特]	Sv	1 S$_V$=1 J/kg

3. SI 词头

因　数	词头名称		符　号	因　数	词头名称		符　号
	英　文	中　文			英　文	中　文	
10^{24}	yotta	尧[它]	Y	10^{-1}	deci	分	d
10^{21}	zetta	泽[它]	Z	10^{-2}	centi	厘	c
10^{18}	exa	艾[可萨]	E	10^{-3}	milli	毫	m
10^{15}	peta	拍[它]	P	10^{-6}	micro	微	μ
10^{12}	tera	太[拉]	T	10^{-9}	nano	纳[诺]	n
10^{9}	giga	吉[咖]	G	10^{-12}	pico	皮[可]	p
10^{6}	mega	兆	M	10^{-15}	femto	飞[母托]	f
10^{3}	kilo	千	k	10^{-18}	atto	阿[托]	a
10^{2}	hecto	百	h	10^{-21}	zepto	仄[普托]	z
10^{1}	deca	十	da	10^{-24}	yocto	幺[科托]	y

4. 可与国际单位制单位并用的我国法定计量单位

量的名称	单位名称	单位符号	与 SI 单位的关系
时间	分	min	1 min=60s
	[小]时	h	1 h=60 min=3600 s
	日(天)	d	1 d=24 h=86400 s
[平面]角	[角]秒	(″)	1″=(1/60)′=(π/648000) rad(π 为圆周率)
	[角]分	(′)	1′=(1/60)°=(π/10800) rad
	度	(°)	1°=(π/180) rad
旋转速度	转每分	r/min	1 r/min=(1/60) s^{-1}

续表

量的名称	单位名称	单位符号	与 SI 的关系
长度	海里	n mile	1 n mile=1852 m(只用于航行)
速度	节	kn	1 kn=1 n mile/h=(1852/3600) m/s（只用于航行）
质量	吨 原子质量单位	t u	1 t=10^3 kg 1 u≈1.660540×10^{-27} kg
体积	升	L,(l)	1 L=1 dm^3=10^{-3} m^3
能	电子伏	eV	1 eV≈1.602177×10^{-19} J
级差	分贝	dB	
线密度	特[克斯]	tex	1 tex=10^{-6} kg/m
面积	公顷	hm^2	1 hm^2=10^4 m^2

注：①平面角单位度、分、秒的符号，在组合单位中应采用(°)、(′)、(″)的形式。例如，不用°/s 而用(°)/s。

②升的符号中，小写字母 l 为备用符号。

③公顷的国际通用符号为 ha。

附录2　常用物理数据

1. 基本物理常量（2018年国际推荐值）

名　称	符　号	数值	单位	不确定度值
真空中的光速	c	299792458	$m \cdot s^{-1}$	精确
真空磁导率	μ_0	1.25663706212	$10^{-6} N \cdot A^{-2}$	精确
真空介电常数，$1/\mu_0 c^2$	ε_0	8.8541878128	$10^{-12} F \cdot m^{-1}$	$0.0000000013 \times 10^{-12} F \cdot m^{-1}$
牛顿引力常数	G	6.67430	$10^{-11} m^3 \cdot kg^{-1} \cdot s^{-2}$	$0.00015 \times 10^{-11} m^3 \cdot kg^{-1} \cdot s^{-2}$
普朗克常数	h	6.62607015	$10^{-34} J \cdot s$	精确
基本电荷	e	1.602176634	$10^{-19} C$	精确
玻尔磁子，$eh/2m_e$	μ_B	9.2740100783	$10^{-24} J \cdot T^{-1}$	$0.0000000028 \times 10^{-24} J \cdot T^{-1}$
里德伯常量	R_∞	10973731.568160	m^{-1}	$0.000021 m^{-1}$
玻尔半径	a_0	5.29177210903	$10^{-11} m$	$0.00000000080 \times 10^{-11} m$
电子质量	m_e	9.1093837015	$10^{-31} kg$	$0.0000000028 \times 10^{-31} kg$
电子荷质比	$-e/m_e$	-1.75882001076	$10^{11} C \cdot kg^{-1}$	$0.0000000053 \times 10^{11} C \cdot kg^{-1}$
经典电子半径	r_e	2.8179403262	$10^{-15} m$	$0.0000000013 \times 10^{-15} m$
质子质量	m_p	1.67262192369	$10^{-27} kg$	$0.0000000051 \times 10^{-27} kg$
中子质量	m_n	1.67492749804	$10^{-27} kg$	$0.0000000095 \times 10^{-27} kg$
阿伏伽德罗常数	N_A	6.02214076	$10^{23} mol^{-1}$	精确
原子(统一)质量单位，原子质量常数 $1 u = m_u = \frac{1}{12} m(^{12}C)$	m_u	1.66053906660	$10^{-27} kg$	$0.0000000050 \times 10^{-27} kg$
摩尔气体常数	R	8.314462618…	$J \cdot mol^{-1} \cdot K^{-1}$	精确
玻耳兹曼常量，R/N_A	k	1.380649	$10^{-23} J \cdot K^{-1}$	精确
理想气体的摩尔体积(273.15 K, 100 kPa)	V_m	22.71095464…	$10^{-3} m^3 \cdot mol^{-1}$	精确

数据来源：国家计量科学数据中心 https://www.nmdc.ac.cn。

2. 标准大气压下不同温度时纯水的密度

温度/℃	密度/(kg·m⁻³)	温度/℃	密度/(kg·m⁻³)	温度/℃	密度/(kg·m⁻³)
0	999.841	17	998.774	34	994.371
1	999.900	18	998.595	35	994.031
2	999.941	19	998.405	36	993.68
3	999.965	20	998.203	37	993.33
4	999.973	21	997.992	38	992.96
5	999.965	22	997.770	39	992.59
6	999.941	23	997.538	40	992.21
7	999.902	24	997.296	41	991.83
8	999.849	25	997.044	42	991.44
9	999.781	26	996.783	50	988.04
10	999.700	27	996.512	60	983.21
11	999.605	28	996.232	70	977.78
12	999.498	29	995.944	80	971.80
13	999.377	30	995.646	90	965.31
14	999.244	31	995.340	100	958.35
15	999.099	32	995.025	3.98*	1000.00
16	998.943	33	994.702		

注：*纯水此温度时密度最大。

3. 海平面上不同纬度的重力加速度

纬度 φ/(°)	g/(m·s⁻²)	纬度 φ/(°)	g/(m·s⁻²)
0	9.78049	60	9.81924
5	9.78088	65	9.82294
10	9.78204	70	9.82614
15	9.78394	75	9.82873
20	9.78652	80	9.83065
25	9.78969	85	9.83182
30	9.78338	90	9.83221
35	9.79746	西安 34°16′	计算值9.7973,测量值9.7965
40	9.80182	北京 39°56′	9.80122
45	9.80629	上海 31°12′	9.79436
50	9.81079	天津 39°6′	9.80101
55	9.81515		

4. 20 ℃时部分物质的密度

物质	密度 ρ/(kg·m^{-3})	物质	密度 ρ/(kg·m^{-3})
铝	2698.9	铂	21450
锌	7140	汽车用汽油	710～720
锡	7298	乙醇	789.4
铁	7874	变压器油	840～890
钢	7600～7900	冰(0 ℃)	900
铜	8960	纯水(4 ℃)	1000
银	10500	甘油	1260
铅	11350	硫酸	1840
钨	19300	水银(0 ℃)	13595.5
金	19320	空气(0 ℃)	1.293

5. 水在不同压强下的沸点

P/hPa	t/℃	P/hPa	t/℃
950	98.205	1005	99.771
955	98.351	1010	99.910
960	98.495	1015	100.048
965	98.640	1020	100.186
970	98.783	1025	100.323
975	98.926	1030	100.460
980	99.069	1035	100.595
985	99.210	1040	100.731
990	99.351	1045	100.866
995	99.492	1050	101.000
1000	99.632		

6. 20 ℃时常用金属的弹性模量

金属	弹性模量/(10^4 N·mm^{-2})	金属	弹性模量/(10^4 N·mm^{-2})
铝	7.0～7.1	灰铸铁	6～17
银	6.9～8.2	硬铝合金	7.1
金	7.7～8.1	可锻铸铁	15～18
锌	7.8～8.0	球墨铸铁	15～18
铜	10.3～12.7	康铜	16.0～16.6
铁	18.6～20.6	铸钢	17.2
镍	20.3～21.4	碳钢	19.6～20.6
铬	23.5～24.5	合金钢	20.6～22.0
钨	40.7～41.5		

注：弹性模量的值与材料的结构、化学成分及加工制造方法有关，因此在某些情况下，弹性模量的值可能与表中所列的平均值不同。

7. 常见流体的黏度

流体	温度/℃	黏度/(μPa·s)	流体	温度/℃	黏度/(μPa·s)
乙醚	0	296	葵花籽油	20	5.00×10^4
	20	243	蓖麻油	0	530×10^4
甲醇	0	817		10	241.8×10^4
	20	584		15	151.4×10^4
水银	−20	1855		20	95.0×10^4
	0	1685		25	62.1×10^4
	20	1554		30	45.1×10^4
	100	1224		35	31.2×10^4
水	0	1787.8		40	23.1×10^4
	20	1004.2		100	16.9×10^4
	100	282.5	甘油	−20	134×10^6
乙醇	−20	2780		0	121×10^5
	0	1780		20	149.9×10^4
	20	1190		100	129.45×10^2
汽油	0	1788	蜂蜜	20	650×10^4
	18	530		80	100×10^3
变压器油	20	1.98×10^4	空气	25	18.3
鱼肝油	20	4.56×10^4			
	80	0.46×10^4			

8. 单质金属和合金的电阻率及其温度系数

单质金属或合金	电阻率 $\rho/(10^{-6}\Omega\cdot cm)$	温度系数 $\alpha/(10^{-5}\cdot℃^{-1})$
银	1.47(0 ℃)	430
铜	1.55(0 ℃)	433
金	2.01(0 ℃)	402
铝	2.50(0 ℃)	460
钨	4.89(0 ℃)	510
锌	5.65(0 ℃)	417
铁	8.70(0 ℃)	651
铂	10.5(20 ℃)	390

续表

单质金属或合金	电阻率 $\rho/(10^{-6}\,\Omega\cdot cm)$	温度系数 $\alpha/(10^{-5}\cdot{}^\circ\!C^{-1})$
锡	12.0(20 ℃)	440
铅	19.2(0 ℃)	428
水银	95.8(20 ℃)	100
黄铜	8.00(18~20 ℃)	100
钢(0.10%~0.15%碳)	10~14(20 ℃)	600
康铜合金	47~51(18~20 ℃)	−4.0~+1.0
伍德合金	52(20 ℃)	370
铜锰镍合金	34~100(20 ℃)	−3.0~+2.0
镍铬合金	98~110(20 ℃)	3~40

注：金属电阻率与温度的关系 $\rho_{t2}=\rho_{t1}(1+\alpha(t_2-t_1))$。电阻率与金属和合金中的杂质有关，表中列出的是单质金属的电阻率和合金电阻率的平均值。

9.常用光源的谱线波长

光源	谱线波长/nm	颜色	光源	谱线波长/nm	颜色
H(氢)	656.28	红	He-Ne(氦氖激光)	632.8	橙
H(氢)	486.13	蓝绿	He-Ne(氦氖激光)	632.8	橙
H(氢)	434.05	紫	He-Ne(氦氖激光)	632.8	橙
H(氢)	410.17	紫	He-Ne(氦氖激光)	632.8	橙
H(氢)	397.01	紫	He-Ne(氦氖激光)	632.8	橙
He(氦)	706.52	红	Hg(汞)	623.44	橙
He(氦)	667.82	红	Hg(汞)	579.07	黄$_2$
He(氦)	587.65(D_3)	黄	Hg(汞)	576.96	黄$_1$
He(氦)	501.57	绿	Hg(汞)	546.07	绿
He(氦)	492.19	蓝绿	Hg(汞)	546.07	绿
He(氦)	471.31	蓝	Hg(汞)	491.60	蓝绿
He(氦)	447.15	紫	Hg(汞)	435.83	紫$_2$
He(氦)	402.62	紫	Hg(汞)	404.66	紫$_1$
He(氦)	388.87	紫	Hg(汞)	404.66	紫$_1$

续表

光源	谱线波长/nm	颜色	光源	谱线波长/nm	颜色
Ne(氖)	650.65	红	Cd(镉)	643.847	红
	640.23	橙			
	638.30	橙			
	626.65	橙			
	621.73	橙		508.582	绿
	614.31	橙			
	588.19	黄			
	585.25	黄			
Na(钠)	589.592(D_1)	黄			
	588.995(D_2)	黄			

10. 某些物质中的声速

物质		声速/(m·s^{-1})	物质	声速/(m·s^{-1})
氧气①	0 ℃	317.2	NaCl 14.8%水溶液 20 ℃	1542
氩气	0 ℃	319	甘油 20 ℃	1923
干燥空气	0 ℃	331.45	铅②	1210
	10 ℃	337.46	金	2030
	20 ℃	343.37	银	2680
	30 ℃	349.18	锡	2730
	40 ℃	354.89	铂	2800
氮气	0 ℃	337	铜	3750
氢气	0 ℃	1269.5	锌	3850
二氧化碳	0 ℃	258.0	钨	4320
一氧化碳	0 ℃	337.1	镍	4900
四氯化碳	20 ℃	935	铝	5000
乙醚	20 ℃	1006	不锈钢	5000
乙醇	20 ℃	1168	重硅钾铅玻璃	3720
丙酮	20 ℃	1190	轻氯铜银冕玻璃	4540
汞	20 ℃	1451.0	硼硅酸玻璃	5170
水	20 ℃	1482.9	溶融石英	5760

注：①气体的压强为 1 个标准大气压。
②固体中的声速为沿棒传播的纵波速度。

11. 某些物质的比热容

物质	温度/℃	比热容 kJ/(kg·K)	kcal/(kg·℃)
金	25	0.128	0.0306
铅	20	0.128	0.0306
银	20	0.234	0.0566
铜	20	0.385	0.0920
锌	20	0.389	0.0929
铁	20	0.481	0.115
铝	20	0.886	0.214
黄铜	0	0.370	0.0883
黄铜	20	0.389	0.0917
康铜	18	0.420	0.0977
钢	20	0.447	0.107
玻璃	20	0.585～0.920	0.14～0.22
橡胶	15～100	1.13～2.00	0.27～0.48
水银	20	0.1390	0.03326
汽油	10	1.42	0.34
变压器油	0～100	1.88	0.45
甲醇	20	2.47	0.59
乙醚	20	2.34	0.59
冰	0	2.090	0.621
空气(定压)	20	1.00	0.24
纯水	0	4.219	1.0093

12. 几种常用热电偶的温差电动势

(1) 镍铬-镍铝热电偶。

工作端温度/℃	温差电动势/mV										
	0 ℃	10 ℃	20 ℃	30 ℃	40 ℃	50 ℃	60 ℃	70 ℃	80 ℃	90 ℃	100 ℃
0	0.00	0.40	0.80	1.20	1.61	2.02	2.43	2.84	3.26	3.68	4.10
100	4.10	4.51	4.92	5.33	5.73	6.13	6.53	6.93	7.33	7.73	8.13
200	8.13	8.53	8.93	9.33	9.74	10.15	10.56	10.97	11.38	11.80	12.21
300	12.21	12.62	13.04	13.45	13.87	14.29	14.71	15.13	15.56	15.98	16.40
400	16.40	16.83	17.25	17.67	18.09	18.51	18.94	19.37	19.79	20.22	20.65

注：自由端温度为0℃。

(2)镍铬-康铜热电偶。

工作端温度/℃	温差电动势/mV									
	0	1	2	3	4	5	6	7	8	9
−50	−3.11									
−40	−2.50	−2.56	−2.62	−2.68	−2.74	−2.81	−2.87	−2.93	−2.99	−3.05
−30	−1.89	−1.95	−2.01	−2.07	−2.13	−2.20	−2.26	−2.32	−2.38	−2.44
−20	−1.27	−1.33	−1.39	−1.46	−1.52	−1.58	−1.64	−1.70	−1.77	−1.83
−10	−0.64	−0.70	−0.77	−0.83	−0.89	−0.96	−1.02	−1.08	−1.14	−1.21
−0	−0.00	−0.06	−0.13	−0.19	−0.26	−0.32	−0.38	−0.45	−0.51	−0.58
+0	0.00	0.07	0.13	0.20	0.26	0.33	0.39	0.46	0.52	0.59
10	0.65	0.72	0.78	0.85	0.91	0.98	1.05	1.11	1.18	1.24
20	1.31	1.38	1.44	1.51	1.57	1.64	1.70	1.77	1.84	1.91
30	1.98	2.05	2.12	2.18	2.25	2.32	2.38	2.45	2.52	2.59
40	2.66	2.73	2.80	2.87	2.94	3.00	3.07	3.14	3.21	3.28
50	3.35	3.42	3.49	3.56	3.63	3.70	3.77	3.84	3.91	3.98
60	4.05	4.12	4.19	4.26	4.33	4.41	4.48	4.55	4.62	4.69
70	4.76	4.83	4.90	4.98	5.05	5.12	5.20	5.27	5.34	5.41
80	5.48	5.56	5.63	5.70	5.78	5.85	5.92	5.99	6.07	6.14
90	6.21	6.29	6.36	6.43	6.51	6.58	6.65	6.73	6.80	6.87
100	6.95	7.03	7.10	7.17	7.25	7.32	7.40	7.47	7.54	7.62
110	7.69	7.77	7.84	7.91	7.99	8.06	8.13	8.21	8.28	8.35
120	8.43	8.50	8.53	8.65	8.73	8.80	8.88	8.95	9.03	9.10
130	9.18	9.25	9.33	9.40	9.48	9.55	9.63	9.70	9.78	9.85
140	9.93	10.00	10.08	10.16	10.23	10.31	10.38	10.46	10.54	10.61
150	10.69	10.77	10.85	10.92	11.00	11.08	11.15	11.23	11.31	11.38
160	11.46	11.54	11.62	11.69	11.77	11.85	11.93	12.00	12.08	12.16
170	12.24	12.32	12.40	12.48	12.55	12.63	12.71	12.79	12.87	12.95
180	13.03	13.11	13.19	13.27	13.36	13.44	13.52	13.60	13.68	13.76
190	13.84	13.92	14.00	14.08	14.16	14.25	14.34	14.42	14.50	14.58
200	14.66	14.74	14.82	14.90	14.98	15.06	15.14	15.22	15.30	15.38
210	15.48	15.56	15.64	15.72	15.80	15.89	15.97	16.05	16.13	16.21
220	16.30	16.38	16.46	16.54	16.62	16.71	16.79	16.86	16.95	17.03
230	17.12	17.20	17.28	17.37	17.45	17.53	17.62	17.70	17.78	17.87
240	17.95	18.03	18.11	18.19	18.28	18.36	18.44	18.52	18.60	18.68
250	18.76	18.84	18.92	19.01	19.09	19.17	19.26	19.34	19.42	19.51
260	19.59	19.67	19.75	19.84	19.92	20.00	20.09	20.17	20.25	20.34
270	20.42	20.50	20.58	20.66	20.66	20.83	20.91	20.99	21.07	21.15
280	21.24	21.32	21.40	21.49	21.49	21.65	21.73	21.82	21.90	21.98
290	22.07	22.15	22.23	22.32	22.40	22.48	22.57	22.65	22.73	22.81

注:自由端温度为 0 ℃。

(3) 铜-康铜热电偶。

工作端温度/℃	温差电动势/mV										
	0	1	2	3	4	5	6	7	8	9	10
−40	−1.475	−1.510	−1.544	−1.579	−1.614	−1.648	−1.682	−1.717	−1.751	−1.785	−1.819
−30	−1.121	−1.157	−1.192	−1.228	−1.263	−1.299	−1.334	−1.370	−1.405	−1.440	−1.475
−20	−0.757	−0.794	−0.830	−0.876	−0.900	−0.940	−0.976	−1.013	−1.049	−1.085	−1.121
−10	−0.384	−0.421	−0.458	−0.496	−0.534	−0.571	−0.608	−0.646	−0.683	−0.720	−0.757
−0	0.000	−0.039	−0.077	−0.116	−0.154	−0.193	−0.231	−0.269	−0.307	−0.345	−0.383
0	0.000	0.039	0.078	0.117	0.156	0.195	0.234	0.273	0.312	0.351	0.391
10	0.391	0.430	0.470	0.510	0.549	0.589	0.629	0.669	0.709	0.749	0.786
20	0.789	0.830	0.870	0.911	0.951	0.992	1.032	1.073	1.114	1.155	1.196
30	1.196	1.237	1.279	1.320	1.361	1.403	1.444	1.486	1.528	1.569	1.611
40	1.611	1.653	1.695	1.738	1.780	1.822	1.865	1.907	1.950	1.992	2.034
50	2.035	2.078	2.121	2.164	2.207	2.250	2.294	2.337	2.380	2.424	2.467
60	2.467	2.511	2.555	2.599	2.643	2.687	2.731	2.775	2.819	2.864	2.908
70	2.908	2.953	2.997	3.042	3.087	3.131	3.176	3.221	3.266	3.312	3.357
80	3.357	3.402	3.447	3.493	3.538	3.584	3.630	3.676	3.721	3.767	3.813
90	3.813	3.859	3.906	3.952	3.998	4.044	4.091	4.137	4.184	4.231	4.277
100	4.277	4.324	4.371	4.418	4.465	4.512	4.559	4.607	4.654	4.701	4.749
110	4.749	4.796	4.844	4.891	4.939	4.987	5.035	5.083	5.131	5.179	5.227
120	5.227	5.275	5.324	5.372	5.420	5.469	5.517	5.566	5.615	5.663	5.712
130	5.712	5.761	5.810	5.859	5.908	5.957	6.007	6.056	6.105	6.155	6.204
140	6.204	6.254	6.303	6.353	6.403	6.452	6.502	6.552	6.602	6.652	6.702
150	6.702	6.753	6.803	6.853	6.093	6.954	7.004	7.055	7.106	7.156	7.207
160	7.207	7.258	7.309	7.360	7.411	7.462	7.513	7.564	7.615	7.666	7.718
170	7.718	7.769	7.821	7.872	7.924	7.975	8.027	8.079	8.131	8.183	8.235
180	8.235	8.827	8.339	8.391	8.443	8.495	8.548	8.600	8.652	8.705	8.757
190	8.757	8.810	8.863	8.915	8.968	9.021	9.074	9.127	9.180	9.233	9.286

注:自由端温度为 0 ℃。

13. 某些物质的折射率

(1) 某些固体的折射率。

固体	折射率 n	固体	折射率 n
氯化钾	1.49044	火石玻璃 F_8	1.6055
冕牌玻璃 K_6	1.5111	重冕玻璃 ZK_6	1.6126
冕牌玻璃 K_8	1.5159	重冕玻璃 ZK_8	1.6140
冕牌玻璃 K_9	1.5163	钡火石玻璃 BaF_8	1.62590
钡冕玻璃 BaK_2	1.53990	重火石玻璃 ZF_1	1.6475
氯化钠	1.54427	重火石玻璃 ZF_6	1.7550

注：表中数据为固体对波长为 $\lambda_D = 0.5893\ \mu m$ 光波的折射率。

(2) 某些晶体的折射率。

波长 λ/nm	荧石	石英玻璃	钾盐	岩盐	石英 n_0	石英 n_e	方解石 n_0	方解石 n_e
656.3(Li,红)	1.4325	1.4564	1.4872	1.5407	1.55736	1.56671	1.6544	1.4846
643.8(Cd,红)	1.4327	1.4567	1.4877	1.5412	1.55012	1.55943	1.6550	1.4847
589.3(Na,黄)	1.4339	1.4585	1.4904	1.5443	1.54968	1.55898	1.6584	1.4864
546.1(Hg,绿)	1.4350	1.4601	1.4931	1.5475	1.54823	1.55748	1.6616	1.4879
508.6(Cd,绿)	1.4362	1.4619	1.4961	1.5509	1.54617	1.55535	1.6653	1.4895
486.1(H,蓝绿)	1.4371	1.4632	1.4983	1.5534	1.54425	1.55336	1.6678	1.4907
480.0(Cd,蓝绿)	1.4379	1.4636	1.4990	1.5541	1.54229	1.55133	1.6686	1.4911
404.7(Hg,紫)	1.4415	1.4694	1.5097	1.5665	1.54190	1.55093	1.6813	1.4969

注：表中数据是在 18 ℃ 之下测得的。

14. 部分固体物质的线膨胀系数（测量时温度大部分在 0～100 ℃）

物质	线膨胀系数/℃$^{-1}$	物质	线膨胀系数/℃$^{-1}$
金刚石	0.0000013	铅	0.0000292
铝	0.0000238	银	0.0000197
青铜	0.0000175	钢	0.000011
石膏	0.0000025	锌	0.0000286
金	0.0000142	铸铁	0.0000120
康铜	0.0000152	生铁	0.0000104
黄铜	0.0000184	水泥	0.000014
铜	0.0000165	各种玻璃	0.000004～0.00001
大理石	≈0.000012	硬橡胶	≈0.00007
锡	0.0000267		

15. 部分物质的熔点

物质	熔点/℃	物质	熔点/℃
铝	658	黄铜	≈1000
青铜	≈900	铜	1083
纯水	0	镍	1455
海水	−2.5	锡	231.8
钨	3370±50	铀	≈1150
甘油	19	磷	44
铁	1530	锌	419.4
石蜡	≈54	生铁	1100～1200
软焊料	135～200	炼铁炉渣	1300～1430
铅	327	硫	113～119
银	960.5	钠	97.7
武德合金	65～70	钾	63.5
钢	1300～1500	橡胶	125
金	1063		

16. 水的沸点与压强的关系

压强/(kg·N·cm^{-2})	沸点/℃	压强/(kg·N·cm^{-2})	沸点/℃
1	99.1	13	190.8
2	119.6	14	194.2
3	132.9	15	197.4
4	142.9	16	200.5
5	151.1	17	203.4
6	158.1	18	206.2
7	164.2	19	208.9
8	169.0	20	211.4
9	174.6	40	249.3
10	179.1	60	279.7
11	183.2	80	293.8
12	187.1	100	309.7

注：1 kg·N·cm^{-2}=98.07 kPa。

参 考 文 献

[1] 王希义.大学物理实验[M].西安:陕西科学技术出版社,2001.
[2] 李寿岭.大学物理实验:多学时[M].西安:西安交通大学出版社,2007.
[3] 成正维,牛原.大学物理实验[M].北京:北京交通大学出版社,2010.
[4] 戴启润.大学物理实验[M].郑州:郑州大学出版社,2008.
[5] 金清理,黄晓虹.基础物理实验[M].杭州:浙江大学出版社,2008.
[6] 曹惠贤.普通物理实验[M].北京:北京师范大学出版社,2007.
[7] 朱鹤年.新概念基础物理实验讲义[M].北京:清华大学出版社,2013.
[8] 陈群宇.大学物理实验:基础和综合分册[M].北京:电子工业出版社,2005.
[9] 王华,任明放.大学物理实验[M].广州:华南理工大学出版社,2005.